完全対策 NTTコミュニケーションズ

インターネット検定

ドットコムマスター アドバンス
.com Master

カリキュラム準拠

ADVANCE

問題＋総まとめ

公式テキスト
第4版 対応

JN103829

NTT出版

　インターネット検定ドットコムマスターは、NTTコミュニケーションズが実施するICT（Information and Communication Technology）スキル認定資格制度です。ドットコムマスターにはBASIC（ベーシック）、ADVANCE（アドバンス）の2つのグレードがあり、本書の対象であるADVANCEは企業や組織で活用できる実践的なICT知識を身につけることを目的としています。

　ADVANCEの認定カリキュラムには、仕事でネットワークやシステムを扱う人にとって必要な知識や技術が、体系的かつバランスよくまとめられています。到達度に応じて、シングルスター（中級レベル）、ダブルスター（上級レベル）の2つが認定されるので、自身の到達度をより詳細に知ることができます。

　本書は、ドットコムマスター ADVANCEに合格するための知識と受検技術について解説しています。合格へ近づくには実際の出題を体験すること、その中で自分の知識を確認し、理解が不十分な部分を補強して、一歩一歩確実な知識を積み上げることです。とはいっても、認定カリキュラムの範囲はとても幅広く、全部を学習する（に越したことはないのですが）ことは時間的にも困難です。そこで本書では、認定制度実施者であるNTTコミュニケーションズから提供を受けた、本検定の例題を独自に分析しました。その結果、カリキュラムに含まれるテーマごとの出題頻度には差があること、出題頻度の高いテーマは本認定制度の目的である実践的なICT知識の修得にも大いに役立つ内容であることが確認できました。

　検定に合格することと役立つ知識を高めることを目指して、本書では出題傾向分析に基づいたページ配分を行っています。それによって、効率よく計画的に学習でき、合格へ近づくことでしょう。

　ICTを取り巻く環境は日々大きく進歩を遂げています。ドットコムマスター ADVANCEのカリキュラムは大きく改定され、『公式テキスト』は『第4版』となりました。本書は、この改定に合わせて旧版を全面的に見直し、新しい内容に改訂してあります。また、巻末に掲載の模擬問題も新傾向を反映させ、現在最も精度の高い模擬演習ができるものとなっています。

1 「例題」を解いてみる

テーマ（❶）の内容に即した**例題**（❷）を、各テーマに1～5問ずつ収録してあります。**例題**はNTTコミュニケーションズ提供の例題と過去のドットコムマスターで出題された検定過去問題です。

※例題・過去問題は、本書における学習効果が高まるように修正した部分があります。

2 「解説」で確かめる

例題を解いたら、**解説**（❸）で確認します。**解説**は、正解に関する説明に加えて、正解以外の選択肢についても示してあります。**例題**に正答できた場合でも、**解説**を読むことによってさらに知識を広げることができます。

❶テーマ
「検定カリキュラム」と本検定の「例題」を分析し、61のテーマ（シングルスター44、ダブルスター17）に再構築してあります。

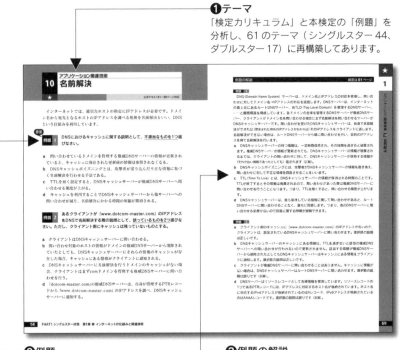

❷例題
NTTコミュニケーションズ提供の例題と検定過去問題からテーマの学習に適切なものを選んであります。

❸例題の解説
「例題」に即して解き方を解説してあります。正解以外の解説を読むことによって、さらに知識を広げることができます。
解答は次ページ❹

3 「要点解説」で整理する

　要点解説（**⑤**）では、**テーマ**の内容についてまとめて整理し（**⑥⑦⑧⑨**）、さらに関連する知識も示してあります（**⑩**）。**例題**を解いて**解説**で確認したあとに**要点解説**で関連する知識を整理する、**要点解説**だけを読んでポイントを押さえるといった、さまざまな方法で学習することができます。

●ダブルスターへの飛び先
シングルスターレベルとダブルスターレベルの知識と技術は、シームレスにつながっています。途切れることなく学習できるよう、ダブルスターへの飛び先ページを示してあります。

⑤要点解説
各テーマをさらにいくつかに分けて整理してあります。

⑥見出し
テーマに関して重要な知識を、コンパクトにまとめてあります。

⑩用語解説
本文中の用語について詳しく解説したり、関連用語を示してあります。英字の略語の元や関連知識もここに示してあります。

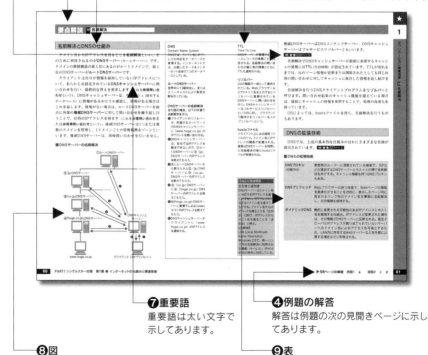

⑦重要語
重要語は太い文字で示してあります。

④例題の解答
解答は例題の次の見開きページに示してあります。

⑧図
仕組みや構成などは、図にしてよりわかりやすく示してあります。

⑨表
対比するとわかりやすいものは、表にしてまとめてあります。

4 「模擬問題」で力試しする

　巻末には、ドットコムマスターADVANCEを実施するNTTコミュニケーションズ提供の例題から構成した**模擬問題**（⓫）を掲載してあります。実際の検定と同じ70問で、詳細な**解説**（⓬）も加えてあります。

　本文を学習したら、検定本番前に少なくとも2回は**模擬問題**を実際の検定時間（80分）で演習してみましょう。時間配分などを経験しておくと、必ず本番に役立ちます。

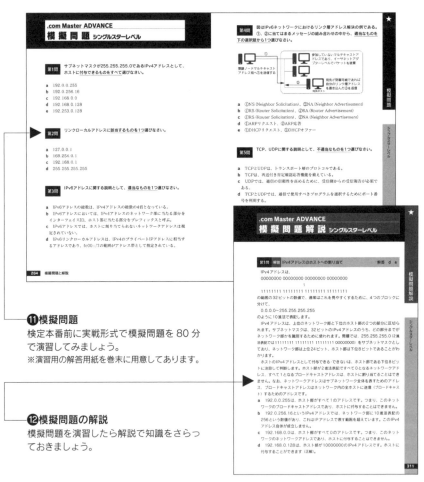

⓫模擬問題
検定本番前に実戦形式で模擬問題を80分で演習してみましょう。
※演習用の解答用紙を巻末に用意してあります。

⓬模擬問題の解説
模擬問題を演習したら解説で知識をさらっておきましょう。

※本書で用いているIPアドレス、ドメイン名、MACアドレスなどはすべて説明用の仮のものです。

PART1 シングルスター対策

第1章 インターネットの仕組みと関連技術

インターネット通信関連技術

アプリケーション関連技術

PART2 ダブルスター対策

インターネット通信関連技術

アプリケーション関連技術

プログラミングとシステム開発方法論

インターネット接続機器、機材

インターネットサービスプロバイダー

クラウドコンピューティング

セキュリティの基礎

模擬問題と解説

　ドットコムマスターADVANCEは、仕事でネットワークやシステムを扱う人に必要なインターネットに関連した知識や技術を、バランスよく効率的に学ぶことを目的とした認定制度です。認定制度のカリキュラムを学習することによって、業種・業務を問わずに活用できるICT関連の知識を身につけることができます。

●●2つのレベル★（シングルスター）と★★（ダブルスター）がある

　ドットコムマスターADVANCEでは、2つのレベルを設定し、それぞれ認定者像を以下のように想定しています。

■ドットコムマスターADVANCEのレベルと認定者像

レベル	認定者像
★（シングルスター）	IT企業のスタッフを対象とし、適切にICTをビジネスで活用できる、また他者への利用指導もできる人物を想定している。
★★（ダブルスター）	企業の情報システム部門のスタッフなどを対象とし、組織やグループでICTを活用する仕組みを作り、システムを管理できる人物を想定している。

　検定では、シングルスターレベルとダブルスターレベルの問題が出題され、総合得点により、いずれかのレベルが認定されます。

●●結果がすぐ出るCBTで行われる

　ドットコムマスターADVANCEの検定はCBT（Computer-Based Testing）で行われます。これは紙に印刷された問題を解き、紙の解答用紙に解答を記入するペーパーテストとは異なり、問題は画面に表示され、マウスなどを使って解答し、さらに採点・合否判定までがコンピュータシステム上で行われる仕組みです。

　ドットコムマスターADVANCEは、株式会社シー・ビー・ティ・ソリューションズの公認テストセンター（全国47都道府県・300か所以上）において受検することができます。事前に受検予約を行います（日時・場所を選択して予約する）。

　なお、テストセンターでの受検に加えて、「オンラインテストセンター受験」のサービス開始が発表されています（2023年1月開始予定）。

●●Webページで申し込み、受検日と会場を予約する

　受検すると決めたら、次の手順で手続きを進め、受検します。

■申し込みから受検までの手順

1 ドットコムマスターのWebページから申し込み手続きを行います。

ドットコムマスターのWebページ「受検のお手続き」から、CBT-Solutions（シー・ビー・ティ・ソリューションズ）のWebページに移動します。※申し込みはインターネット受付のみです。

2 受検者登録を行い、「受験者My Page」にログインします。

はじめてCBT-Solutionsで受検する場合は、個人情報を登録したうえでユーザIDとパスワードを取得します。登録を済ませたら、取得したユーザIDとパスワードで、「受験者My Page」にログインします。

3 受検会場と受検日を選択します。

画面の案内に従って、受検会場（CBT-Solutionsのテストセンター）、受検日と希望時間を選択します。

4 支払い方法を確定し、予約を完了します。

支払い方法を選択して確定すると、予約完了メールが届くのでその内容を確認します。支払い方法は、Webページからクレジットカード決済、コンビニ／Pay-easy決済のいずれかの方法で行います（団体コードを持っている場合は入力する。コンビニ／Pay-easy決済の場合は支払い期限があるので注意する）。※受検チケット（バウチャー番号）を提供されている場合はこれを利用して予約します。

5 受検当日、本人確認書類を持って会場に行きます。

CBT-SolutionsのWebページで案内されている本人確認書類を忘れずに持参します。検定開始時刻の30分〜5分前の間に申し込んだ会場に到着して、受付を済ませます。係員の案内に従って手続きを済ませたらいよいよ受検開始です。※そのほかの受検の際の注意事項については事前にWebページにて確認しておきましょう。

6 受検終了後、すぐに画面に合否結果が表示されます。

スコアレポート（結果通知）は会場にて印刷します。

7 認定証が必要な場合

検定の翌日以降から、CBT-Solutionsの「受験者My Page」でダウンロードが可能です。

●●おおよそ60%～70%の得点で合格

　出題数は★（シングルスター）レベル問題が50問（700点満点）、★★（ダブルスター）レベル問題が20問（300点満点）、合計70問（1,000点満点）です。解答時間はシングルスター、ダブルスター合わせて80分。総合得点によりシングルスターレベルまたはダブルスターレベルが認定されます。

■合格基準

レベル	出題数（採点対象）	合格基準
★（シングルスター）	50問（700点満点）	総合得点 420 点以上※
★★（ダブルスター）	70問（1,000点満点）	総合得点 700 点以上※※

※各出題分野別に必須得点がある。
※※各出題分野別に必須得点がある。シングルスターの基準を満たすことが必要だが、問題レベルに関わらず総合得点で判定する。

　問題ごとの配点は示されていませんが、平均1問14点～15点。難易度によって異なる配点が行われていることが考えられます。単純に考えると、シングルスターは約60%の正答率で合格、ダブルスターは70%の正答率で合格となります。合格基準の表に示されている「各出題分野別に必須得点がある」とは、合計点が基準値以上でも基準に届かない分野があると不合格になるということです。つまり、すべての分野において一定以上の知識が求められています。また、ダブルスターの合格基準として、「シングルスターの基準を満たす」とはシングルスターの問題で合計420点以上を得点することであり、各出題分野別の必須得点をクリアしていることが求められます。

●●問題のパターンと注意事項

　検定問題は全70問で、すべて多肢選択式です。主な出題パターンは次のとおりです。

■多肢選択問題の選択パターン

適当なものを選択	問題文に対する選択肢の中から、正しい記述や当てはまる用語を1つ（ないし指定された数だけ）選ぶ。①、②…などの複数の用語の組み合わせから正答を選ぶ問題もある。
不適当なものを選択	問題文に対する選択肢の中から誤った記述や当てはまらない用語を1つ（ないし指定された数だけ）選ぶ。

　このほかの出題パターンもありますが、何を選ぶのか、いくつ選ぶのか、問題文に示されているので、これを間違えないことです。該当するものを「すべて」選ぶよう指示されている場合は、選択肢すべてが正答のこともあります。ケア

レスミスが発生しないように注意して解答しましょう。問題文の長さはさまざまで、長いものほど解答に要する時間を必要とします。

●●合格のための解答法4か条

本書で学んだ知識を本検定で十分に発揮できるよう、解答に際して注意すべき秘訣を紹介します。

◎解答時間が不足しないように！

70問を80分で解答するのですから、1問あたりの平均解答時間は68秒強、約1分と考えましょう。つまり、じっくりと考える余裕はまったくないということです。問題が表示されたら、素早く判断して解答します。わからない問題に時間をかけて取り組むよりも、短時間で確実に解答できる問題で正解数をより増やすことが合格の秘訣です。

◎わからなくても、必ず何かを解答する！

もしわからなくても何らかの解答を入力します（まぐれ当たりもあり得る）。解答が不確実な場合は、「この問題を後で見直す」ためにチェックしておきます。

◎即断即決が原則だが、もし時間が余ったら……！

最後の問題までひととおり解答したら「後で見直す」問題に再度とりかかります。どの段階でも、詳細に検討する時間はないと思ったほうがよいでしょう。即断即決が原則です。

◎時間いっぱい集中して合格を目指そう！

合格基準に示されているように（左ページの表の※※を参照）、ダブルスターの合格基準は「問題レベルに関わらず総合得点で判定する」とされています。シングルスターのレベルを満たし、分野の偏りがなければ、ダブルスターレベルの問題での得点が少なくても合格できるということです。極端な例として、シングルスター満点（700点）、ダブルスター0点でも、ダブルスターレベルと認定されることになりそうです。

シングルスターレベルを目標に受検対策を進めていれば、実際の受検結果によってはダブルスターに合格する可能性もあるということです。また、シングルスターレベルとダブルスターレベルはシームレスにつながっているので、シングルスターレベルで興味を持った内容についてダブルスターレベルまで学習を深めていくと、気がつけばダブルスターレベルの実力がついていたということもあり得ます。

シングルスターが目標でもダブルスターが目標でも、あきらめずに、80分間集中して解答し、合格を目指しましょう。

ドットコムマスターADVANCE 出題傾向 ※「重要度」におけるマークは、－＜☆＜☆☆＜★★★の順で重要度が高くなる。			
章 節 項		★（シングルスター）	
1 インターネットの仕組みと関連技術			出題割合（章）
1.1 インターネットの基礎	重要度	出題割合（節）	
1.1.1 インターネットとその歴史	－	－	
1.1.2 インターネットの構成と要素	－		
1.2 インターネット通信関連技術	重要度	出題割合（節）	
1.2.1 インターネットの通信プロトコル	★★★		
1.2.2 LANの技術	★★★	50.0%	
1.2.3 インターネットの転送技術	☆☆		
1.3 アプリケーション関連技術	重要度	出題割合（節）	30.0%
1.3.1 サーバー	☆		
1.3.2 ドメイン名	☆☆		
1.3.3 名前解決	☆☆		
1.3.4 メール配信技術	☆☆	50.0%	
1.3.5 WWW	★★★		
1.3.6 その他のアプリケーション	☆☆		
1.3.7 コンテンツの形式	☆☆		
1.4 プログラミングとシステム開発方法論	重要度	出題割合（節）	
1.4.1 プログラミング	－	－	
1.4.2 システム開発方法論	－		
2 インターネット接続の設定とトラブル対処			出題割合（章）
2.1 インターネット接続機器、機材	重要度	出題割合（節）	
2.1.1 アクセス回線と通信機器	－		
2.1.2 ネットワーク接続端末	☆☆	20.0%	
2.1.3 機器の接続規格	☆☆		
2.2 インターネット接続の技術と設定	重要度	出題割合（節）	
2.2.1 インターネット接続サービスにおけるアクセス回線	★★★	55.0%	
2.2.2 家庭内LAN	☆☆		
2.2.3 IPv4からIPv6への移行手順と注意点	－		20.0%
2.3 インターネットサービスプロバイダー	重要度	出題割合（節）	
2.3.1 ISPの種類と契約	☆	5.0%	
2.3.2 IP電話オプションサービス	－		
2.4 インターネット接続におけるトラブルシューティング	重要度	出題割合（節）	
2.4.1 トラブルの切り分けと原因の絞り込み	☆		
2.4.2 端末におけるトラブルシューティング	☆		
2.4.3 ネットワークのトラブルシューティング	－	20.0%	
2.4.4 トラブルシューティングで使用する主なコマンド	☆☆		
2.4.5 オプションサービスのトラブルシューティング	－		
3 ICTの設定と使いこなし			出題割合（章）
3.1 World Wide Web（WWW）	重要度	出題割合（節）	
3.1.1 Webブラウザーとは	－		
3.1.2 Webブラウザーの基礎知識	☆☆		
3.1.3 Webブラウザーの設定と利用	－	50.0%	10.0%
3.1.4 Webブラウザーの応用	☆		
3.1.5 Webサイト閲覧時のトラブルと対策	☆☆		

★★（ダブルスター）		出題割合（章）
重要度	出題割合（節）	
－	－	
重要度	出題割合（節）	
★★★		
☆☆	44.0%	
☆☆		
重要度	出題割合（節）	45.0%
－		
☆☆		
☆	33.0%	
☆☆		
☆		
重要度	出題割合（節）	
☆☆	23.0%	
☆☆		
重要度	出題割合（節）	出題割合（章）
－		
☆	25.0%	
－		
重要度	出題割合（節）	
☆		
－	25.0%	10.0%
重要度	出題割合（節）	
☆	25.0%	
重要度	出題割合（節）	
☆		
－		
－	25.0%	
－		
－		
重要度	出題割合（節）	出題割合（章）
－		
－		
－	－	10.0%
－		
－		

●●●カリキュラム体系の概要

　ドットコムマスター ADVANCE は、表の左部分に示したような、「章→節→項」構成のカリキュラムによって知識が体系的に整理されています。

第1章
インターネットの仕組みと関連技術

　テーマは、インターネットの全体像に関する知識です。基本技術および関連知識の理解が求められます。

第2章
インターネット接続の設定とトラブル対処

　テーマは、インターネットに接続する技術に関する知識です。固定回線や無線回線を利用できる技術や、小規模LANを構築する知識が求められます。

第3章
ICTの設定と使いこなし

　テーマは、Webブラウザー、電子メール、クラウド、AIです。基本の設定や利用指導、トラブルシューティングに必要な知識が求められます。

第4章
セキュリティ

　テーマは、インターネットにおけるセキュリティリスクです。個人として組織として、インターネットを安全に利用できる知識と技術が求められます。

第5章
ICTの活用と法律

　テーマは、クラウドサービスと法律です。インターネットを適切に使いこなすために必要な知識が求められます。

章	節 項		★（シングルスター）	
	ドットコムマスターADVANCE 出題傾向※「重要度」におけるマークは、-<☆<☆☆<★★★の順で重要度が高くなる。			
	3.2 電子メール	重要度	出題割合（節）	
	3.2.1 メールサービス	☆		
	3.2.2 メールサービスの便利な機能	☆	30.0%	
	3.2.3 メールのトラブルと対策	☆		
	3.3 クラウドコンピューティング	重要度	出題割合（節）	
	3.3.1 クラウドとは	☆		
	3.3.2 クラウドコンピューティングの基礎知識	-	10.0%	
	3.3.3 クラウドサービスの利用	-		
	3.3.4 クラウドのトラブルシューティング	-		
	3.4 人口知能（AI：Aritificial Intelligence）	重要度	出題割合（節）	
	3.4.1 人工知能とは	-		
	3.4.2 人工知能の発展	☆	10.0%	
	3.4.3 AIの活用事例	-		
4	セキュリティ			出題割合（章）
	4.1 セキュリティの基礎	重要度	出題割合（節）	
	4.1.1 セキュリティとは何か	☆	35.0%	
	4.1.2 暗号技術	★★★		
	4.2 端末利用時の脅威とその対策	重要度	出題割合（節）	
	4.2.1 端末の不正利用や情報盗難の防止	★★★	35.0%	
	4.2.2 マルウェアや不正アクセスへの対策	★★★		
	4.3 LAN利用時の脅威とその対策	重要度	出題割合（節）	20.0%
	4.3.1 LANへの攻撃や盗聴の防止	☆	15.0%	
	4.3.2 無線LANの不正利用や盗聴の防止	☆☆		
	4.4 インターネット利用時の脅威とその対策	重要度	出題割合（節）	
	4.4.1 インターネットの危険性	-		
	4.4.2 Webの安全な利用	☆		
	4.4.3 メールの安全な利用	☆	15.0%	
	4.4.4 迷惑メール等のSpam行為への対策	☆		
	4.4.5 リスクの動向	-		
5	ICTの活用と法律			出題割合（章）
	5.1 インターネット上のサービス	重要度	出題割合（節）	
	5.1.1 情報検索	★★★		
	5.1.2 映像・音声の利用	☆☆	40.0%	
	5.1.3 ビジネス・実用	☆☆		
	5.2 インターネット利用に関する法律	重要度	出題割合（節）	
	5.2.1 個人情報の保護	☆		20.0%
	5.2.2 知的財産保護	★★★		
	5.2.3 電子商取引	☆☆		
	5.2.4 サイバーセキュリティ	☆	60.0%	
	5.2.5 プロバイダーの責任	☆		
	5.2.6 電子政府	☆		
	5.2.7 公職選挙におけるインターネットの利用	☆		
	5.2.8 海外展開に関する法規制	-		

★★（ダブルスター）	
重要度	出題割合（節）
－	
－	－
－	
重要度	出題割合（節）
－	
★★★	100.0%
☆	
－	
重要度	出題割合（節）
－	
－	－
－	

		出題割合（章）
重要度	出題割合（節）	
－		
☆☆	20.0%	
重要度	出題割合（節）	
☆☆		
	20.0%	
重要度	出題割合（節）	
☆☆		25.0%
	20.0%	
重要度	出題割合（節）	
☆		
☆☆		
－	40.0%	
－		
☆		

		出題割合（章）
重要度	出題割合（節）	
☆		
－	25.0%	
－		
重要度	出題割合（節）	
－		
★★★		10.0%
－		
－		
－	75.0%	
－		
－		
－		

●●出題傾向

　本書は、ドットコムマスターADVANCE を実施する NTT コミュニケーションズから提供された例題を、筆者らが独自に分野分けを行い、そのデータをもとに編集してあります。

　表には、筆者らの分析による、章・節ごとの出題割合と項の重要度が示してあります。「出題割合（章）」は総問題数に対する章ごとの出題割合、「出題割合（節）」は章に対する節ごとの出題割合です。

　検定問題は70問（シングルスターレベル50問＋ダブルスターレベル20問）です。出題割合は、シングルスターレベルでは、第1章が30%、第2章、第4章、第5章が各20%、第3章が10%です。ダブルスターでは、第1章が45%、第4章が25%、第2章、第3章、第5章が各10%です。実際の検定でも、同じような割合で出題されることが予想されます。本書は、出題割合の高いテーマにより多くのページを割き、詳細な解説をしています。

　項についても表に重要度を示してあります。読者が本書を読み進める中で不得意分野を発見し、その分野が頻出分野であるなら、重点的に学習を重ねることを薦めます。

認定資格	ドットコムマスター アドバンス シングルスター（中級レベル） ドットコムマスター アドバンス ダブルスター（上級レベル） 得点に応じて2つの資格を認定する。
検定方法	CBT（Computer-Based Testing） パソコン入力で解答する（多肢選択式）。
検定実施日	随時受検可能 受検日を予約する。
検定会場	全国の公認テストセンター（株式会社シー・ビー・ティ・ソリューションズ） 47都道府県・300か所以上の会場から選択する。 ※2023年1月から「オンラインテストセンター受験」サービスが開始される予定。
結果発表	検定終了後即時 検定会場で合否が確認できる。
検定時間	80分 シングルスター問題とダブルスター問題を連続して解答する。
出題数	70問（1,000点満点） 2つのレベルの問題から構成される。 ・ドットコムマスター アドバンス シングルスターレベル 50問（700点満点） ・ドットコムマスター アドバンス ダブルスターレベル 20問（300点満点）
合格基準	ドットコムマスター アドバンス シングルスター 【採点対象】シングルスターレベル50問（700点満点） 【総合得点】420点以上 　　　　　　各出題分野別に必須得点がある。 ドットコムマスター アドバンス ダブルスター 【採点対象】シングルスターレベル50問（700点満点） 　　　　　　ダブルスターレベル20問（300点満点） 　　　　　　合計70問（1,000点満点） 【総合得点】700点以上 　　　　　　各出題分野別に必須得点がある。 　　　　　　ドットコムマスター アドバンス シングルスターの基準を満たすこと。 　　　　　　ただし、問題レベルに関わらず総合得点で判定される。
受検料	税抜8,000円

※以上、NTTコミュニケーションズ インターネット検定 ドットコムマスターの公式サイトによる

第1章

インターネットの仕組みと関連技術

1 インターネットの通信プロトコル

★

公式テキスト5〜13ページ対応

インターネットでは、さまざまな取り決め（通信プロトコル）に従って通信を行っています。基本となる通信プロトコルがIPです。通信プロトコルの仕組みについて理解しましょう。

重要

例題 1 OSI参照モデルによるプロトコルの説明として、<u>適当なものを2つ選</u>びなさい。

a Ethernet（イーサネット）は、隣接する機器やPC間のデータ通信を定めるデータリンク層に位置付けられる。

b HTTPは、上位層から下位層へサービス要求を仲介するトランスポート層に位置付けられる。

c IPは、通信経路を確立するための処理を行うネットワーク層に位置付けられる。

d PPPは、最上位のアプリケーション層に位置付けられる。

例題 2 IPv4の送信方式についての説明として、<u>誤っているものを1つ選び</u>なさい。

a エニーキャストとは、同一IPアドレス（エニーキャストアドレス）が割り当てられている複数ホストに対して、一斉にデータを送る方式である。

b ブロードキャストとは、同一ネットワーク上のすべてのホストに対して、データを送る方式である。

c マルチキャストとは、マルチキャストアドレスで定義されたホストグループに対して、一斉にデータを送る方式である。

d ユニキャストとは、1つのホストに対して、データを送る方式である。

例題の解説 解答は **25** ページ

例題 1

コンピューターで通信を行う際は、約束事を決めてこれに従いネットワークの接続やデータのやりとりを行います。この約束事を通信プロトコルまたは単にプロトコルといいます。

また、通信に必要な機能は階層（レイヤー）別に分類して設計・開発が行われています。階層化により各機能の目的や用途が明確になり、一部の機能の入れ替えや新しい機能の追加などを容易に行うことができます。

プロトコルの階層を策定したモデルの1つに、国際標準化機構（ISO:International Organization for Standardization）が策定したOSI（Open Systems Interconnection）参照モデルがあり、インターネットで使われるプロトコルは、OSI参照モデルに当てはめて説明することができます。OSI参照モデルは下位の層から上位の層まで7階層あり、下位層から順に、物理層、データリンク層、ネットワーク層、トランスポート層、セッション層、プレゼンテーション層、アプリケーション層と名付けられています。

a Ethernet（イーサネット）は、ケーブルを使って機器同士を接続する、有線LANを構築するための規格で、隣接する機器やPC間のデータ通信の方式はOSI参照モデルのデータリンク層に位置付けられます。選択肢は、OSI参照モデルによるプロトコルの説明として適当です（正解）。

b トランスポート層は、上位層から下位層へサービス要求を仲介する層で、代表的なプロトコルにTCPやUDPがあります。HTTP（Hypertext Transfer Protocol）は、Webページ閲覧のためのプロトコルで、HTTPはWebブラウザーとWebサーバー間の通信を制御し、その動作はOSI参照モデルではトランスポート層ではなくアプリケーション層に位置付けられます。選択肢は、OSI参照モデルによるプロトコルの説明として不適当です。

c OSI参照モデルにおけるネットワーク層は、相互接続されたネットワーク上の機器間の通信経路を確立するための処理を行い、代表的なプロトコルがIP（Internet Protocol）です。選択肢は、OSI参照モデルによるプロトコルの説明として適当です（正解）。

d OSI参照モデルにおける最上位のアプリケーション層は、アプリケーションごとに必要な通信サービスについて取り決めています。PPP（Point-to-Point Protocol）は機器同士を1対1で接続してデータ通信を行うためのプロトコルで、データリンク層に位置付けられます。選択肢は、OSI参照モデルによるプロトコルの説明として不適当です。

例題 2

インターネットにおける機器同士の通信経路確立のために使用されるIPには、現在、IPv4とIPv6の2つのバージョンがあります。IPv4では、送信先としてどのホストを指定するかにより、ユニキャスト、マルチキャスト、ブロードキャスト、エニーキャストの4つの送信方式を使い分けます。

a IPv4のエニーキャストは、同じIPアドレス（エニーキャストアドレス）が割り当てられている複数のホストのうち、最適な1台のホストに送信します。複数ホストに対して一斉にデータは送りません。選択肢の説明は誤りです（正解）。

b 選択肢は正しい説明です。IPv4のブロードキャストは、ネットワークに属するすべての相手にデータを一斉送信する方式で、ネットワークに接続したホストがDHCPサーバーを探すなど、通信相手となるホストを特定したい場合に用いられます。

c 選択肢は正しい説明です。IPv4のマルチキャストは、大容量の動画を特定のホストグループに向けてライブ配信する場合などに用いられます。

d 選択肢は正しい説明です。IPv4のユニキャストは、電子メールの送信でホストが1つのメールサーバーにデータを送信する、Webの閲覧でWebサーバーが1台のホストにデータを送信するといった場合に用いられます。

インターネット

インターネットは、さまざまなネットワークを相互に接続した「ネットワークの集合体」で、**通信プロトコル**にIPを使用します。

異なるネットワークを相互接続するために使用されるのが**ルーター**という機器です。ルーターの働きにより、データは宛先のネットワークに配送されます。

パケットによる通信

インターネットでは、データを**パケット**という小さなデータに分割して送信します。パケットは個別に送信され、宛先のホストではバラバラに到着したパケットを順につなぎ合わせて元のデータに戻します。1つのデータが伝送路を専有する時間が短くなり、並行して複数の通信を行うことができます。

プロトコル階層モデル

インターネットでは、通信を実現するためにさまざまなプロトコルが使われます。これらのプロトコルは階層構造で考えることができます。階層構造を説明するためのモデルの1つが国際標準化機構(ISO) が策定した**OSI参照モデル**です。たとえば、インターネットで

■OSI参照モデル

階層	概要	プロトコル
第7層 (アプリケーション層)	アプリケーションに必要な通信サービスを提供。	アプリケーションプロトコル (HTTP、FTP、SMTP、POPなど)
第6層 (プレゼンテーション層)	第7層が扱う情報の表現形式(文字コードなど)を管理。	
第5層 (セッション層)	上位層の通信の開始や終了などを管理。	
第4層 (トランスポート層)	データ転送を確実にするための仕組みを提供(エラー訂正、データの圧縮、再送など)。	TCP、UDP
第3層 (ネットワーク層)	ネットワーク機器間の通信経路を確立。	IP
第2層 (データリンク層)	隣接する機器間の通信を管理。	イーサネット
第1層 (物理層)	通信路の物理的・電気的な規格を取り決め。	

通信プロトコル
ネットワークの接続やコンピューター同士のデータのやりとりを行うための規約。単にプロトコルともいう。

IP
Internet Protocol

ホスト
ネットワークに接続されたコンピューターなどのこと。

プロコトル階層モデル
85ページも参照。
➡★★266ページ

ISO
International Organization for Standardization

OSI
Open Systems Interconnection

TCP、UDP
87ページを参照。

イーサネット
40ページを参照。

ヘッダー
データの先頭に付加される情報。プロトコルごとに異なる情報が付加される。85ページも参照。ヘッダーに対し、データの末尾に追加される情報のことはトレーラーという。

使用されるIPは、第3層のネットワーク層に対応します。プロトコルごとに通信に必要な情報は、**ヘッダー**に記載されます。

■TCPパケット、IPパケット

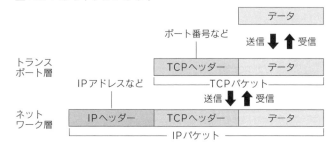

IP

インターネットでは、データを正しい宛先に送信するためのプロトコルに**IP**を使用します。現在使われているIPのバージョンはIPv4とIPv6です。IPでは、宛先ホストを特定するための情報に**IPアドレス**を使用します。送信元IPアドレス、宛先IPアドレスなどIP通信に必要な情報は、ヘッダーに記載されます。

➡★★212ページ

IPv4の送信方式

IPv4でデータを送信する方式には、ユニキャスト、マルチキャスト、ブロードキャスト、エニーキャストがあります。

■IPv4の送信方式

ユニキャスト	1つのホスト（IPアドレス）に送る方式。メールの送信、Webサーバーからのデータの受け取りなどに利用される。
マルチキャスト	マルチキャストアドレスで定義されたグループに所属する複数のホストに対して一斉に送る方式。複数ユーザーに向けたライブ映像の配信などに利用される。
ブロードキャスト	ネットワーク上にあるすべてのホストに送る方式。ネットワーク情報を取得するためDHCPサーバーを探し出す場合などに利用される。
エニーキャスト	同一のIPアドレスが割り当てられた複数のホストの中で最も近いホストに送る方式。ルートDNSサーバーはエニーキャスト方式で運用されている。

DHCPサーバー
31ページを参照。

ルートDNSサーバー
60ページを参照。

　インターネットで通信を行うために利用されるプロトコルがIPで、宛先や送信元をIPアドレスで表現します。現在使われているIPにはv4とv6があります。

重要

例題 1　203.0.113.0/26のアドレス空間を持つネットワークにおいて、ホストに割り当てることができるIPv4アドレスの数はいくつあるか、適当なものを1つ選びなさい。

a　26
b　62
c　64
d　254
e　256

例題 2　IPv4リンクローカルアドレスの説明として、適当なものをすべて選びなさい。

a　Windows OSには、ホストにリンクローカルアドレスを自動設定する機能として、AutoIPと呼ばれるものがある。
b　リンクローカルアドレスの範囲は、169.254.0.0〜169.254.255.255となっている。
c　リンクローカルアドレスを宛先アドレスあるいは送信元アドレスとして、ルーターを越えた別のネットワークにあるホストと通信できる。
d　リンクローカルアドレスは、DHCPサーバーからクライアントへ付与される。

例題　1

　IPv4アドレスは、IPv4において宛先や送信元を識別するために利用される情報で、4バイト（32ビット）の数値です。各ネットワークには連続した範囲のIPv4アドレスが割り振られます。1つのネットワークを複数のネットワークに分割することがあり、分割された各ネットワークをサブネットといいます。サブネットにも連続した範囲のIPv4アドレスが割り振られ、これらのIPv4アドレスのうち上位ビットはサブネットを識別するネットワーク部、下位ビットはホストを識別するホスト部となります。上位何ビットまでがネットワーク部かを識別するために使用されるのがサブネットマスクという32ビットの数値です。

　問題では、アドレス空間が203.0.113.0/26であることから、サブネットマスク長は26です。32ビットのIPv4アドレスのうち26ビットがネットワーク部なので、ホスト部は6ビットです。6ビットでは、000000から111111まで$2^6＝64$通りの組み合わせがありますが、000000と111111となるアドレスはホスト用には使用できないので、ホスト用に使用できるのは$2^6－2＝62$個です（**b** が正解）。

例題　2

　リンクローカルアドレスは、ネットワークに接続したホストがDHCPサーバーなどからIPv4アドレスを取得できなかった場合にホスト側で自動的に設定するアドレスです。

a　リンクローカルアドレスを自動設定する機能はAutoIPなどと呼ばれ、Windows OSでは、Windows 98から実装されています（正解）。

b　IPv4でリンクローカルアドレス用に割り当てられているのは、169.254で始まるアドレス領域（169.254.0.0〜169.254.255.255）です（正解）。

c　リンクローカルアドレスを用いて通信を行うことができるのは、同一リンク（ルーターを介さずに接続されているネットワークの範囲）内のホストのみです。ルーターを越えて別のネットワークと通信することはできません。

d　DHCPサーバーはネットワークに接続したクライアントの要求に応じて、通信に必要なIPアドレスなどの情報を付与します。リンクローカルアドレスは、DHCPサーバーからの情報取得に失敗した場合にホスト側で自動的に設定するアドレスです。

IPv4アドレス

　IPv4とIPv6はそれぞれIPアドレスの表記形式が異なります。従来利用されてきたIPv4のIPアドレスは、2進法表記で32ビットのアドレスを8ビットごとに4分割し、それぞれを0〜255の10進法表記に変換してピリオドで区切ります。32ビットは、上位の**ネットワーク部**と下位の**ホスト部**に分けられます。

■IPv4アドレスの例

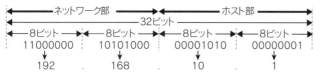

　複数のホストを効率的に管理できるなどの理由から、1つのネットワークはルーターにより複数のネットワークに分割されて管理されます。分割されたネットワークを**サブネット**といい、それぞれに連続したIPv4アドレスが割り当てられます。割り当てられたIPv4アドレスのうち、ホスト部がすべて0の**ネットワークアドレス**とすべて1の**ブロードキャストアドレス**の2つを除いた残りをホストに割り当てます。ネットワーク部に28ビットを割り当てた場合、ホスト部は4ビットになり、接続できるホストの数は14です。

■サブネットに割り当てられるIPv4アドレス

ネットワーク部が 28 ビットの場合
192.168.10.0　　ネットワーク部　　　　　　　　ホスト部
11000000 10101000 00001010 0000 **0000**　ネットワークアドレス
192.168.10.1
11000000 10101000 00001010 0000 **0001**　┐
　　　　　　　⋮　　　　　　　　　　　　　　　├ ホストに割り当て
192.168.10.14
11000000 10101000 00001010 0000 **1110**　┘
192.168.10.15
11000000 10101000 00001010 0000 **1111**　ブロードキャストアドレス

サブネットマスク

　IPv4では、サブネットに割り当てられたアドレスのネットワーク部を判別するためにサブネットマスクを利用します。
　サブネットマスクは32ビットの数値で、ネットワーク部を示

> **ネットワーク部**
> IPv4アドレスのうち、複数のネットワークを識別する部分。プレフィックスともいう。
>
> **ホスト部**
> IPv4アドレスのうち、ネットワーク内で複数のホストを識別する部分。ホストアドレスともいう。
>
> **ネットワークアドレス**
> サブネット全体を表すアドレス。
>
> **ブロードキャストアドレス**
> ネットワークに属するすべてのホストに送るためのアドレス。送信元と宛先のネットワークが別でも、ルーターを越えた先の対象となるネットワークのすべてのホストにブロードキャストするディレクティッド・ブロードキャストアドレス（ホスト部がすべて1）、送信元ホストが存在するネットワークに属するすべてのホストにブロードキャストするリミテッド・ブロードキャストアドレス（すべてのビットが1）の2種類がある。

クラスレスアドレッシング
かつてはネットワーク部を8ビット単位で区切ったアドレスクラスをネットワークの規模に応じて使い分けていた。現在は、ネットワーク部とホスト部の境界を8ビット単位よりさらに細分化してIPアドレスを割り当てるクラスレスアドレッシングが主流。

アドレスクラス
ネットワーク部が8ビット幅のクラスA、16ビット幅のクラスB、24ビット幅のクラスCの3種類。ホスト部はそれぞれ24ビット幅、16ビット幅、8ビット幅。ホストに割り当て可能なIPアドレスの数は、クラスAは$2^{24}-2$（約1,677万）個、クラスBは$2^{16}-2$（65,534）個、クラスCは2^8-2（254）個。クラスレスアドレッシングに対し、クラスA、B、CでIPアドレスを割り当てることをクラスフルアドレッシングという。

リンク
ルーターを経由せずに接続されているネットワークの範囲。

ICANN
ドメイン名やIPアドレスなどのインターネット資源の管理を行う民間非営利団体。

DHCPサーバー
31ページを参照。

す部分を2進法の1、ホスト部を示す部分を2進法の0とします。IPアドレスと同様、8ビットごとに10進法に変換し、ピリオドで区切って表すことができます。

■サブネットマスクの例

ネットワーク部のビット数を**サブネットマスク長**といい、スラッシュ（/）を使って192.168.0.1/24のように表すこともできます。サブネットマスクを利用すると、1つのネットワークを複数のサブネットに分割することができます。

■サブネット分割の例

192.168.10.0/24 のサブネットを /26 の4つのサブネットに分割
11000000 10101000 00001010 00000000 192.168.10.0
11000000 10101000 00001010 11111111 192.168.10.255

00 000000　01 000000　10 000000　11 000000
00 111111　01 111111　10 111111　11 111111
192.168.10.0/26　192.168.10.64/26　192.168.10.128/26　192.168.10.192/26

IPv4アドレスの種類

IPv4アドレスには、用途によってさまざまな種類があります。

■IPv4で使用される主なアドレス

プライベートIPv4アドレス	1つのネットワーク内（同一リンク内）で一意に（他と重複せず）割り当てられるIPアドレスで、10.0.0.0～10.255.255.255（クラスA）、172.16.0.0～172.31.255.255（クラスB）、192.168.0.0～192.168.255.255（クラスC）の範囲が予約されている。インターネット上では使用されない。
グローバルIPv4アドレス	インターネット上で使用される、一意なIPアドレス。ICANNやその配下にある地域別の組織に管理される。
ループバックアドレス	ホスト自身を表すIPアドレスで、ホストが自ホスト上で提供しているサービスにアクセスする際に利用される。127.0.0.1～127.255.255.254の範囲で、一般に127.0.0.1が利用される。
リンクローカルアドレス	DHCPサーバーなどからIPアドレスを取得できなかった場合に、ホスト側で自動的に設定するIPアドレス。通信相手が同一リンク内に限られ、ルーターを越えた通信はできない。169.254.0.0～169.254.255.255の範囲。

▶ **26ページの解答**　例題1　b　　例題2　a　b

3 DHCP

IPアドレスを有効に利用するうえで、DHCPは大切な役割を持ちます。DHCPにおけるIPアドレスの管理について理解しましょう。

例題 1 **IPv4ネットワークにおけるDHCPに関する説明として、適当なものを2つ選びなさい。**

a DHCPによるIPv4アドレスの割り当てでは、最初にDHCPサーバーからDHCPクライアントに対して応答を促すパケットを送信する。

b DHCPサーバーから割り当てられるIPv4アドレスは、DHCPクライアントのMACアドレスをもとに生成されるため、各クライアントにおいて常に同じものになる。

c DHCPサーバーがダウンした場合、そのDHCPサーバーから割り当てられているIPv4アドレスは直ちに使用できなくなる。

d DHCPクライアントは、DHCPサーバーからDNSサーバーやデフォルトゲートウェイの設定情報を取得する。

e DHCPクライアントは、リース期限が来る前にDHCPサーバーにアクセスしてリース期限を更新する。

例題の解説 解答は **33** ページ

例題 1

ネットワークがDHCP(Dynamic Host Configuration Protocol)を利用している場合、ネットワークに接続したホストは、DHCPクライアントとしてDHCPサーバーの応答を促すパケットをブロードキャストで送信します。パケットを受け取ったDHCPサーバーは、IPv4アドレス、サブネットマスク、DNSサーバー、デフォルトゲートウェイなどのネットワーク設定情報をDHCPクライアントに送信します。

a DHCPでは、上記のように、DHCPクライアントがDHCPサーバーに対して応答を促すパケットを送信します。DHCPサーバーからDHCPクライアントに対して応答を促すパケットを送信するのではありません。

b IPv4アドレスは、MACアドレスをもとに生成されることはありません。DHCPサーバーは、ネットワーク上で使用可能なIPv4アドレスをあらかじめ確保しておき(アドレスプールという)、その中から未使用のIPv4アドレスを各クライアントに割り当てます。

c DHCPサーバーがダウンしても、すでに設定されたDHCPクライアントのIPv4アドレスはリース期間終了まで有効です。なお、リースとは、DHCPサーバーがDHCPクライアントに

IPv4アドレスを割り当てることです。

d DHCPクライアントは、DHCPサーバーから、IPv4アドレスやサブネットマスクのほかに、DNSサーバーやデフォルトゲートウェイの設定情報も取得します（正解）。

e リースには期間があり、期間終了前にDHCPクライアントはDHCPサーバーに更新（再割り当て）を要求します（正解）。

要点解説 3 DHCP

DHCPによるIPアドレスの動的割り当て

　IPアドレスなどのネットワーク情報を自動的に設定するためのプロトコルが**DHCP**です。IPv4では、LANに接続するホストは、通信に使用するIPアドレスやサブネットマスク、DNSサーバー、デフォルトゲートウェイのIPアドレスなどの設定情報を、LAN内に設置してあるDHCPサーバーから自動的に取得できます。DHCPサーバーは、ネットワーク上で使用可能なIPアドレスを確保しています（アドレスプールという）。

　一般に、家庭でインターネット接続を行うために利用される家庭用ルーターは、DHCPサーバー機能を備えています。

■DHCPクライアントがネットワーク設定情報を取得する手順

> DHCPクライアントがLANに接続する。

> DHCPクライアントは、DHCPサーバーの応答を要求するパケットをリミテッド・ブロードキャストで送信する。

> DHCPサーバーは、貸し出すIPv4アドレス、サブネットマスク、DNSサーバーのIPv4アドレスなどを送信する（DHCPクライアントにはまだIPアドレスが割り当てられていないのでMACアドレスで特定）。

> DHCPクライアントはネットワーク設定を行う。

　DHCPサーバーがDHCPクライアントにIPアドレスを割り当てることを**リース**といいます。リースには期限があり、リース期限を過ぎるとそのIPアドレスは無効となるので、DHCPクライアントはIPアドレスの再割り当てをDHCPサーバーに要求します。

DHCP
Dynamic Host Configuration Protocol

DNSサーバー
60ページを参照。

デフォルトゲートウェイ
➡★★223ページ

DHCPの関連用語
DHCP リレーエージェント
DHCPサーバーとDHCPクライアントが、異なるサブネットワークに存在する場合に、DHCPクライアントから受信したブロードキャストをユニキャストに変換してDHCPサーバーへ転送する機能をDHCPリレーエージェントという。サブネットワークごとにDHCPサーバーを設置しないなど主にコストダウンの目的で利用される。DHCPリレーエージェント機能は、多くのルーターやL3スイッチなどに実装されている。

IPv4アドレスが不足することへの対策として標準化されたIPv6のアドレスは128ビット長で、アドレスの数は2^{128}個（約3.4×10^{38}個）です。

重要

例題 1 IPv6アドレスの説明として、<u>不適当なものを1つ</u>選びなさい。

a 127::1は自ホストに割り当てられるループバックアドレスである。

b 2000::/3はインターネットに接続するために利用するグローバルユニキャストアドレス帯である。

c fd00::/8はローカルネットワーク向けに使用されるユニークローカルアドレス帯である。

d fe80::/10はアドレス自動設定や近隣探索に用いられるリンクローカルアドレス帯である。

e ff00::/8はマルチキャストアドレス帯である。

例題 2 IPv6グローバルユニキャストアドレスを<u>1つ</u>選びなさい。

a 1010:0:0:0:0:0:ff01:1001

b 2001:380:516:4900::1:1

c 620a::b1ff:0:0128

d fe80:0:0:1111:0:0:0:0e1b

例題 3 IPv6アドレス「ア」を省略しようとして「イ」のように誤って表記した。正しい省略表記にするために、<u>直すべきブロックを下線部ａ〜ｅから1つ</u>選びなさい。

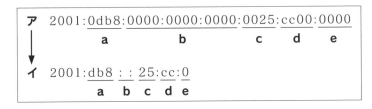

例題 1

IPv6アドレスのアドレス空間は、その用途ごとにあらかじめ範囲が割り当てられています。

a　ループバックアドレスは、ホスト自身を仮想的に表すアドレスで、IPv6では::1が割り当てられています（正解）。なお、IPv4ではループバックアドレスに127.0.0.0～127.255.255.255の範囲が割り当てられ、一般に127.0.0.1が利用されています。

b　グローバルユニキャストアドレスは、インターネットを利用するホストに一意に割り当てられるアドレスです。グローバルユニキャストアドレス帯（アドレスの範囲）は、最初の3ビットが「001」となる2000::/3（2000::～3fff:ffff:ffff:ffff:ffff:ffff:ffff:ffff）です。

c　ユニークローカルアドレスは、LANのようにローカルなネットワーク内で利用するためのアドレスで、IPv4のプライベートIPアドレスに相当します。ユニークローカルアドレス帯には最初の7ビットが「1111 110」となるfc00::/7（fc00::～fdff:ffff:ffff:ffff:ffff:ffff:ffff:ffff）が割り当てられ、fc00::/7はfc00::/8とfd00::/8に二分され、そのうちのfd00::/8が現在使用可能です。

d　リンクローカルアドレスは、同一リンク内（ルーターを越えない範囲）で直接ホスト間の通信を行うためのアドレスです。IPv6アドレスの自動設定や近隣のホストの検索のために利用されます。リンクローカルアドレス帯には最初の10ビットが「1111 1110 10」となるfe80::/10が割り当てられています（続く54ビットを0にしたプレフィックスが使用されるのでfe80::～fe80::ffff:ffff:ffff:ffffが使用される）。

e　マルチキャストアドレスは、マルチキャスト送信の宛先に使用されるアドレスです。マルチキャストアドレス帯は最初の8ビットが「1111 1111」となるff00::/8（ff00::～ffff:ffff:ffff:ffff:ffff:ffff:ffff:ffff）です。

例題 2

アドレスの種類を見分けるためには最初のブロックに着目します。IPv6のグローバルユニキャストアドレスには、最初の3ビットが「001」となる2000::～3fff:ffff:ffff:ffff:ffff:ffff:ffff:ffffの範囲が割り当てられています。選択肢のうちこの範囲に該当するのは**b**のみです（**b**が正解）。

例題 3

IPv6アドレスを16進表記する場合、次のようなルールによって省略表記が可能です。
① ブロック内の上位桁にある0は省略できる。
② 連続する0のブロックは省略できる。
③ 上記②のルールで省略できるのは1回限りで、複数ある場合は長いほう、同じ長さの場合は前に出現したほうを省略する。

a　①のルールによって、0db8はdb8と省略表記できます。

b　②のルールによって、連続する0のブロックは省略できます。

c　①のルールによって、0025は25と省略表記できます。

d　①のルールでは上位桁の0が省略できるのであって、下位桁の0を省略してcc00をccとすることはできません（正解）。

e　①のルールによって0000は0と省略表記できます。

IPv6アドレス

IPv6アドレスは、2進法表記では128ビットで、これを16ビットごとの8ブロックに区分けし、ブロックごとに16進法の4桁に変換、コロン（:）で区切って表記します。

16進法表記の場合、以下の省略表記が可能です。

①各ブロックの上位の桁の0を省略（00a1→a1、0000→0）
②連続する0のブロックを1か所のみ省略（:0:0:→::）、2か所ある場合は長いほうを省略
③アドレスの最後まで0が続く場合は「::」で省略

なお、システムなどの出力表記では、以下が推奨されています。

④同じ長さの連続する0のブロックが複数ある場合は最初の部分を省略
⑤0を省略できる場合は省略（ただし0のブロックが1つだけの場合は「::」ではなく「:0:」と表記）
⑥アルファベットは小文字を使用

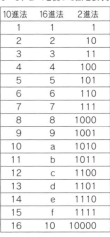

16進法
0〜9、a〜fを使って数を表す。

10進法	16進法	2進法
1	1	1
2	2	10
3	3	11
4	4	100
5	5	101
6	6	110
7	7	111
8	8	1000
9	9	1001
10	a	1010
11	b	1011
12	c	1100
13	d	1101
14	e	1110
15	f	1111
16	10	10000

■IPv6アドレスの表記の例

例1

00100000 00000001 00001101 10111000 00… … … …00 11111110 00000001

16進法で表記

2001 : 0db8 : 0000 : 0000 : 320f : 0000 : 0000 : fe01

例2

2001:0db8:0000:0000:320f:0000:0000:de02
　↓ 上記①に従い省略
2001:db8:0:0:320f:0:0:de02
　↓ 上記②④に従い省略
2001:db8::320f:0:0:de02
　✕ 下記のような省略はできない
2001:db8::320f::de02

例3

2001:0db8:0000:0000:0000:0000:0000:0000
　↓ 上記①に従い省略
2001:db8:0:0:0:0:0:0
　↓ 上記③に従い省略
2001:db8::

IPv6では、IPv4アドレスのネットワーク部に当たる部分を**プレフィックス**、IPv4アドレスのホスト部に当たる部分を**インターフェイスID**といいます。**プレフィックス長**（プレフィックスの大きさ）はIPv4のサブネットマスク長と同様スラッシュ（/）を使って、2001:db8:ff0:2:801:efff:fe03:1621/32のように表します。

IPv6ヘッダー

　IPv6のヘッダーは、IPv4と比較すると構造が簡素化され、固定長の基本ヘッダーと、オプション情報が定義される拡張ヘッダーで構成されます。 ➡️ ★★212ページ

IPv6アドレスの種類

　IPv4と同様、IPv6でも用途に応じてさまざまな種類のアドレスが使用されます。

■IPv6で使用される主なアドレス

リンクローカルアドレス	同一リンク内で直接ホスト間の通信を行うために利用されるアドレス。IPv6 アドレスの自動設定や近隣のホストの検索に利用される。1111 1110 10 で始まる fe80::/10 が予約されていて、プレフィックス 64 ビットの残り 54 ビットには 0 が使用される。
グローバルユニキャストアドレス	IPv4 のグローバル IP アドレスに当たる、インターネット上で使用されるユニークなアドレス。アドレス範囲は 001 で始まる 2000::/3（2000:: ～ 3fff:ffff:ffff:ffff:ffff:ffff:ffff:ffff）。
ユニークローカルアドレス（ULA）	ローカルなネットワークで使用されるユニークなアドレス。アドレス範囲は 1111 110 で始まる fc00::/7（fc00:: ～ fdff:ffff:ffff:ffff:ffff:ffff:ffff:ffff）。
ループバックアドレス	IPv4 と同じでホスト自体に仮想的に割り当てられるアドレス。::1 が使用される。
マルチキャストアドレス	マルチキャスト送信で宛先に使用されるアドレス。アドレス範囲は 1111 1111 で始まる ff00::/8。

IPv6の送信方式

　IPv6における送信方式はユニキャスト、マルチキャスト、エニーキャストの3種類です。

■IPv6における送信方法

ユニキャスト	IPv4と同じように1つのホスト（IPアドレス）に送る方式。
マルチキャスト	IPv4 と同じように同一のマルチキャストアドレスに参加しているホスト宛に送信する方式。ルーターがマルチキャストリスナーを検出するために MLD というプロトコルが使われる。
エニーキャスト	複数のホストに同一の IP アドレスが設定されている場合に、ネットワーク的に最も近いホストを選択して送る方式。複数のサーバーがエニーキャスト通信に対応できるように設定すると負荷分散や障害の際のバックアップに利用できる。

マルチキャスト
IPv6のブロードキャストはオールノードマルチキャストアドレス（ff02::1）を使ったマルチキャストで実現する。

MLD
Multicast Listener Discovery
IPv6ルーターがマルチキャストリスナーとなるホストの存在を自動検出するために使われる。MLDにはMLDv1とMLDv2があり、MLDv1を拡張したMLDv2では、送信元のIPアドレスとマルチキャストアドレスの組み合わせに対してクライアントが受信を指定できる機能が追加されている。86ページも参照。

要点解説　4 IPv6

IPv6アドレスの自動設定

　IPv6に対応している機器では、IPアドレスを自動的に設定することができます。自動設定の方法には、**SLAAC**（ステートレスアドレス自動設定）と**DHCPv6**の2種類があります。

　SLAACは、ルーターからアドレス情報の一部を取得してIPアドレスを設定します。

■SLAACの例

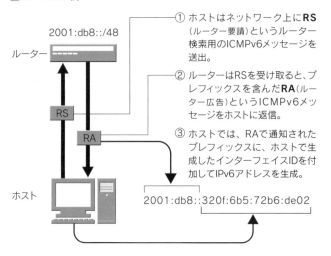

SLAAC
Stateless Address
Autoconfiguration

2001:db8::/48
ルーター

RS

RA

ホスト

① ホストはネットワーク上に**RS**（ルーター要請）というルーター検索用のICMPv6メッセージを送出。

② ルーターはRSを受け取ると、プレフィックスを含んだ**RA**（ルーター広告）というICMPv6メッセージをホストに返信。

③ ホストでは、RAで通知されたプレフィックスに、ホストで生成したインターフェイスIDを付加してIPv6アドレスを生成。

2001:db8::320f:6b5:72b6:de02

RS
Router Solicitation

ICMPv6
86ページを参照。

RA
Router Advertisement

　インターフェイスIDの生成方法は、ホストのOSに依存します。初期の仕様ではMACアドレスをもとにEUI-64フォーマットという標準化されたルールで算出される方法が利用され、その後、プライバシーやセキュリティ対策を考慮し、ランダムなインターフェイスIDを生成する方法、一時アドレスまたは匿名アドレスと呼ばれるIPv6アドレスを生成する方法（プライバシーエクステンション）が利用されるようになりました。たとえばWindows11では固定的（ただしEUI-64フォーマットに従わない）なインターフェイスIDを付加したIPv6アドレスと、ランダムに自動生成（ネットワーク接続時のたびや一定時間で更新）されるインターフェイスIDを付加したIPv6アドレス（一時アドレスまたは匿名アドレスという）を生成します。

　DHCPv6では、DHCPv6サーバーがIPアドレスを貸与します。

➡★★213ページ

マルチプレフィックス

IPv6では、1つの**ネットワークインターフェイス**に複数のIPv6アドレスを設定できます。これを**マルチプレフィックス**といいます。しかし、インターネットに接続するためのIPv6アドレスとインターネットと直接通信できない閉域IPv6網に接続するためのIPv6アドレスを持っている場合、経路選択や送信元アドレス選択に失敗し、適切に通信できなくなるIPv6マルチプレフィックス問題が起こることがあります。

マルチプレフィックスの場合、パケットを送信する際に、定義されたルールに基づいて送信元アドレスを決定します。ルールには、一時的なアドレス（一時アドレス）の優先、宛先のアドレスとロンゲストマッチになるアドレスの選択などがあります。

IPv4とIPv6

IPv6にて通信を行う場合には、ルーターなどのIPアドレスにかかわる機器はIPv6に対応している必要がありますが、NICやLANケーブル、ハブなどIP（ネットワーク層）よりも下位の階層で使用する通信機器は、既存のIPv4環境のものをそのまま利用できます。Windows、macOS、iOS、Androidなどの主要なOSは、IPv4アドレスとIPv6アドレスを同時に設定して、IPv4、IPv6のどちらのプロトコルでも通信できるようにする**デュアルスタック**という技術を採用しています。デュアルスタック接続ではまずIPv6接続を行い、通信が成立したらそのままIPv6接続を続けます。

また、通信経路上にIPv4だけに対応してIPv6には対応しない機器がある場合でも、IPv6パケット全体をIPv4パケットに格納してIPv4ネットワークを通す、**IPv6 over IPv4トンネル**という技術の利用でIPv6通信を可能にしています。

ネットワークインターフェイス
ネットワークに接続するためのインターフェイス。

ロンゲストマッチ
上位ビットから一致する部分が最も長いアドレスを選択すること。

NIC
Network Interface Card
ネットワークインターフェイスカード
LANカード、LANアダプターのように、PCをLANに接続するためのカード状のハードウェアのこと。

5 イーサネット

公式テキスト46〜51ページ対応

インターネットの利用に際し、LANを構築することが一般的になっています。LANの構築で広く利用されているイーサネットについて理解しましょう。

重要

例題 1 コリジョンドメインに関する説明として、**適当なものを1つ選びなさい。**

a イーサネットのブロードキャストフレームが到達する範囲のことをコリジョンドメインと呼ぶ。

b リピーターハブを用いればコリジョンドメインを分割できる。

c スイッチングハブを用いればコリジョンドメインを分割できる。

d フレームを送出してコリジョンが起きたことを検知すると、ホストはフレームを直ちに再送出する。

例題 2 スイッチングハブの特徴として、**正しいものを2つ選びなさい。**

a 接続するホストにIPアドレスを割り当てる機能を備えている。

b ホストからEthernetフレームを受け取ると、宛先のホストが接続されているポートのみにEthernetフレームを送出できる。

c 複数のポートで同時に別々の通信を行うことができる。

d リピーターハブに比べてコリジョン（衝突）が起こりやすいため、通信速度が低下する。

e 複数台のスイッチングハブを階層的に接続することはできない。

例題 3 IPv4ネットワークにおいて、IPアドレスからMACアドレスを調べるのに用いられるプロトコルはどれか。**正しいものを1つ選びなさい。**

a ARP

b DHCP

c IPCP

d NDP

e PPP

例題　1

　イーサネットでは、複数台のホストが同一の伝送路を共有して通信を行います。フレーム（イーサネットにおける送信単位、TCP/IP通信のパケットに相当する）がネットワーク全体に送出されるので、同時に2台以上のホストからフレームが送出されると、コリジョン（フレームの衝突）が発生します。コリジョンが発生した場合、ホストは一定時間待ってからフレームを再送出します。

a　イーサネットのブロードキャストフレームが到達する範囲のことをブロードキャストドメインといいます。コリジョンドメインは、ユニキャストフレームが到達する範囲のことです。

b　リピーターハブは、受け取ったフレームを送信元ホストが接続されているポート以外のすべてのポートに送出します。リピーターハブではコリジョンドメインを分割することはできません。

c　スイッチングハブは、ポートに接続されたホストのMACアドレスを記録しておき、宛先となるホストが接続されたポートのみにフレームを送出します。この仕組みにより、スイッチングハブではコリジョンドメインを分割することができます（正解）。

d　コリジョンが発生したら、ホストは一定時間待ってからフレームを再送出します。

例題　2

　スイッチングハブは、イーサネット（Ethernet）でLANを構築するために複数台のホストを相互に接続するハブの一種です。

a　IPアドレスはイーサネットの上位層のプロトコルであるIPで利用されます。接続するホストにIPアドレスを割り当てる機能は主にルーターが備えています。

b　スイッチングハブの特徴です（正解）。

c　スイッチングハブは同時に複数のポートを使用することができます（正解）。

d　コリジョンとは、複数台のホストが同一の伝送路を共有して通信をする際に、送出されるデータの数が多くなると起こる通信衝突です。対象のポートだけにデータを送出するスイッチングハブより、受け取ったデータをすべてのポートに送出するリピーターハブのほうがコリジョンは多く発生します。

e　カスケード接続により複数台のスイッチングハブを階層的につなげることができます。

例題　3

　TCP/IPにおける通信では宛先にIPアドレスを指定し、イーサネットでは宛先にMACアドレスを使用します。したがって、イーサネット上でIPによる通信を行うためには、ARP（Address Resolution Protocol）によりIPアドレスからMACアドレスを調べます（**a**が正解）。ARPは、MACアドレスを調べたいIPアドレスと、送信元のIPアドレス情報とMACアドレスを設定したフレームをブロードキャストで送信します。該当するIPアドレスを持つホストは、このフレームに応答して自身のMACアドレスを通知します。

　bのDHCP（Dynamic Host Configuration Protocol）はIPアドレスを動的に割り当てるプロトコル、**c**のIPCP（Internet Protocol Control Protocol）はPPP通信におけるネットワーク制御プロトコル、**d**のNDP（Neighbor Discovery Protocol）は同一リンク内に存在するルーターやホストを発見するための近隣探索プロトコル、**e**のPPP（Point-to-Point Protocol）は機器同士を1対1で接続してデータ通信を行うためのプロトコルです。

イーサネット

限られた範囲にあるコンピューターや通信機器をケーブルなど
で接続し、相互に情報をやりとりできるようにしたネットワークを
LANといいます。**イーサネット**（Ethernet）はOSI参照モデルの
物理層とデータリンク層に相当するプロトコルで、LAN構築で広
く利用されている接続規格です。下位プロトコルにイーサネット、
上位プロトコルにIPやTCP、HTTPなどを使うことでインターネ
ットを利用します。

現在、主に利用されているイーサネットの規格が、100Mbpsの
通信が可能な100BASE-TX、1Gbpsの通信が可能な1000BASE
-Tの2種類です。 ➡★★219ページ

LANケーブル

LAN内の機器の接続に使用するLANケーブルには、主に**イー
サネットケーブル**が使用されます。ケーブル両端のモジュラージ
ャックは8極8芯のRJ-45規格で、これを各機器に接続します。
イーサネットケーブルに使用される**ツイストペアケーブル**には**ス
トレートケーブル**（送信用の芯線と受信用の芯線がそのまま結線され
る）と**クロスケーブル**（送信用と受信用を入れ替えて結線される）の
2種類がありますが、機器に搭載されるAutoMDI/MDI-X機能に
よりストレート、クロスを区別せずに使用することもできます。

イーサネットケーブルには品質区分（カテゴリ）があり、カテ
ゴリ3、カテゴリ5、カテゴリ5eのように数値（または数値とアル
ファベット）で区分します（大きいほど高品質）。

イーサネットの規格によって使用できるイーサネットケーブル
のカテゴリは変わります。規格上、

　10BASE-T対応　　：カテゴリ3以上
　100BASE-TX対応：カテゴリ5以上
　1000BASE-T対応：カテゴリ5e以上
の非シールドより対線（UTP）を使用します。1000BASE-T対
応のカテゴリ6は、カテゴリ5/5eの上位互換性を持ち、カテゴリ
5/5eのケーブルの代わりとして利用することができます。

LAN
Local Area Network

モジュラージャック
電話線用に使用されるモジュ
ラージャックはRJ-11（4極2芯、
4極4芯、6極2芯）で、イーサ
ネットケーブルにはRJ-11より芯
数が多くて、サイズも大きい8
極8芯のRJ-45が使用される。

ツイストペアケーブル
銅線をより合わせることにより
ノイズの影響を小さく抑えたケ
ーブル。より対線ともいう。

AutoMDI/MDI-X機能
ストレートケーブルは異なる種
類の機器、クロスケーブルは同
種の機器を接続するのに使用
されるが、AutoMDI/MDI-X
機能はケーブル種別を自動的
に判別することでストレート、
クロスのどちらのケーブルも利
用できるようにしている。

非シールドより対線（UTP）
外部環境による電磁ノイズ対
策のための加工をしていない
より対線。

MACアドレス

　IPにおけるパケットに対し、イーサネット上で送受信される
データの単位をフレームといいます。フレームには、IPにおけ
るIPアドレスのように宛先と送信元を示す情報が付加され、こ
の情報をもとに宛先のホストへデータを送信します。宛先および
送信元の特定に利用される情報が各ネットワークインターフェイ
スに割り当てられた固有のアドレスである**MACアドレス**です。
MACアドレスは48ビット（6バイト）を00-00-d9-3d-01-e0の
ように16進法の2桁6個にして（「-」または「:」でつないで）表
記します。

　イーサネットのフレームは、同一セグメント（LANなどでのネ
ットワークの単位）にあるホストすべてに（ブロードキャストで）送
信され、受け取ったホストでは、宛先MACアドレスを見て自分
宛のフレームを受け取り、それ以外は破棄します。

ARP

　宛先のMACアドレスがわからない場合、IPアドレスからMAC
アドレスを調べるためのプロトコルとして、IPv4ネットワーク
では**ARP**を使います。ARPでは、①通信を行いたいホストが、
送信元のIPv4アドレスとMACアドレス、探索対象のIPv4アド
レスを設定したイーサネットフレームを、全ホストにブロードキ
ャストで送信（ARPリクエスト）、②探索対象のIPv4アドレスを持
つホストが応答し自身のMACアドレスを返信（ARPリプライ）し
ます。

　IPv6ネットワークでは、ICMPv6のNDP(近隣探索プロトコル)
が利用されます。NDPでは、ARPと異なりマルチキャストで問
い合わせを行います。

　MACアドレスとIPアドレスの対応情報は、ホスト上のキャッ
シュに保存され、以降の通信では問い合わせは省略されます。近
隣ノードのIPアドレスとMACアドレスとの対応情報は、IPv4で
はARPテーブルで、IPv6では近隣キャッシュというテーブルで
管理します。

MACアドレス
Media Access Control
address
Windows、Android、iOSに
は、プライバシー保護の観点
から、MACアドレスをランダム
に変更する機能がある。

ARP
Address Resolution
Protocol

NDP
86ページを参照。

ハブ

　複数の機器をLANに接続する場合は**ハブ**という機器を利用します。ハブには複数ポートがあり、1ポートに1ホストを接続します。ポートが不足する場合は、**カスケード接続**により接続台数を増やすことも可能です。家庭用のルーターは一般にハブが内蔵されています。

　ハブには、次表に示す2種類があります。

■ハブの種類

リピーターハブ	送信元ホストが接続されたポートを除く、すべてのポートにフレームを送出するハブ。コリジョン（フレームの衝突）が発生しやすい。
スイッチングハブ （スイッチ）	各ポートに接続しているホストのMACアドレスを記録しておき、フレームの宛先情報から送出するポートを判断し、宛先のポートのみにフレームを送出するハブ。通信中のポート以外のポートであれば同時に別の通信を行うことができるので、コリジョンドメインを分割することができ、効率的に通信路を利用できる。なお、スイッチングハブのうち、SNMPエージェント機能を持つハブをインテリジェントハブまたはインテリジェントスイッチングハブという。

コリジョンドメイン

　イーサネットで、複数台のホストが同一の通信路を共有して通信を行うので、2台以上のホストがフレームを送出するとフレームの衝突が生じます。これを**コリジョン**といいます。コリジョンが発生するとホストはフレームの送出を一定時間待つので通信効率が低下します。➡★★219ページ

　ユニキャストのイーサネットフレームが到達するネットワーク範囲を**コリジョンドメイン**といいます。これに対しブロードキャストのイーサネットフレームが到達する範囲のことを**ブロードキャストドメイン**といいます。

カスケード接続
ポートに別のハブを階層的に接続すること。リピーターハブの場合、カスケード接続できるハブの数は、10BASE-Tが最大4台、100BASE-TXが最大2台のように決められている。スイッチングハブでは、イーサネットの規格上、カスケード接続できる台数に制限はない。

SNMP
Simple Network Management Protocol
ネットワークに接続されているルーターやハブ、コンピューターをネットワーク経由で管理するプロトコル。管理する側をマネージャー、管理される対象をエージェントという。
➡★★270ページ

6 無線LAN

公式テキスト53～58ページ対応

LANケーブルの代わりに無線を使って機器同士を接続するLANを無線LANといいます。無線LANを利用した通信の特徴について理解しましょう。

例題 1 日本国内で90日を超えて無線LANを利用してよい機器には、その証明としてどのようなマークまたは、ロゴが付与されている必要があるか、最も適当なものを1つ選びなさい。

a 技適マーク
b 米国FCC認証マーク
c 欧州CEマーク
d Wi-Fi Alliance認証ロゴ
e JISマーク

例題 2 無線LAN通信規格と国内における、その運用に関する説明として、誤っているものを1つ選びなさい。

a IEEE 802.11aは5GHz帯をIEEE 802.11bは2.4GHz帯を使って通信する。
b IEEE 802.11bとIEEE 802.11gではどちらも2.4GHz帯を使用するが、チャネルが異なっている。
c 無線LANが使用する2.4GHz帯や5GHz帯は、医療用機器または気象レーダーなど、無線LAN以外の無線システムも使用しているため、無線LANの通信に影響が生じる場合がある。
d 無線LANは屋外および屋内において利用できるが、5GHz帯には屋外での使用が認められていない周波数帯域がある。

例題 1

さまざまな用途に利用される電波は有限であり、これを効率的に使うためにさまざまなルールが設けられています。電波を利用する無線LAN機器を日本国内で利用する場合は、一定のルールに従わなくてはなりません。

a　技適マークは、日本の電波法令で定められた技術基準に適合した無線機であることを証明するマークです。電波法では、技適マークのない無線機が日本国内に持ち込まれた場合、一定の条件を満たせば入国の日から90日以内に限って利用できるとしています。無線機とは無線通信を行うトランシーバーなどのことで、電波を発するスマートフォン、Wi-Fiルーター、Bluetoothヘッドホンなどもこれに含まれます。問題で示されているマークは技適マークです（正解）。

b　米国FCC認証マークは、米国における通信・電波基準に適合することを米国連邦通信委員会が認定した機器に付けられるマークです。おおむね日本の技術基準適合に相当します。

c　欧州CEマークは、EUにおける通信・電波基準に適合することを加盟国の認定を受けた第三者認証機関が認定した機器に付けられるマークです。おおむね日本の技術基準適合に相当します。

d　Wi-Fi Alliance認証ロゴは、無線LAN機器の相互接続性を検証し、認証を取得した機器に表示されるマークです。検証は、Wi-Fi Allianceが行います。

e　JIS（Japanese Industrial Standards：日本産業規格）は、日本の産業製品に関する規格や測定法などを定められた国家規格です。電化製品などの産業製品生産に関するものから、文字コードやプログラムコードといった情報処理、サービスに関する規格などが規定されています。JISマークは、JISに適合する製品やサービスに表示されます。

例題 2

無線LAN通信規格にはIEEE（米国電気電子技術者協会）が規格化したIEEE 802.11シリーズがあり、国内でもこの規格が採用されています。無線LANには、法律により許可された、2.4GHz帯や5GHz帯を中心とした周波数帯が利用されています。

a　正しい説明です。IEEE 802.11aとIEEE 802.11bは無線LANが普及し始めた頃から利用されている規格です。

b　無線LANでは周波数帯をチャネルという単位に分割しています。日本国内において、2.4GHz帯では最大14チャネル、5GHz帯では最大19チャネルを利用できます。IEEE 802.11gはIEEE 802.11bの上位互換として開発された規格で、どちらも2.4GHz帯を利用し、チャネルは同じです（正解）。

c　正しい説明です。2.4GHz帯は家電製品や医療用機器、Bluetoothが、5GHz帯は気象レーダーなどが使用しています。それが原因で、影響を受け（電波干渉という）通信速度が低下したり、接続が途切れたりすることが発生します。

d　正しい説明です。無線LANは屋内だけでなく屋外で利用することも許可されています。ただし、5GHz帯のチャネルの一部は気象レーダーや人工衛星の利用する周波数帯と重なるので、利用に制限が設けられています。

無線LAN

　無線LANは、LANケーブルを使わずに無線で接続するLANです。オフィスや家庭、公共の場所などで、広く利用されています。

　無線LAN機能を有する無線LAN端末は**アクセスポイント**に接続し、アクセスポイントは有線などのネットワークへの接続を中継し、また無線LAN端末同士を相互に接続します。

　なお、無線LANと同義で「Wi-Fi」という言葉を使用することもありますが、**Wi-Fi**は、Wi-Fi Allianceという団体により無線LAN機器間の相互接続性を検証・認証された無線LAN機器に使用が許可された名称です。

無線LANの通信規格

　無線LANには複数の通信規格があり、規格ごとに異なる周波数帯を利用します（次ページ参照）。IEEE 802.11gなどが利用する2.4GHz帯は、5GHz帯より周波数が低いので伝送距離が長く、障害物の影響を受けにくいという特徴があります。一方で、2.4GHz帯はISMバンドでもあり、電子レンジ、医療用機器、Bluetoothなどに広く利用されていることから、電波干渉により通信品質が低下することがあります。

　無線LANでは周波数帯をチャネルという単位に分割して使用します。日本国内の場合、2.4GHz帯では最大14のチャネル、5GHz帯では最大19のチャネルが利用できます。ただし、2.4GHz帯では隣接するチャネルと利用周波数帯が一部重複し、異なるチャネルを使用した通信でも干渉が発生する可能性があるので、干渉を避けて同時に使用できるのは4チャネルです。5GHz帯では利用周波数帯が重複することはないのでチャネル間の干渉は発生しません。

　無線LANの規格には、異なる規格との互換性を持つものがあります。たとえば、IEEE 802.11gはIEEE 802.11bと、IEEE 802.11nはIEEE 802.11a/b/gとの通信が可能です。ただし、最大通信速度は、低速な規格に準じます。

アクセスポイント
公衆無線LAN用、事業所用、家庭用など用途に合わせてさまざまなアクセスポイントが製品化されている。家庭用のアクセスポイントは一般にルーティング機能を備え、ブリッジモード（ブリッジとして機能）とルーターモード（ルーターとして機能）の2つのモードを切り替えて使用することができる。また、無線LANアクセスポイント機能を搭載する家庭用ルーターもある。

Wi-Fi Alliance
無線LAN機器の普及促進を図ることを目的として設立された団体。無線LAN機器間の相互接続性の検証・認証を行い、認証された無線LAN機器はWi-Fiのロゴを使用することができる。

ISMバンド
国際電気通信連合（ITU）が電気通信以外の用途（電子レンジ、医療用機器など）に割り当てた周波数帯。

干渉
同じ場所で同じ周波数帯の中に2つ以上の電波が飛び交うと、互いに強めあったり弱めあったりする現象が起こること。干渉が発生すると通信速度が低下したり、状態が不安定になったりする。

▶43ページの解答　例題1　a　　例題2　b

45

■無線LANの通信規格

規格名称	利用周波数帯	最大通信速度
特徴		
IEEE 802.11b	2.4GHz	11Mbps
無線LANが普及し始めた頃から利用されている。		
IEEE 802.11a	5GHz	54Mbps
一部のチャネルで屋外の利用が制限されている。5GHz帯は気象レーダーも利用していることから、通信に影響が出る場合がある。		
IEEE 802.11g	2.4GHz	54Mbps
IEEE 802.11bの変調方式を高度化して通信速度を向上させている。IEEE 802.11bとの互換性がある。		
IEEE 802.11n(Wi-Fi 4)	2.4GHz、5GHz	600Mbps
2.4GHz帯と5GHz帯の両方を利用する。MIMO(4ストリーム)やチャネルボンディング(20MHz帯域幅のチャネルを結合した40MHz帯域幅の通信が可能)などの仕組みにより通信速度を向上させている。変調方式には64QAM(6ビット単位で伝送可能)を採用。IEEE 802.11a/b/gとの互換性がある。		
IEEE 802.11ac(Wi-Fi 5)	5GHz	6.9Gbps
IEEE 802.11nのMIMO(8ストリーム、下り通信時のMU-MIMOが可能)、変調方式(8ビット単位で伝送可能な256QAM)、チャネルボンディング(最大で20MHz×8=160MHzの帯域幅が利用可能)を高度化して通信速度を向上させている。		
IEEE 802.11ad	60GHz	7Gbps
2.4GHz帯や5GHz帯よりも広い60GHz帯を利用して通信速度を向上させている。60GHzと周波数が高いので、壁や障害物がなく互いに見通せるような近距離での使用が想定されている。事実上同等の仕様の規格にWGAという団体によって制定されたWiGigがある。60GHz帯を利用するIEEE 802.11adの後継規格として最大通信速度20Gbps以上の実現を目指すIEEE 802.11ayがある。		
IEEE 802.11ax(Wi-Fi 6)	2.4GHz、5GHz	9.6Gbps
高密度環境下での周波数の効率的な利用、実行スループット向上を目指し、チャネルボンディングはIEEE 802.11acと同じ最大160MHz帯域幅としながら、上り通信時のMU-MIMO対応、変調方式にOFDMA、1024QAMを採用することで通信速度を向上させている。このほかに、TWT、WPA3などが採用されている。		
IEEE 802.11be(Wi-Fi 7)	2.4GHz、5GHz、6GHz	46Gbps
IEEE 802.11ax(Wi-Fi 6)の後継規格として標準化が進められている次世代規格。2.4GHz帯、5GHz帯に加えて6GHz帯を利用し、30Gbps以上のスループット(最大通信速度46Gbps)、低遅延、低ジッタ(ジッタは信号の時間的なズレや揺らぎのこと)通信の実現を目指している。		

変調方式
データを無線通信で送信できるように変換する際に使用される方式。変調方式により1回の変調で伝送できるデータ量が変わる。

MIMO
Multiple Input Multiple Output
複数のアンテナを用いて通信のストリーム数(データの通り道の数)を増やすことにより通信速度を向上させる仕組み。従来のMIMOは1対1の通信で、端末が増えるほど速度が低下する。MU-MIMO(Multi User MIMO)はビームフォーミングという技術を用いて、1対多の通信を可能にしている。

チャネルボンディング
複数のチャネルを結合して帯域幅を広げることにより通信速度を向上させる仕組み。

QAM
Quadrature Amplitude Modulation
直交振幅変調
変調方式の1つ。64QAMは6ビット、256QAMは8ビット、1024QAMは10ビット単位で電波に信号を載せるので、数字が大きいほど多くのデータを伝送できる。

OFDMA
Orthogonal Frequency Division Multiple Access
直交周波数分割多元接続
モバイル通信で使用されている変調方式で、IEEE 802.11ax(Wi-Fi 6)で採用された。その前の無線LAN(IEEE 802.11a以降)では、OFDMという地上波デジタル放送にも使用されている変調方式が採用されていた。OFDMは同一チャネルの周波数リソースを1ユーザーが占有、OFDMAはよ

り効率的な伝送のために同一チャネルの周波数リソースを複数ユーザーで分割する。

OFDM
Orthogonal Frequency Division Multiplex
直交周波数分割多重方式

TWT
Target Wake Time
無線LAN端末のバッテリー消費を抑える機能。

WPA3
無線LAN通信を暗号化する仕組みの1つ。168ページを参照。

無線LANの動作モード

　無線LANの動作モードには、アクセスポイントを経由せずにホスト同士が1対1の通信を行うアドホックモードと、アクセスポイントを経由して複数のホストが同時に通信を行うインフラストラクチャモードの2つがあります。一般に利用されるのは、インフラストラクチャモードです。

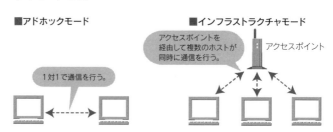

■アドホックモード　　　　　　　　　■インフラストラクチャモード

アクセスポイントを経由して複数のホストが同時に通信を行う。

アクセスポイント

1対1で通信を行う。

技適マーク

　無線LANの通信規格に対応した機器を日本国内で使用するには、技適マークが必要です。**技適マーク**は、電波法で定めている技術基準に適合している無線機であることを証明するマークです。日本国内では無線機を使用するには免許申請が必要ですが、技適マークが付いていると無線局の免許を受けないで使用することができます。なお、法改正により訪日観光客がスマートフォンなどを持ち込んで使用できるように、電波法に定める技術基準に適合するなどの条件を満たす場合に、入国日から90日以内に限って日本国内での利用が可能となりました。米国FCC認証や欧州CEマークが付与されており、かつWi-Fi Alliance認証ロゴにより認証が確認できている無線機が対象です。

Wi-Fi Direct

　Wi-Fi Directは、Wi-Fi Allianceによって策定された、アクセスポイントの機能をソフトウェアで実現して、無線LAN機器同士の通信を可能とする規格です。Wi-Fi Directの認定ロゴの表示がある機器はアクセスポイント機能を持ち、他の無線LANホストと1対多の通信を行うことができます。Wi-Fi Direct非対応機器との通信も可能です。

ネットワークで正しい宛先にデータを届けるために、さまざまな技術が利用されます。ルーティング、NAT/NAPT、ポートフォワーディングなどの仕組みについて理解しましょう。

 重要

例題 1 ルーターにおけるIPルーティングの説明として、<u>適当なものをすべて</u>選びなさい。

a ルーターは、経路情報を記述したルーティングテーブルを持つ。

b 経路選択にはMACアドレスが用いられる。

c 転送先の経路が指定されていない宛先を持つパケットはスタティックルートに転送される。

d 複数の経路情報に合致したパケットは、ロンゲストマッチという規則に従い経路が選択される。

例題 2 ルーターのNAT/NAPT機能の説明として、<u>適当なものを1つ選びな</u>さい。

a ISPなどが提供するDNSサーバーとホストとの間で名前解決を仲介する。

b ルーターを通過するIPパケットを監視し、宛先IPアドレス、宛先ポート番号などに基づいて通過の可否を判別する。

c プライベートIPアドレスとグローバルIPアドレスを相互に変換する。

d ネットワークやシステムへの不正アクセス、ファイルの改ざんといった異常を検出する。

e 特定のWebサイトへのアクセスをURLで制限する。

例題　1

　ルーターは、パケットをネットワークから別のネットワークへ中継する装置です。基本的な機能は、ルーティング（経路制御）とルーティングテーブル（経路表）の維持管理の2つです。

a　ルーターがパケットを転送する宛先を判断する際には、ルーティングテーブルに記述された経路情報に従います。選択肢は、ルーターにおけるIPルーティングの説明として適当です（正解）。

b　経路選択にはIPアドレスが用いられます。選択肢は、ルーターにおけるIPルーティングの説明として不適当です。

c　転送先の経路が指定されていない宛先を持つパケットはデフォルトルートに転送されます。選択肢は、ルーターにおけるIPルーティングの説明として不適当です。

d　複数の経路情報に合致したパケットは、サブネットマスク長（IPv6の場合はプレフィックス長）が最も長い経路を選択して、配送が行われます。この規則をロンゲストマッチといいます。選択肢は、ルーターにおけるIPルーティングの説明として適当です（正解）。

例題　2

　LANの内部で使用されるプライベートIPアドレスをそのまま使用してインターネットとの通信を行うことはできません。LANからインターネットに通信するには、通信を中継するルーターなどで、NAT（Network Address Translation）やNAPT（Network Address Port Translation）機能により、プライベートIPアドレスとインターネットで使用するグローバルIPアドレスとの変換を行います。

a　DNSプロキシ（代理DNS）機能の説明です。名前解決は、ドメイン名から宛先となるホストのIPアドレスを知る処理のことです。

b　パケットフィルタリング型ファイアウォールの説明です。ファイアウォールは、LANとインターネットの間に設置され、危険な通信をブロックしてLANを防御するための仕組みです。

c　ルーターのNAT/NAPT機能の説明として適当です（正解）。

d　IDS（Intrusion Detection System：侵入検知システム）の説明です。

e　URLフィルタリングシステムの説明です。不適切なWebサイトの閲覧を禁止するために用いられるほか、閲覧しただけでマルウェアに感染してしまうような危険なWebページへのアクセスを防ぐためにも用いられます。

ルーティング

　インターネットなど他のネットワークと相互に通信を行う場合、ネットワーク間を接続する**ルーター**が、目的とするコンピューターまでの経路を選択し、通信を中継します。これを**ルーティング（経路制御）**といいます。

　ルーティングは、ルーティングテーブル（経路表）に記述された経路情報に従って行われます。パケットが到達すると、ルーターはルーティングテーブルを検索して宛先のIPアドレスに該当する経路を選択し、記載されている経路（ネクストホップ）にパケットを送出します。パケットの送出の際、ルーターは送信元MACアドレスを自身のインターフェイス（送出する側）のものに、宛先MACアドレスを転送先のものに書き換えます。

　ルーティングテーブルに経路が指定されていない宛先を持つパケットはすべて**デフォルトルート**に転送されます。複数の経路情報に合致するパケットは、**ロンゲストマッチ**という規則に従い、サブネットマスク長（IPv6の場合はプレフィックス長）が最も長く一致する経路に転送されます。➡★★222ページ

NATとNAPT

　IPv4におけるプライベートIPv4アドレスは、インターネットでは利用できません。LANからインターネットに接続するには、NATやNAPTを利用してプライベートIPv4アドレスをインターネットで利用できるグローバルIPv4アドレスに変換します。

　NATは、プライベートIPv4アドレスとグローバルIPv4アドレスを1対1で変換します。NAT機能を持つルーターはアドレス変換表を使用し、IPv4ヘッダーのアドレス情報を書き換えてパケットを送出します。

　NATを拡張した**NAPT**は、通信ごとに特定のポート番号を割り当てることで、LAN内の複数のホストによる1つのグローバルIPv4アドレスの共用を可能にします。NAPT機能を持つルーターは、アドレス・ポート変換表を使用し、IPv4ヘッダーのアドレス情報とTCPヘッダーのポート番号を書き換えてパケットを送出します。

　NAT、NAPTは、外部からのアクセスに対しては変換表を参照して宛先ホストを判別します。変換表に登録された情報は、一定時間使用されないと変換表から削除されます。

ルーター
ネットワークとネットワークの接点となる接続機器。データの伝送経路の制御などを行う。

ルーティングテーブル
ルーティングの対象となるネットワークの範囲や転送先経路（ネクストホップのIPアドレス）などが記載されている。

ネクストホップ
ルーターやホストがパケットを転送する際に、次の転送先となるルーターのこと。

ロンゲストマッチ
上位ビットから一致する部分が最も長いアドレスを選択すること。

NAT
Network Address Translation

NAPT
Network Address Port Translation

アドレス変換表
LAN内で使用するプライベートIPv4アドレスと、外部のインターネットで使用するグローバルIPv4アドレスの対応を登録したもの。

ポート番号
TDPやUDPでアプリケーションを判別するために利用される番号のこと。

アドレス・ポート変換表
LAN内で使用するプライベートIPv4アドレスとポート番号の組み合わせと、外部のインターネットで使用するグローバルIPv4アドレスとポート番号の組み合わせの対応を登録したもの。

■NAPTでのアドレス変換例

ホスト
192.168.0.2

送信元アドレス:送信元ポート
192.168.0.2:50000

宛先アドレス
198.51.100.yyy

送信元アドレス:送信元ポート
123.xxx.xxx.1:60000

宛先アドレス
198.51.100.yyy

インターネット

サーバー

ホスト
192.168.0.3

ルーター

192.168.0.1　123.xxx.xxx.1

198.51.100.yyy

ホスト
192.168.0.4

送信元アドレス
198.51.100.yyy

宛先アドレス:宛先ポート
192.168.0.2:50000

送信元アドレス
198.51.100.yyy

宛先アドレス:宛先ポート
123.xxx.xxx.1:60000

アドレス・ポート変換表

変換前		変換後	
IPアドレス	ポート	IPアドレス	ポート
192.168.0.2	50000	123.xxx.xxx.1	60000
192.168.0.3	50001	123.xxx.xxx.1	60001
192.168.0.4	50002	123.xxx.xxx.1	60002

ポートフォワーディング

　NAPT機能を利用するLANでは、グローバルIPv4アドレスを共用するため、外部からのアクセスがLAN内のどのホスト宛のアクセスなのかが判別できません。**ポートフォワーディング**は、特定のポート宛のアクセスをLAN内のホストの特定ポートに転送（フォワーディング）することで、LAN内のプライベートIPv4アドレスを割り当てられた特定のホスト（外部に公開するWebサーバーなど）に外部からのアクセスを可能にする機能です。

　一般的なルーターはポートフォワーディングの設定を自動的に行う**UPnP NATトラバーサル機能**を搭載しています。この機能を利用することにより、家庭内LANで稼働するサーバーをインターネットに公開することができます。

UPnP
Universal Plug and Play
ルーターなどにネットワーク機器を接続するだけで、複雑な操作や設定を行うことなくネットワークへの接続設定を自動的に行うプロトコル。

▶48ページの解答　例題1　a　d　　例題2　c

1台のサーバー上で複数の異なるサーバーソフトウェアが動いている場合などに、クライアントからのリクエストに対して適切なサーバーソフトウェアに応答させる必要があります。アプリケーションの判別に利用されるのがポート番号です。

重要

例題 1 通信プロトコルとそれに対応したウェルノウンポートの番号の組み合わせとして、適当なものをすべて選びなさい。

a DNS 53番

b HTTP 80番

c HTTPS 23番

d SSH 22番

例題の解説

解答は **55** ページ

例題 1

　複数の異なるサービスが動いているサーバーにリクエストを送るとき、リクエストに対して適切なサービスに応答させる必要があります。こうした場合にサービスの種類を判別するために利用されるのがポート番号です。ポート番号のうち、主要なサービス（プロトコル）に付与された0〜1023番をウェルノウンポートといいます。

a 53番のポートは、名前解決を行うためのDNSに割り当てられています。選択肢は、通信プロトコルとそれに対応したウェルノウンポートの番号の組み合わせとして適当です（正解）。

b 80番のポートは、WebサーバーとWebクライアントが通信を行うためのHTTPに割り当てられています。選択肢は、通信プロトコルとそれに対応したウェルノウンポートの番号の組み合わせとして適当です（正解）。

c 23番のポートは、サーバーをリモートで直接操作するためのTelnetに割り当てられています。HTTPS（暗号化したHTTP通信）に割り当てられているポート番号は443番です。

d 22番のポートは、暗号や認証の技術を利用して安全なリモートログインやファイル転送を行うためのSSHに割り当てられています。選択肢は、通信プロトコルとそれに対応したウェルノウンポートの番号の組み合わせとして適当です（正解）。

ポート番号

　ユーザー（**クライアント**）からの要求に対して情報を提供するホストやシステムのことを**サーバー**といいます。インターネットで利用される主なサーバーにはWebサーバー、DNSサーバー、SMTPサーバーなどがあります。

　サーバーとなるコンピューターは1台で複数のサービスを提供できるので、同じコンピューターでWebサーバーとメールサーバーを動作させることがあります。このような場合にクライアントからのリクエストに対して適切なサーバーが応答するように、TCPやUDPで定められたポート番号（0～65535）を使用してアプリケーションの種類を特定します。

　標準的に利用されるアプリケーションには決められたポート番号があり、これを**ウェルノウンポート**（0～1023）といいます。

■主なウェルノウンポート

ポート番号	サービス	ポート番号	サービス
20	FTP（データ）	110	POP3
21	FTP	123	NTP
22	SSH（scp、sftp）	143	IMAP
23	Telnet	443	HTTPS
25	SMTP	554	RTSP
53	DNS	587	Message Submission
67	DHCP（サーバー）	993	IMAPS（IMAP over SSL/TLS）
68	DHCP（クライアント）	995	POP3S（POP3 over SSL/TLS）
80	HTTP		

■ポート番号

クライアント
サーバーに対し、サービスを要求するホストやシステムのことをクライアントという。

ポート
コンピューターとプリンターなどをつなぐための物理的なインターフェイスや、OSとアプリケーションをつないでいる論理的なインターフェイスのこと。

Telnet
Teletype network
リモートログインのためのプロトコル。通信データは平文でやりとりを行う。

RTSP
Real Time Streaming Protocol
映像や音声などリアルタイム性のあるデータのストリーミング配信で、再生や停止などを制御するためのプロトコル。

Message Submission
587はSMTPでメッセージ送信を行う際に利用されるポート。暗号化と認証が行われ、許可された場合のみメールの送信が可能となる。

クライアント側のポート番号
通信の際、クライアント側のポート番号はランダムに選択される（49152～65535）。同じアプリケーションで複数のリクエストを同時に送る場合は、異なるポート番号を使用して、サーバーからのレスポンスがどのリクエストに対するものなのかを判断する。

9 ドメイン名に関する知識

★ 公式テキスト74〜80ページ対応

ドメイン名は、アルファベットや数字などを利用して記述される、ネットワーク上の「名前」です。URLやメールアドレスの一部などに利用されます。

ドメイン名は、トップレベルドメインやセカンドレベルドメインにより構成されています。トップレベルドメインは国や地域を表現し、セカンドレベルドメインは組織の属性などを表現します。ドメイン名の構造を整理し理解しましょう。

重要

例題 1 ICANNが想定するgTLDの種別と用途の説明として、<u>不適当なもの</u>を1つ選びなさい。

a bizは商用目的で利用される。

b eduは日本の4年制大学以上の教育機関で利用される。

c govは米国の政府組織で利用される。

d netはネットワークの管理組織で利用される。

e orgは非営利団体で利用される。

例題 2 日本国内に住所がある個人において、商用目的でサブドメインが<u>取得できるドメイン</u>を<u>すべて</u>選びなさい。

a com

b gov

c ac.jp

d tokyo.jp

e metro.tokyo.jp

例題 3 汎用JPドメイン名の登録に関する記述として、<u>正しいもの</u>を<u>2つ</u>選びなさい。

a ひらがなや漢字を使ったドメイン名を登録できる。

b 日本国内に住所がある法人組織のみが登録できる。

c 1つの法人組織につき、登録数は1つまでと制限されている。

d 汎用JPドメイン名の登録管理業務は、JPRSが行っている。

例題　1

　階層構造（ツリー構造）のドメイン空間において、最上位のルートドメインの下がTLD（トップレベルドメイン）、その下がSLD（セカンドレベルドメイン）です。TLDはICANNという米国で設立された民間の非営利法人によって管理され、現在、gTLDとccTLDが存在します。gTLDは組織の種別を表すTLDです。ドメインは、ICANNや、ICANNから委任された各国の管理団体（レジストリ）が管理していて、ドメインの種類によって取得・登録の条件が異なります。

a　bizは、商用目的の組織が登録可能です。選択肢の説明は適当です。

b　eduは、主に米国の4年制大学以上の教育機関が登録可能です。選択肢の説明は不適当です（正解）。

c　govは、米国の政府組織が登録可能です。選択肢の説明は適当です。

d　netは、ネットワークの管理組織が登録可能です。選択肢の説明は適当です。

e　orgは、他のgTLDに該当しない非営利団体が登録可能です。選択肢の説明は適当です。

例題　2

　ドメインは階層構造であり、あるドメインの下にあるドメインをサブドメインといいます。たとえば、example.comにおけるexampleはcomのサブドメインです。

a　comは商用目的のドメインです。国籍に関係なく取得することができます（正解）。

b　govは米国政府組織用のドメインです。個人が取得することはできません。

c　ac.jpは、属性型JPドメインといい、日本の教育機関（大学など）用のドメインです。日本国内の個人が取得することはできません。

d　tokyo.jpは、都道府県型JPドメインといい、日本に住所があれば個人でも組織でも取得できるドメインです（正解）。

e　metro.tokyo.jpは、地方公共団体JPドメインといい、東京都が取得しています。個人が取得することはできません。

例題　3

　最後に「.jp」が付くドメイン名をJPドメイン名といい、汎用JPドメイン名、属性型JPドメイン名、都道府県型JPドメイン名、地域型JPドメイン名に分類されます。汎用JPドメイン名では、組織名、サービス名、商品名、ブランド名などがドメイン名として登録できます。

a　汎用JPドメイン名には、日本語の文字（全角文字）を使ったドメイン名の登録ができます（正解）。

b　汎用JPドメイン名は、日本国内に住所がある個人、法人、組織の誰でも登録することができます。

c　汎用JPドメイン名を登録する法人などは、1社で複数のドメイン名を登録できます。

d　日本のccTLDである「jp」を管理するレジストリ（インターネット資源のデータベース管理・運営を行う機関）は、JPRS（日本レジストリサービス）です。汎用JPドメイン名の登録管理業務も、JPRSが行います（正解）。

ドメイン名の構造

ドメイン名は階層構造を持ちます。最上位はルートドメイン、その下にTLD、その下にSLDとドメインは枝分かれしています。

■URLに含まれるドメイン名

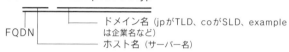

http://www.example.co.jp

FQDN
ドメイン名 (jpがTLD、coがSLD、example は企業名など)
ホスト名 (サーバー名)

■メールアドレスに含まれるドメイン名

tanaka@example.co.jp

ユーザー名　　　　　ドメイン名

トップレベルドメイン

トップレベルドメイン (TLD) には、gTLDとccTLDの2種類があります。

■トップレベルドメインの種類

gTLD	組織の種別を表すトップレベルドメイン。一般TLD、分野別TLDともいう。edu、gov、milは米国の該当組織のみが対象。info、com、org、netは比較的取得が容易なのが特徴。2012年1月よりgTLDの申請自由化が始まった。
ccTLD	国・地域を表すトップレベルドメイン。各ccTLDを取得できる対象は、そのccTLDの管理団体の方針により条件 (国内の住所の有無など) が異なる。

■主なgTLD

com	商用目的 (用途に規制はない)
edu	主に米国の4年制大学以上の教育機関
gov	米政府組織
info	汎用 (用途に規制はない)
mil	米軍組織
net	ネットワークの管理組織
org	他のgTLDに該当しない組織

その他のgTLD：aero (航空運輸産業)、asia (アジア太平洋地域の法人)、biz (商用目的)、coop (協同組合)、int (国際条約または国際データベースに基づき設立された組織)、jobs (人事管理業務関係者)、mobi (モバイル関連)、museum (美術館、博物館)、name (個人名用)、pro (公認会計士、弁護士、医師などの専門職)、tel (IP電話)、travel (旅行関連業界)

ルートドメイン
ルートドメインはTLDよりもさらに上位のドメインであり、ドメイン名の階層構造の最も上位に存在する。「.」(ドット) と表記される。通常、ルートドメインは省略されることが多い。

FQDN
Fully Qualified Domain Name
完全修飾ドメイン名。ホスト名とドメイン名をすべて省略せずに記述する表現である。単純にホスト名と呼ぶ場合でも、FQDNを指すことがある。

TLD
Top Level Domain

gTLD
generic TLD

ccTLD
country code TLD
nTLD (national TLD) ともいう。代表的なccTLDの例に、au (オーストラリア)、ca (カナダ)、cn (中国)、de (ドイツ)、fr (フランス)、jp (日本)、kr (韓国)、uk・gb (英国)、us (米国)、eu (欧州連合) などがある。

セカンドレベルドメインと汎用JPドメイン

セカンドレベルドメイン（SLD）は、TLDの次の階層のドメインです。ccTLDがjpのSLD名は、汎用JPドメイン名、属性型JPドメイン名（組織種別型JPドメイン名）、都道府県型JPドメイン名、地域型JPドメイン名に分けられます。

■JPドメインのSLD名

汎用JPドメイン名	組織の種別や数に関係なく登録できるドメイン名。日本国内に住所があれば登録可能。複数登録、○○.jpのような短い名前、日本語文字の利用、ドメイン名の移転も可能。
属性型JPドメイン名	組織の種別に応じて割り当てられるドメイン名。1組織につき1ドメイン名のみ登録可能。ac.jp（学校法人、4年制大学以上の教育機関、研究機関など）、ad.jp（JPNICの会員）、co.jp（日本で登記している会社組織など）、ed.jp（小学校、中学校、高校など、ac以外の教育機関）、go.jp（日本政府および政府関連機関）、gr.jp（任意団体）、lg.jp（地方公共団体）、ne.jp（プロバイダーなどのネットワークサービス業者）、or.jp（財団法人、社団法人など各種法人組織）がある。
都道府県型JPドメイン名	「○○○.tokyo.jp」のように都道府県名を含むJPドメイン名。日本に住所があれば個人・組織に限らず登録可能。複数登録も可能。

インターネットの資源管理組織

IPアドレスやドメイン名は、**ICANN**を中心とした組織で全世界的に管理されています。ドメインは**レジストリ**が管理を行います。日本のccTLDであるjpは**JPRS**が管理します。

■インターネットの資源管理組織の構成

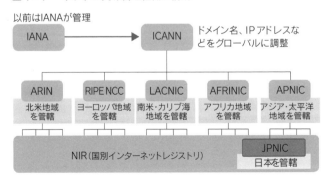

SLD
Second Level Domain

地域型JPドメイン名
日本の地域を表すドメイン名。属性型JPドメイン名の登録資格を満たす法人、企業、団体など、日本に在住する個人が登録可能な一般地域型ドメイン名（「○○.chiyoda.tokyo.jp」など）、普通地方公共団体や機関などが取得可能な地方公共団体ドメイン名（東京都「metro.tokyo.jp」など）の2種類がある。2012年3月で新規登録受付を終了し、2012年11月から新設された都道府県型JPドメイン名が利用開始されている。

ICANN
Internet Corporation for Assigned Names and Numbers

レジストリ
TLDごとに1組織あり、ICANNから委任され、そのTLDを管理（登録されたドメイン名のデータベースを一元的に管理）する。登録業務はレジストリと契約を結んだレジストラが行う。レジストラはISPやドメイン名登録の専門業者などで、複数存在する。

JPRS
Japan Registry Services
株式会社日本レジストリサービス
日本におけるインターネット資源管理組織であるJPNICが2002年に設立。JPドメイン名の登録管理やDNSの運用業務を行う。

▶54ページの解答　例題1　b　　例題2　a　d　　例題3　a　d

10 名前解決

インターネットでは、通信先ホストの指定にIPアドレスが必要です。ドメイン名から宛先となるホストのIPアドレスを調べる処理を名前解決といい、DNSという仕組みを利用しています。

例題 1 **DNSにおけるキャッシュに関する説明として、不適当なものを1つ選びなさい。**

a 問い合わせているドメインを管理する権威DNSサーバーの情報が更新されていると、キャッシュに保存された更新前の情報は参照されなくなる。

b DNSキャッシュポイズニングとは、攻撃者が送り込んだ不正な情報に基づく名前解決を行わせる手法である。

c TTLを短く設定すると、DNSキャッシュサーバーが権威DNSサーバーへ問い合わせる頻度が上がる。

d キャッシュを利用することでDNSキャッシュサーバーから他サーバーへの問い合わせが減り、名前解決にかかる時間の短縮が期待される。

例題 2 **あるクライアントが「www.dotcom-master.com」のIPアドレスをDNSで名前解決する際の説明として、誤っているものを2つ選びなさい。ただし、クライアント側にキャッシュは残っていないものとする。**

a クライアントはDNSキャッシュサーバーに問い合わせる。

b 問い合わせ対象のホストの情報がドメインの権威DNSサーバーから削除されていたとしても、DNSキャッシュサーバーにそれらの情報のキャッシュが存在した場合、キャッシュにある情報がクライアントに通知される。

c DNSキャッシュサーバーに名前解決を行うドメインのキャッシュがない場合、クライアントはまずcomドメインを管理する権威DNSサーバーに問い合わせを行う。

d 「dotcom-master.com」の権威DNSサーバーは、自身が管理するPTRレコードから「www.dotcom-master.com」のIPアドレスを調べ、DNSキャッシュサーバーに通知する。

例題 1

　DNS (Domain Name System) サーバーは、ドメイン名とIPアドレスの対応を管理し、問い合わせに対してドメイン名→IPアドレスの対応を返答します。DNSサーバーは、インターネットの最上位にあるルートDNSサーバー、各TLD (Top Level Domain) を管理するDNSサーバー、……と階層構造を構成しています。各ドメインの全体を管理するDNSサーバーが権威DNSサーバー、クライアントがドメイン名を問い合わせる場合にまず名前解決を問い合わせるサーバーがDNSキャッシュサーバーです。問い合わせを受けたDNSキャッシュサーバーは、自身で名前解決ができれば (要求された宛先のIPアドレスがわかれば) そのIPアドレスをクライアントに返します。名前解決ができない場合は、ルートDNSサーバーから順に問い合わせを行い、目的のIPアドレスを得て名前解決を行います。

a　DNSキャッシュサーバーの持つ情報は、一定時間保持され、その時間を過ぎると破棄されます。権威DNSサーバーの情報が更新されても、DNSキャッシュサーバーの情報が破棄されるまでは、クライアントの問い合わせに対して、DNSキャッシュサーバーが保持する情報が (それが古い情報であったとしても) 返されます (正解)。

b　DNSキャッシュポイズニングとは、攻撃者がDNSキャッシュサーバーの情報を書き換え、問い合わせに対して不正な情報を回答させることをいいます。

c　TTL (Time To Live) とは、DNSキャッシュサーバーの情報が保持される時間のことです。TTLが終了するとその情報は廃棄されるので、問い合わせがあった際は権威DNSサーバーに問い合わせを行うことになります。つまり、TTLを短くすると、問い合わせる頻度が上がります。

d　DNSキャッシュサーバーは、自ら保持している情報に関して問い合わせがあると、ルートDNSサーバーに問い合わせることなく、直ちに回答します。つまり、他のDNSサーバーに問い合わせる必要がないので回答に要する時間が短縮できます。

例題 2

a　クライアント側のキャッシュに「www.dotcom-master.com」のIPアドレスがないので、クライアントは、設定されているDNSキャッシュサーバーに問い合わせます。選択肢の説明は正しいです。

b　DNSキャッシュサーバーのキャッシュにある情報は、TTLを過ぎないと該当の権威DNSサーバーへの問い合わせが行われないので更新されません。該当する情報が権威DNSサーバーから削除されたとしてもDNSキャッシュサーバーはキャッシュにある情報をクライアントに通知します。選択肢の説明は正しいです。

c　クライアントが権威DNSサーバーに問い合わせることはありません。キャッシュに情報がない場合は、DNSキャッシュサーバーはルートDNSサーバーに問い合わせます。選択肢の説明は誤りです (正解)。

d　DNSサーバーはリソースレコードとして各種情報を管理しています。リソースレコードの1つであるPTRレコードには、IPアドレスに対応するホスト名が格納されています。ホスト名に対応するIPv4アドレスが格納されているのはAレコード、IPv6アドレスが格納されているのはAAAAレコードです。選択肢の説明は誤りです (正解)。

名前解決とDNSの仕組み

　ドメイン名からIPアドレスを得ることを**名前解決**といい、そのために利用されるのが**DNSサーバー**（ネームサーバー）です。ドメインの階層構造の最上位にあるのがルートドメインで、最上位のDNSサーバーが**ルートDNSサーバー**です。

　クライアントは自分が情報を保持していないIPアドレスについて、あらかじめ設定されている**DNSキャッシュサーバー**に問い合わせを行い、最終的な答えを要求します（これを**再帰問い合わせ**という）。DNSキャッシュサーバーは、キャッシュ（保有するデータベース）に情報があるかどうか確認し、情報がある場合はこれを返します。情報がない場合は、ルートDNSサーバーを起点に外部の**権威DNSサーバー**に対して問い合わせを繰り返し行うことで、目的のIPアドレスを得ます（これを**反復問い合わせ**または**非再帰問い合わせ**という）。権威DNSサーバーは1つまたは複数のドメインを管理し、1ドメインごとの管理範囲をゾーンといいます。権威DNSサーバーは、再帰問い合わせを行いません。

■DNSサーバーの名前解決

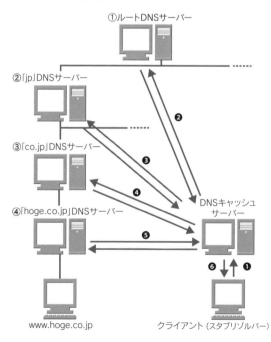

①ルートDNSサーバー

②「jp」DNSサーバー

③「co.jp」DNSサーバー

④「hoge.co.jp」DNSサーバー

DNSキャッシュサーバー

www.hoge.co.jp

クライアント（スタブリゾルバー）

DNS
Domain Name System
DNSでは、ドメイン名とIPアドレスの対応をデータベースで管理する。インターネットでは、分散したデータをインターネット全体で1つのデータベースとしている。

ルートDNSサーバー
世界中に13組存在し、多くはエニーキャストにより負荷分散を行っている。

DNSサーバーの名前解決
左の図の場合、以下の手順で名前解決を行う。
❶クライアントのリゾルバーが、所属するネットワークのDNSキャッシュサーバーに「www.hoge.co.jp」のIPアドレスを問い合わせる。
❷DNSキャッシュサーバーは、自分ではIPアドレスを解決できないので、①ルートDNSサーバーに②「jp」DNSサーバーのIPアドレスを教えてもらう。
❸次にルートDNSサーバーから教えられた②「jp」DNSサーバーに③「co.jp」DNSサーバーのIPアドレスを教えてもらう。
❹③「co.jp」DNSサーバーに④「hoge.co.jp」DNSサーバーのIPアドレスを教えてもらう。
❺④「hoge.co.jp」DNSサーバーに管理下にある「www」ホストのIPアドレスを教えてもらう。
❻DNSキャッシュサーバーがクライアントに「www.hoge.co.jp」のIPアドレスを通知する。

TTL
Time To Live
DNSサーバーが管理するリソースレコードの情報ごとに設定される。名前解決の問い合わせの際に他の情報とともにTTLも通知される。

リゾルバー
OSの機能の一部として提供されている。Webブラウザーなどでドメイン名を入力するとリゾルバーに登録されているDNSサーバーに問い合わせを行う。DNSキャッシュサーバーをフルサービスリゾルバーというのに対し、クライアントで動作するリゾルバーをスタブリゾルバーという。

hostsファイル
クライアント上にある設定ファイルの1つ。ドメイン名とIPアドレスの関係が記載される。通常はDNSサーバーを利用した名前解決の前にhostsファイルが参照される。

DNSの関連用語

正引きと逆引き
DNSサーバーはドメイン名に対応するIPアドレスを返すだけでなく、IPアドレスに対応するドメイン名を返すこともできる。ドメイン名からIPアドレスを得ることを「正引き」と呼び、IPアドレスからホスト名を得ることを「逆引き」と呼ぶ。

LLMNR
Link Local Multicast Name Resolution
Windows OSで、同一リンク内の名前解決に利用される機能（サービス）。IPv4とIPv6の両方に対応している。

権威DNSサーバーはDNSコンテンツサーバー、DNSキャッシュサーバーはフルサービスリゾルバーともいいます。
➡★★226ページ

名前解決でDNSキャッシュサーバーが最初に参照するキャッシュの情報にはTTL（生存時間）が設定されています。TTLが切れるまでは、元のゾーン情報が更新または削除されたとしても同じ内容の問い合わせに対してキャッシュに保存した情報を返し続けます。

名前解決を行うDNSクライアントプログラムを**リゾルバー**と呼びます。問い合わせ結果のキャッシュ機能を備えている場合は、最初にキャッシュの情報を参照することで、処理の高速化を図っています。

OSによっては、hostsファイルを持ち、名前解決を行うものもあります。

DNSの拡張技術

DNSでは、上述の基本的な仕組みのほかにさまざまな技術が採用されています。➡★★227ページ

■DNSの拡張技術

DNSプロキシ （代理DNS）	家庭用のルーターに搭載されている機能で、ISPなどが提供するDNSサーバーとホストとの間で名前解決を仲介する。キャッシュ機能を持つDNSプロキシもある。
DNSプリフェッチ	Webブラウザーの持つ技術で、Webページの閲覧を高速化させることを目的に、表示したページ内に含まれるリンク先のドメイン名を事前に名前解決し、その情報を保持する。
ダイナミックDNS	動的に変更される可能性のあるIPアドレスとホスト名を管理する仕組み。IPアドレスが変更された場合は、その情報がDNSサーバーに反映される。固定グローバルIPアドレスが割り当てられていないサーバーへのドメイン名によるアクセスを可能とするため、LAN内に存在するWebサーバーなどを外部に公開する場合などに利用される。

11 メールの配信技術

　インターネットを介した電子メール（メール）の送受信では、SMTPサーバー、POP（POP3）サーバー、IMAP（IMAP4）サーバーが利用されます。メールの送受信の仕組みを理解しましょう。

重要

例題 1 **メールで指定されるContent-Typeに関する説明として、<u>不適当な</u>ものを<u>2つ</u>選びなさい。**

a　HTML形式のテキストファイルに関するContent-Typeはtext/plainである。

b　JPEG形式の画像ファイルに関するContent-Typeはapplication/jpegである。

c　mpeg形式の音声ファイルに関するContent-Typeはaudio/mpegである。

d　WMV形式の動画ファイルに関するContent-Typeはvideo/x-ms-wmvである。

e　Zip形式の書庫ファイルに関するContent-Typeはapplication/zipである。

例題 2 **メールの関連技術についての説明として、<u>正しいものをすべて</u>選びなさい。**

a　POPはクライアントからサーバーへメールを送信する際に用いられるプロトコルである。

b　MIMEは、テキストだけでなく、音声や動画もメールで扱えるように規定している。

c　IMAPはサーバー側でメールボックスや未読の状態を管理することで、複数のクライアント間でそれらの状態を同期することができる。

d　メールのサーバー間の配送を行うプログラムのことをMTAと呼ぶ。

例題 3 **MIMEに関する説明として、<u>誤っているものを1つ</u>選びなさい。**

a　テキストデータしか扱えない電子メールで、バイナリデータを扱うために利用される。

b バイナリデータをテキストデータに変換（エンコード）する方式の1つに、Base64がある。

c バイナリデータをテキストデータに変換（エンコード）することで、データサイズは小さくなる。

d 添付したファイルの種類はContent-Typeに記載される。

解答は **65** ページ

例題の解説

例題 1

バイナリデータとしてさまざまな種類のファイルをメールに添付することができます。添付したファイルの種類は、メールのヘッダーにContent-Typeとして記載されます。

a HTML形式のテキストファイルのContent-Typeはtext/htmlです。text/plainはプレーンのテキストファイルのContent-Typeです。選択肢は、メールで指定されるContent-Typeに関する説明として不適当です（正解）。

b JPEG形式の画像ファイルのContent-Typeはimage/jpegです。選択肢は、メールで指定されるContent-Typeに関する説明として不適当です（正解）。

c、**d**、**e** 選択肢は、メールで指定されるContent-Typeに関する説明として適当です。

例題 2

メール送受のプロトコルとして、送信ではSMTP、受信ではPOPやIMAPが用いられます。

a POPは、サーバーからクライアントにメールをダウンロードする（読み出す）のに使われるプロトコルです。一般に、バージョン3のPOP3が使用されています。クライアントからサーバーへアップロードする（送信する）際は、SMTP が用いられます。

b SMTPで送ることができるのは7ビットの文字コード（半角英字・数字・カナ・記号）およびエスケープシーケンスによって7ビットで表現した日本語文字コードだけで構成されているテキストファイルです。それ以外のデータ（プログラム・画像・音声・動画など）は、MIMEによってテキストファイルに変換して、添付ファイルとして送信します（正解）。

c IMAPでは、メールのヘッダー情報だけをクライアントに送り、クライアントはサーバーに蓄積されたメールをダウンロードする、（未読状態で）保存する、検索するといったことが行えます。複数のクライアントでメールを扱うのに便利なプロトコルです（正解）。

d MTA (Message Transfer Agent) についての正しい記述です（正解）。

例題 3

MIME (Multipurpose Internet Mail Extension) は、バイナリデータをメールで送信するための規格です。メールクライアントはMIME規格に基づいてバイナリデータをテキストデータに変換し、これをメールに添付して送信します。

a MIMEに関する正しい記述です。

b テキストデータをバイナリデータに変換する方式は、Base64が主流となっています。

c バイナリデータをテキストデータに変換すると、一般にデータサイズは大きくなります。小さくはなりません（正解）。

d 添付ファイルの種類は、電子メールのヘッダーのContent-Typeフィールドに記載されます。

SMTP、POP3、IMAP4

電子メール（以下、メール）の送受信では、メールのサーバー間の配送を行うプログラムを**MTA**、クライアントからのメールの送信やサーバーに届いたメールを取り出して読むためのプログラムを**MUA**といいます。クライアントからサーバーへのメールの送信やサーバー間のメールの転送ではSMTP、メールの取得の際にはPOP3またはIMAP4というプロトコルを利用します。これらのプロトコルを利用するサーバーはそれぞれ、**SMTPサーバー**、**POP3サーバー**、**IMAP4サーバー**ともいいます。

■メールの送受信で利用されるプロトコル

SMTP	メールの配送に利用される。メールサーバー上のSMTPサーバーは宛先メールアドレスの@（アットマーク）以降の情報（ドメイン名）をもとに送信先のSMTPサーバーを判別し、メールを送信する。送信されたメールは**スプール**に一時保存される。 **➡★★229ページ**
POP3	メールスプールからメールを取得するために利用される。メールがクライアントに転送された後は、オフライン状態でもメールを読むことができる。 **➡★★268ページ**
IMAP4	POP3同様、メールの取得に利用される。IMAP4ではPOP3と異なりサーバー上でのメール操作や管理が可能で、メールの検索や階層的な管理をサーバー上で行うこともできる。

■メールやりとりの概念

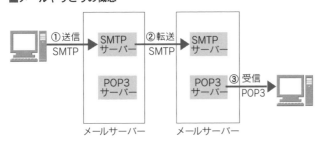

メールサーバー　　　メールサーバー

MIMEとContent-Type

SMTPでは7ビットコードで1行が998バイト以内のテキストデータしか送ることができません。これに適応しないバイナリファイルを送信するための規格が**MIME**です。MIMEの規格に沿ってバイナリファイルをテキストファイルに変換（エンコード）し、

MTA
Mail Transfer Agent
メール転送エージェント

MUA
Mail User Agent
132ページを参照。

SMTP
Simple Mail Transfer Protocol

POP3
Post Office Protocol Version 3
POPで一般に使用されているバージョン。

IMAP4
Internet Message Access Protocol Version 4
IMAPで一般に使用されているバージョン。

スプール
ユーザーごとに用意されているメールの保存領域。

バイナリファイル
バイナリ形式のファイルのことで、画像、音声、動画、アプリケーションファイルなどを指す。バイナリファイルに対してテキスト形式のファイルのことをテキストファイルという。

MIME
Multipurpose Internet Mail Extension

メールに添付して送信します。エンコードの方式は**Base64**が主流です。添付したファイルの種類は、メールのヘッダーにある**Content-Type**に記載されます。

Content-Typeの例として、次のような種類があげられます。

■Content-Typeの例

application/json	JSON形式のファイル
application/pdf	PDF形式のファイル
application/zip	Zip形式の書庫ファイル
audio/mpeg	MPEG形式の音声ファイル
image/jpeg	JPEG形式の画像ファイル
image/svg+xml	SVG形式の画像ファイル
text/html	HTMLファイル
text/javascript	JavaScriptファイル
text/plain	テキストファイル
video/mpeg	MPEG形式の動画ファイル
multipart/mixed	異なるファイル形式のデータがあり、本文が複数のパートからなることを示す

次図は、添付ファイルのあるメールのソース表示の一部です。メールのソースからは、メールについての情報を得ることができます。

■添付ファイルのあるメールのソース表示（一部）

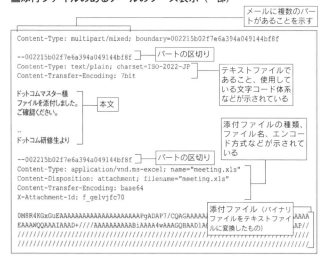

現在のインターネットでは、コンテンツの配信にハイパーリンクを活用したWWW（World Wide Web）が利用されます。WWWの仕組みについて理解しましょう。

重要

例題 1 HTTP/3の説明として、不適当なものを2つ選びなさい。

a GETのほかに、HTTP/2では利用できなかったPUTのリクエストメソッドが利用可能となった。

b HTML5の要素として定義された。

c UDPを利用する。

d TLSで暗号化されたHTTP通信を実現する。

e HTTPコネクションの識別のため、コネクションごとにIDが付与される。

例題 2 次の図に記載される index.htmlというファイルを起点として、sample.jpgを読み込むためのパス表記を2つ選びなさい。

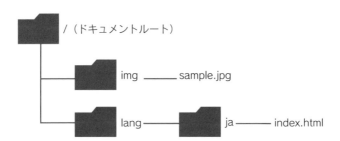

a /sample.jpg

b /img/sample.jpg

c ../img/sample.jpg

d ../../img/sample.jpg

例題 1

HTTPはWebサーバーとWebクライアント間の通信のプロトコルで、HTTP/3はその最新バージョンです。

a リクエストメソッドPUTは、HTTP/1.0で定義されました。上位版のHTTP/2やHTTP/3でも利用可能です。選択肢は、HTTP/3の説明として不適当です（正解）。

b HTTP/3は通信プロトコルであり、HTML5はWebコンテンツの記述形式です。両者に直接の関係はありません。選択肢は、HTTP/3の説明として不適当です（正解）。

c HTTPでは、TCP接続を開始するまでに3ウェイハンドシェイクが行われるため遅延が発生します。これを回避するのがHTTP/3に採用されたQUIC（Quick UDP Internet Connections）です。QUICは、Google社が開発した、トランスポート層のプロトコルで、TCPのような通信の信頼性を確保しながらUDPによる通信の高速化と暗号化による安全な通信を実現します。UDPは、確認応答や再送機能を持たないコネクションレス型の通信プロトコルです。選択肢は、HTTP/3の説明として適当です。

d HTTP/3に採用されたQUICでは当初独自のセキュリティ機能を備えていましたが、2018年にTLSの最新版であるTLS 1.3が登場してからTLS 1.3を採用しています。TLSは、通信相手の身元の認証や通信内容の暗号化、改ざん検知を行うプロトコルです。選択肢は、HTTP/3の説明として適当です。

e HTTP/3で採用されたQUICでは、接続先と接続元の識別にIPアドレスやTCPのポート番号を使わず、接続ごとにコネクションIDを使用します。これによってIPアドレスなどが変わっても接続を維持することができるなどの利点が得られます。選択肢は、HTTP/3の説明として適当です。

例題 2

HTML文書で他のファイルのある場所を指定する方法には、絶対パス指定と相対パス指定があります。パスは、ディレクトリやファイルのある場所を示す文字列のことです。ディレクトリやファイルを「/」で区切って記述します。絶対パスでは、ドキュメントルートを起点にパス指定します。ドキュメントルートとは、Webサーバーなどで外部に公開するファイルが置かれた最上位のディレクトリです。パスの表記は「/」から始めてドキュメントルートからの位置を記述します。相対パスでは、呼び出し元のHTMLファイルが置かれたディレクトリ（カレントディレクトリという）からのパスを指定します。なお先頭に「..」があれば、これはカレントディレクトリより1階層上の（ドキュメントルートに近い）ディレクトリを表します。

問題のsample.jpgは、ドキュメントルート直下のimgディレクトリの中に保存されています。

a 絶対パス指定で表記されています。ドキュメントルートにsample.jpgファイルは存在しません。

b 絶対パス指定で表記されています。ドキュメントルート→imgディレクトリの中のsample.jpgファイルを指定しています（正解）。

c 相対パス指定で表記されています。index.htmlファイルのカレントディレクトリはjaディレクトリ、ここから1階層上のディレクトリはlangディレクトリで、sample.jpgが保存されたimgディレクトリではありません。

d 相対パス指定で表記されています。index.htmlファイルのカレントディレクトリであるjaディレクトリから2階層上のディレクトリであるドキュメントルート、その中のimgディレクトリの中のsample.jpgファイルを指定しています（正解）。

HTTP

コンテンツをリクエストするWebブラウザーとコンテンツをレスポンスするWebサーバー間の通信には**HTTP**（暗号化通信では**HTTPS**）を利用します。HTTPによりWebブラウザーからWebサーバーに送信されるリクエストには、リクエストの種類を示す**リクエストメソッド**が含まれます。代表的なリクエストメソッドが**GET**と**POST**です。GETは指定データの取得をリクエストするときに、POSTはサーバーにデータを送信（CGIによるフォーム入力内容など）するときに使用されます。

Webサーバーからコンテンツを受け取ると、Webブラウザーはレンダリング（描画）エンジンを使用してコンテンツの内容を解釈し、ページをレイアウトしてから画面上に表示します。これをレンダリングといいます。

HTTPのプロトコルバージョン

HTTPでは、長く標準的に使用されてきたHTTP/1.1からHTTP/2、最新のHTTP/3と新しいバージョンが登場しています（右ページ参照）。

クライアント端末の判別

PCに比べて小さいスマートフォンの画面でも快適に閲覧できるよう、多くのWebサイトでは、クライアントの端末の種類によって見え方が変わるように設計しています。アクセスしてきたクライアント端末の種類をWebサーバー側で判別するために、リクエスト時に送信されるユーザーエージェント情報（User-Agentヘッダー）とIPアドレスを利用します。なお、プライバシー保護強化などの理由から、Google ChromeではUser-Agent文字列の送信を非推奨とし、段階的に廃止する予定です。User Agentに代わる新たな方法としてGoogle ChromeはUser-Agent Client Hints API（UA-CH）を提唱しています。

HTTP
HyperText Transfer Protocol
シンプルなプロトコルとして設計されたHTTPには、プロトコルレベルのセッションという概念がなく、リクエストに対するレスポンスは1つのTCP/IPコネクション内で閉じて処理される。そのため、連続したリクエストを送る場合に毎回接続と切断が繰り返され、パフォーマンスが低下する。このように状態を維持しないプロトコルをステートレスという。

➡★★232ページ

セッション
ネットワーク通信において管理される、ログインからログアウト、接続から切断までの一連の処理のこと。

HTTPS
HTTPは通信に対する暗号化を行わない。HTTPSは通信を暗号化するためにSSL/TLSを用いる。HTTPS通信により、個人情報やパスワードなどの重要な情報を暗号化してやりとりすることができる。重要情報のやりとりに限らず、インターネット上の通信を暗号化することの重要性は、IAB（Internet Architecture Board、インターネットアーキテクチャ委員会）が2014年に声明を出している。無償のSSLサーバー証明書を発行する認証局「Let's Encrypt」のサービスも開始されており、ログインページ以外にも暗号化が利用されるようになっている。

■HTTPの代表的なプロトコルバージョン

HTTP/1.1	ステートレス問題を解決するために持続的接続という仕組みを採用。コネクションを持続したままクライアントは連続してリクエストを送ることができる。ヘッダーにConnection:Keep-Aliveがあると接続を維持し、Connection:closeがあると接続を終了する。
HTTP/2	HTTPによるWeb上でのコンテンツ転送を高速化するためのアプリケーション層の通信プロトコルSPDY（Google社が提唱）をもとに提案され、2015年にIETFで標準化された。ストリームという概念を導入し、1つのTCPコネクションの中で複数のHTTPリクエスト／レスポンスを処理できる（ストリームの多重化）。また、リクエストに対する優先度の設定やHTTPヘッダーの圧縮により、効率的な通信を実現する。HTTP/1.1のテキスト形式と異なり、フレームというバイナリ形式の単位でデータをやりとりする。HTTPのリクエスト／レスポンスのデータ送信用のDATA、ヘッダーの送信用のHEADERSなど10種類のフレームタイプがある。TLSによる暗号化通信を前提としている。既存のHTMLファイルやCSS、JavaScriptなどのWebコンテンツを変更する必要はないことからWebサーバー側で比較的容易に対応させることができた。
HTTP/3	さらなる高速化のためのプロトコルとしてGoogle社が開発し、IETFに提案されたQUICというトランスポートプロトコルをもとに開発され、2018年にHTTP/3と改名された。基本的な仕様はQUICを踏襲し、TCPのような通信の信頼性を確保しながらUDPによる通信の高速化と暗号化による安全な通信を実現する。また、接続先と接続元の識別にIPアドレスやTCPのポート番号を使わず、接続ごとにコネクションIDを使用することでIPアドレスなどが変わっても接続を維持することができる。暗号化には最新のTLS 1.3を採用している。

QUIC
Quick UDP Internet
Connections

HTMLの構造

HTMLは、Webコンテンツを記述するためのマークアップ言語で、〈html〉や〈p〉のようなタグと呼ばれる記号を文中に挿入して文書の構造を記述します。HTMLを使って構造化された文書をHTML文書といいます。タグにより、見出し、段落、引用などの文書の各要素を指定することで、文書の構造をWebブラウザーが理解し、適切に表示します。

HTML
HyperText Markup
Language

■HTML文書の構造例

```
<!DOCTYPE HTML PUBLIC "-//W3C//DTD HTML 4.01 Transitional//EN"
"http://www.w3.org/TR/html4/loose.dtd">            文書型宣言部
<html>
<head>
<meta http-equiv="Content-Type" content="text/html;
charset=UTF-8">
<title>タイトルバーの見出し</title>
</head>                                             ヘッダー部
<body>
<h1>わたしのオススメ</h1>
<p>
わたしが皆さんにオススメしたいのはこちらです！！！
</p>
<p><a href="http://www.example.com/gazo/"><img src="osusume.
jpg" alt="オススメ"
width="400" height="254"></a><br></p>
<p>わたしの友人<a href="http://www.example.com/keiko.html">けいこ
</a>さんのコメントを紹介します。</p>
<blockquote><p>毎日手放せません。</p></blockquote>
</body>                                             ボディ部
</html>
```

■HTML文書の構成

文書型宣言部	HTMLを利用していることや、利用しているHTMLのバージョンなどを宣言する。続くヘッダー部とボディ部全体を<html>～</html>で囲む。
ヘッダー部	<head>～</head>で囲まれる部分。文書のタイトルを含め、文書に関するさまざまな情報を記述する。
ボディ部	<body>～</body>で囲まれる部分。文書の本文を記述する。ボディ部で使用される主なタグの種類は次表のとおり。

■ボディ部で使用されるタグ

<p>～</p>	段落
<h1>～</h1>から<h6>～</h6>	見出し (数が小さいほうがレベルが高い)
～	強調
<blockquote>～</blockquote>	引用(字下げなどが行われる)
<a href="リンク先のURL">キーワード</a>	リンク
<img src="画像のURL" alt="画像の説明">	画像の表示

CSS

　HTMLのタグで見栄えに関する指定を行うことも可能ですが、作成やメンテナンスに手間がかかります。デザイン部分をCSSに分離して記述すると、HTMLの文書構造を明確化することができます。CSSの利用により、複数の見出しの書体や大きさ、

HTMLの関連用語

HTML5とHTML Living Standard
HTMLの新しい規格は、Web技術の標準化を行う団体であるW3CがHTML5として、HTMLと関連技術の開発を行うコミュニティのWHATWGがHTML Living Standardとして並行して策定を進め、2014年にW3CがHTML5を策定したが、2021年にW3CはHTML 5を廃止し、HTML Living Standardを標準とすることを正式に勧告した。新しい規格により、動画や音声の再生などはプラグインなしでも可能となっている。

W3C
World Wide Web Consortium

WHATWG
Web Hypertext Application Technology Working Group

ファビコン
Webブラウザーのタブやアドレスバー、ブックマークなどに表示される、Webサイトを特徴付ける小さなアイコン(画像)。Webサイトの制作者や管理者によって作成・提供され、Webサイトを象徴するような記号・イラストが多く用いられる。

CSS
Cascading Style Sheets

色、表示位置などを一括で変更することができ、また、音声読み上げ機能付きブラウザーによる音声読み上げを、より正しく行うことができるようになります。

CSSは、次図のように<head>部にstyle要素として挿入して記述するほか、外部ファイルに記述することもできます。

■**CSSの記述例**（<head>部にstyle要素として挿入する場合）

```
…(略)
<html>
<head>
<title>タイトル</title>
<style type="text/css">
<!--
body {
    font-size: 80%;
    color: black;
}
-->
</style>                    CSS
</head>
<body>
…(略)
```

HTMLの関連用語
MIMEタイプ
WebサーバーとWebブラウザー間でやりとりするリソース（資源）の種類は、HTTP通信に必要な情報を記載するヘッダーにあるContent-TypeフィールドでMIMEタイプとして指定する。形式はタイプ/サブタイプで、HTML形式で記述されたテキストファイルはtext/html、PNG形式の画像ファイルはimage/pngのように指定する。
➡★★232ページ
レスポンシブデザイン
PC向けにデザインされたページの閲覧は、画面がPCより小さいスマートフォンでは快適に閲覧できない。近年、デバイスの画面サイズに応じてデザインを可変にするレスポンシブデザインを採用するWebページが増えている。レスポンシブデザインにより、誰でも多様なデバイスや状況からWebコンテンツを利用できるようにするというWebアクセシビリティが向上する。
➡★★269ページ

HTML文書におけるファイルの指定

HTML文書で他のファイルのある場所を指定する方法には、ドキュメントルート（Webサーバーなどで外部に公開するファイルが置かれた最上位のディレクトリ）を起点に指定する絶対パスと、カレントディレクトリ（呼び出し元のHTMLファイルの置かれたディレクトリ）を起点に指定する相対パスがあります。ディレクトリは「/」で区切り、絶対パスではルートを表す「/」で始め、相対パスでは1つ上のディレクトリを「..」で表します。

■**パス指定の例**

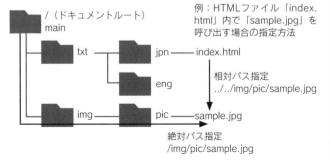

例：HTMLファイル「index.html」内で「sample.jpg」を呼び出す場合の指定方法

相対パス指定
../../img/pic/sample.jpg

絶対パス指定
/img/pic/sample.jpg

アプリケーション関連技術

13 さまざまなWebコンテンツを表示する仕組み

★

公式テキスト114〜126ページ対応

文書や画像だけではなく動的に変化するWebコンテンツを表示するために、Webサーバーやウェブブラウザーではさまざまな技術を利用しています。コンテンツ配信のための技術について理解を深めましょう。

例題 1 Cookieに関する説明として、<u>不適当なもの</u>を1つ選びなさい。

a Webサーバーから送られてくるCookieは、クライアント側に保存される。

b Webサーバーにより、クライアントからCookieを返送してよいWebサーバーのドメイン名がCookieに設定される。

c 1つのOS上で異なるWebブラウザーを利用している場合、同じCookieが共用される。

d 有効期限が設定されていないCookieは、Webブラウザーの終了時に消去される。

例題 2 Webページ内に記述され、Webブラウザー上で実行されるJavaScriptプログラムでは<u>実現できないこと</u>を1つ選びなさい。

a Webブラウザー側で処理することで、サーバーの負荷を減らす。

b WebブラウザーにWebページ全体をリロードさせず、サーバーからページの一部のみを受信させ書き換えさせる。

c クライアントに、直接Webサーバー上のファイルへ書き込ませる。

d Webブラウザーからフォームが送信される前に、入力された文字列が意図どおりのものか判定する。

e マウス操作に応じてテキストや画像を入れ替えるなど、Webページをインタラクティブに反応させる。

例題　1

Cookieは、Webサーバーから情報を送信してクライアント側に保存し、クライアントが同じWebサーバーに再接続する際に保存した情報を送り返すことで、ステートレス（状態を保持しない）なプロトコルであるHTTPを補い、セッションの維持を実現する仕組みです（保存される情報もCookieと呼ばれる）。登録済みのユーザーの認証手続きを省略する、ユーザーの嗜好に応じて異なる広告バナーを表示するなど、さまざまな目的に利用されています。

a　Cookieは、Webサーバーがクライアントにリクエストされたコンテンツを送信する際に一緒に送られ、クライアント側に保存されます。選択肢は、Cookieに関する説明として適当です。

b　Cookieには、ログイン情報などの機密情報も含まれます。Cookieが意図しないWebサーバーに送信されないように、Webサーバーでは、クライアントからCookieを返送してよいWebサーバーのドメイン名をCookieに設定します。Webサーバー側で設定しない場合は、Cookieの発行元が自動的に設定されます。選択肢は、Cookieに関する説明として適当です。

c　Cookieは通常Webブラウザー単位で共有されます。1つのOS上で異なるWebブラウザーを利用している場合、WebブラウザーごとにCookieが保存されます。選択肢は、Cookieに関する説明として不適当です（正解）。

d　Cookieでは有効期限を設定することができ、有効期限を設定すると、Cookie情報はディスク上にその有効期限まで保存されて、次回アクセスする際にそのCookie情報を送り返します。有効期限が設定されていない場合、Cookie情報はメモリ上に保存され、Webブラウザーを終了するとメモリ上から削除されます。選択肢は、Cookieに関する説明として適当です。

例題　2

JavaScriptはスクリプト（簡易なプログラミング）を記述するための言語です。Webページ内にJavaScriptプログラムが記述されていると、対応するWebブラウザーではこれを解釈して実行します。

a　JavaScriptは、クライアント側のWebブラウザーによって実行されます。サーバーに負荷をかけないので負担を減らすことができます。

b　JavaScriptを利用するAjaxという技術を使うと、Webページ全体をリロードさせず、サーバーからページの一部のみを受信させ書き換えることができます。Ajaxは、Webブラウザーのバックグラウンドで非同期通信（Webサーバーからのレスポンスを待たずに他の処理を行う）を行い、Webページ全体をリロードせずに動的に書き換える技術の総称です。

c　JavaScriptでは、クライアントにサーバー上のファイルに対して直接書き込みさせることはできません（正解）。

d　JavaScriptを利用すると、フォームの送信前に入力漏れや入力された文字列のチェック、計算を行うことができます。

e　JavaScriptを利用すると、マウス操作に合わせてテキストや画像の表示を変えるなど、インタラクティブなWebページの制作が可能です。

Webサーバーの技術

　あらかじめ作成された静的なコンテンツのほかに、ユーザーからの入力に応じて動的に変化するコンテンツをWebページに表示させるために、Webサーバーではさまざまな仕組みを備えるようになりました。

　CGIは、サーバー側で別のプログラムを呼び出す仕組みです。クライアントからのリクエストに応じて、サーバー上に用意されたプログラムを実行し、その結果をクライアントに返します。アクセスされるたびにプログラムが実行されるため、その結果によって動的にページを変化させることが可能で、アクセスカウンター、BBS（電子掲示板）、アンケートフォームなどに利用されています。CGIはプログラム言語に依存しないので、Perl、PHP、Ruby、Python、C、C++など、さまざまな言語による記述が可能です。 ➡★★236ページ

CGI
Common Gateway
Interface

■CGIの仕組み

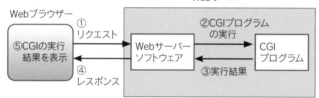

Webブラウザーの技術

　動的コンテンツを表示させるためにWebブラウザー側で実行される仕組みがプラグインやスクリプトです。

　プラグインは、Webブラウザーだけでは処理できない動画や音声などのファイルを表示／再生させるために呼び出されるプログラムです。Webページにプラグインを必要とするコンテンツが含まれる場合、対応するプラグインを呼び出して表示／再生する仕組みです。

　スクリプトは、プラグインのように別のプログラムの呼び出しが不要で、Webページ（HTMLファイル）内に記述されるプログラムです。Webブラウザー上で解釈して実行されるので、サーバー側に負荷をかけずに動的コンテンツを実行することができます。代表的なスクリプトがJavaScriptです。JavaScriptを利用

プラグイン
代表的なプラグインにPDFを表示するAdobe Reader、動画やアニメーションなどを再生するFlash PlayerやSilverlightがあるが、Flash Player、Silverlightはすでにサポートを終了している。PDF表示についても主要なWebブラウザーには独自のネイティブPDFプラグインが含まれている。

アプリケーション関連技術 **13** さまざまなWebコンテンツを表示する仕組み

するAjaxの利用により、プラグインを使用せずに、アプリケーションのようにリアルタイムに応答するWebページを実現することもできます。

■JavaScriptやAjax

Ajax
Asynchronous
JavaScript＋XML

オブジェクト
システムを実現するためのデータと処理を役割で分けた概念。

BTO
Build To Order

XML
88ページを参照。

JavaScript	スクリプトの一種。オブジェクト指向言語の1つで独自定義のオブジェクトの生成や生成したオブジェクトの操作ができる。JavaScriptの利用により、BTOやアンケートなどでフォームを送信する前に入力された文字列のチェックや総額計算を行うなどサーバー側の処理を補助したり、マウス操作に応じてテキストや画像を入れ替えるなどWebページをインタラクティブに反応させたりすることができる。ただし、Webブラウザーの種別によって動作の実行結果が異なる場合がある。JavaScript はHTMLファイル内に記述することができるが、簡単にソースコードが見えてしまうとセキュリティ上の問題を引き起こす場合もある。JavaScriptを記述したファイルをWebサーバー上に置き、HTMLファイルからこれを呼び出すようにするとソースコードを見えにくくすることができる。また、セキュリティ上、JavaScriptによるクライアント上、サーバー上のディスクに対する直接の書き込みはできない。
Ajax	JavaScriptやXMLなどを利用する技術の総称。Ajaxの利用により、リロードやページ遷移をせずにWebページを更新することができ、Google マップのようにマウスで地図を動かすだけで表示を変えることができる。Webブラウザー側ではJavaScriptのコードが実行され、XMLHttpRequestというオブジェクトによりWebサーバーにHTTPリクエストを送信、Webブラウザーのバックグラウンドで非同期通信（Webサーバーからのレスポンスを待たずに他の処理を行う）を行っている。

■クライアント側スクリプトの仕組み

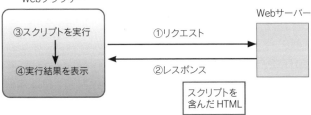

Cookie

Cookieは、WWWにおいてステートレスなプロトコルであるHTTPを補う仕組みです。Webサーバーから送られてきた情報を

▶**72ページの解答** 例題1 c 例題2 c

クライアント側に保存し、次回以降の接続の際に保存した情報を送り返すことでセッションの維持を実現します。ユーザーIDとパスワード情報の再入力を省略したログインセッションの確立、ユーザーが最初に設定した表示モードの提供、ショッピングカートの情報の維持、ユーザーの閲覧記録の収集などさまざまな用途に利用されます。**➡★★233ページ**

リクエストに対してWebサーバーがレスポンスする際、HTTPヘッダーにSet-Cookieを設定することにより、WebブラウザーにCookie情報を保存させます。Cookieでは、「パラメーター＝値」という形式の文字列情報で、有効期限、有効パス、有効ドメインなどを設定します。WebサイトからCookieを受け取ったWebブラウザーは、同じWebサイトへ再アクセスする際、記憶されているCookieの内容を送信します。

■Set-Cookieの記述例

以降にhttps://www.example.com/yamada/にアクセスするとこのCookie情報が送信される。

Cookieの名前(変数名と値を＝で結ぶ)　　　Cookieの有効期限

Set-Cookie: uid=example0001 ; expires=Wed,24-Aug-2022 06:27:03 GMT ;
path=/yamada ; domain=www.example.com secure

パス名の指定　　Cookieを発行する　　Cookie情報の送信をSSLなどで
　　　　　　　　Webサーバーの名前　保護された接続の場合のみ行う。
　　　　　　　　　　　　　　　　　　なお、Cookie自体には暗号化の機能がない。

このほかに、HTTP以外(JavaScriptなど)によるCookieへのアクセスを禁止するhttponlyパラメーターもある。

Cookieは通常Webブラウザー単位で共有され、1つのOS上の異なるWebブラウザーがCookieを共用することはありません。

CookieはセッションIDとしても使用されることがあるので、第三者に悪用されないように安全にやりとりする必要があります。

■HTTP Cookieの安全な運用

・セッションIDとして設定する値に複雑で解析されにくい文字列を設定する。

・有効期限を設定する(有効期限を長くしない)、有効パスの範囲を限定する。

・secure属性を付与し、HTTPによる平文通信時にはクライアントからサーバーに対してCookie情報が送信されないようにする。

・httponly属性を付与し、JavaScriptのようなクライアントサイドスクリプトからCookieを操作できないようにする。

expires
Cookieの有効期限を設定する。有効期限が設定されているCookieは永続的Cookieと呼ばれ、Webブラウザーによってディスク上に保存され、Webブラウザーを閉じた後も記憶が保持される。永続的Cookieにより擬似的にセッションを維持することができる。有効期限が設定されていないCookieは、Webブラウザーのメモリ上に保存され、Webブラウザーが閉じられる(セッションが終了する)たびにCookieの内容も削除される。

path、domain
Cookieが意図しないWebサーバーに送信されないようにするため、domainにはWebブラウザーからCookieを返送してよいWebサーバーのドメイン名を、pathにはパス名を設定する。Webサーバー側で設定しない場合は、Cookieの発行元が自動的に設定される。

Cookieの関連用語

ファーストパーティーCookieとサードパーティーCookie
ファーストパーティーCookieはアクセス先ドメインのWebサーバーが発行するCookie、サードパーティーCookieはアクセス先ドメイン以外のWebサーバーが発行するCookieのこと。サードパーティーCookieは、ユーザーの閲覧記録を収集してそれに応じたバナー広告を表示するなど、マーケティング目的で使われることが多い。ユーザーが認識しないところで閲覧履歴がやりとりされるなど、セキュリティ上の問題となる場合がある。Google ChromeはサードパーティーCookieの段階的な廃止を予定している。

プロキシサーバー

グローバルIPアドレスが割り当てられていないクライアントがインターネットのWeb通信を行う場合などに、プロキシサーバー（Proxyサーバー）を利用することがあります。プロキシサーバーを介すると内部のネットワーク構成やホストのIPアドレスがインターネットからは見えなくなり、セキュリティ対策にもなります。

インターネット上に公開されているプロキシサーバーもあり、一般のユーザーがこれを利用することができます。ただし、接続元コンピューターのIPアドレスが見えないという仕組みが悪用されることがあり、プロキシサーバー自体にウイルスが仕込まれる、プロキシの管理者が接続元コンピューターのCookieや履歴などを閲覧するといった、セキュリティ上の問題も存在します。

プロキシサーバー
クライアントとサーバーの通信を仲介するサーバーのこと。

WWWで利用されるさまざまな技術

WWWにおける通信は常に進化し、さまざまな技術や仕組みが登場しています。

■WWWで利用されるさまざまな技術

Webプッシュ	Webチャットのように、Webサーバーからリクエストを開始する通信方法をプッシュ（サーバープッシュ）という。HTTPを用いたプッシュでは、HTTPを意図的に維持する仕組みなどにより擬似的な双方向通信を実現しているが、サーバーなどのリソース消費が大きく、HTTPコネクションが発生する都度HTTPヘッダーが送受信されることになり、通信負荷が高くなる。★★269ページ
WebSocket	1つのTCPコネクションの中で複数の通信を並行して行い、効率的な双方向通信を実現する仕組み。サーバーとクライアントがHTTPで接続を確立した後は、HTTPヘッダーを使用せず、専用プロトコル（HTTPヘッダーよりサイズが小さい）を用いて通信を行うので通信負荷が抑えられる。

インターネットでは、これまでに解説したDNS、メール、WWWのほかにも、さまざまなアプリケーションが利用されます。FTP、ストリーミング配信などインターネットで利用されるアプリケーションについてより理解を深めましょう。

例題 1 ライブ配信などに利用されるストリーミング技術の説明として、<u>不適当なもの</u>を1つ選びなさい。

a　データを受信しながら再生を可能とする技術である。

b　リアルタイム性を重視するためUDPが利用されることがある。

c　配信方式はマルチキャストである。

d　再生を行う端末内にデータが残らないように配信できる。

例題 2 FTPの接続方式およびファイル転送方式に関する説明のうち、<u>正しいもの</u>を2つ選びなさい。

a　制御用ポートにTCP21番ポートが、データ転送用ポートにTCP20番ポートが利用される。

b　パッシブモードでは、クライアントがFTPサーバーにアクセス用のポート番号を通知し、サーバーからのアクセスを待ち受ける。

c　不特定多数のユーザーにファイルを公開するために、クライアントごとに固有のIDとパスワードを使わずにアクセスさせる方法をAnonymous FTPと呼ぶ。

d　JPEGファイルなどの画像ファイルを転送する場合には、ASCIIモードを利用することが望ましい。

e　バイナリモードでは、ファイルのアップロードやダウンロードにおいて改行コードが転送先のOSに合わせたものに自動変換される。

例題 1

ストリーミングは、データを受信しながら再生を行うことができる技術です。ストリーミング専用のサーバーやプロトコルを利用してコンテンツを配布します。

a ストリーミング技術を利用すると、データを受信しながら再生することができます。

b TCPではパケットを転送するたびに確認応答を行い、また応答がないと再送するという動作を行うので、パケットの送信に時間がかかります。UDPは、パケット到達を送信側に通知、再送、パケット到着順序の入れ替えといった機能を持たないので、送信処理を速く行えることから、リアルタイム性を重視するストリーミングに広く利用されています。

c マルチキャストは、マルチキャストアドレスで定義されたグループに所属する複数のホストに一斉にデータを送信する方式です。同時に多くのユーザーにストリーミング配信を行う場合は、マルチキャスト方式が採用されます。ただし、必ずしもマルチキャストである必要はありません。選択肢は、ストリーミング技術の説明として不適当です（正解）。

d コンテンツの二次利用を防止するため、ストリーミング形式の多くは著作権保護機能を備えています。これにより、再生した動画ファイルを視聴した端末内に保存させることなく配信することができます。

例題 2

FTP（File Transfer Protocol）は、FTPクライアントとFTPサーバーの間でファイルのダウンロードやアップロードを行うためのプロトコルです。

a FTPは、制御用（TCP21番ポート）とデータ転送用（TCP20番ポート）の2つのポートを使用します（正解）。

b パッシブモードではなくアクティブモードの接続方式です。パッシブモードでは、クライアントからFTPサーバーのデータ転送用ポートにアクセスします。

c Anonymousとは「匿名の」という意味です。Anonymous FTPは、IDとパスワードでアクセスを制限せずに不特定多数のユーザーにファイルを公開する方法です（正解）。

d FTPでファイル転送を行う際の形式に、ASCIIモードとバイナリモードの2つのモードがあります。JPEGファイルなどの画像ファイルを転送する場合には、バイナリモードが利用されます。

e 改行コードの自動変換は、バイナリモードではなくASCIIモードで行われます。バイナリモードは、ファイルに一切の変更を加えずに転送を行います。

FTP

FTPは、FTP クライアントとFTP サーバーとの間でファイルのダウンロードやアップロードを行うためのプロトコルです。

FTPを利用してファイル転送を行うには、専用のクライアントアプリケーションを利用します。FTPサーバーへアクセスする際は、通常、ユーザー名とパスワードによる認証を行います。セキュリティを考慮してFTPサーバー上のファイルやフォルダーには**アクセス権**が設定されます。IDを持たないユーザーでも利用できるFTPサイトは、**Anonymous FTP**といい、不特定多数のユーザーへのファイルを公開する場合に利用されます。

FTPは、制御用ポート（TCP21番ポート）とデータ転送用ポート（TCP20番ポート）の2つのポートを使用します。データ転送用ポートの接続方式には、アクティブモードとパッシブモードの2つがあります。アクティブモードではユーザー側のファイアウォールにより接続が拒否される可能性があるので、その場合はパッシブモードを利用して接続します。

■FTPの転送モード

アクティブモード	FTP サーバーからクライアントに対して、データ転送用ポートの接続を要求する。
パッシブモード	クライアントからFTP サーバーに対して、データ転送用ポートの接続を要求する。

FTPによるファイル転送形式には、ASCIIモードとバイナリモードがあります。

■FTPによるファイル転送形式

ASCIIモード	ファイルをテキストファイルとして転送するモードのこと。ASCIIモードでは、OSにより異なる改行コードを自動的に変換して転送する。
バイナリモード	ファイルをそのまま転送するモードのこと。画像やプログラムなど、変更されると正常に機能しなくなるデータは、そのまま転送するバイナリモードを利用する。

FTPでは、ユーザー名とパスワードも含め、データは暗号化されずに平文で送られるので重要なファイルの転送手段としては避けるべきです。ファイル転送を暗号化して行う場合は、FTPS、SSHを利用するSCPやSFTPなどを利用します。FTPに代わり、HTTPを拡張したWebDAVや、第三者が提供するファイル共有

FTP
File Transfer Protocol

アクセス権
パーミッションや許可属性ともいう。「所有者」「グループ」「その他」の3種類のユーザーに対して「読み出し（r）」「書き込み（w）」「実行（x）」の3種類の権限を設定できる。

制御用ポート
送受信するファイルの指定などを行う際に利用されるポート。

データ転送用ポート
ファイル自体の送受信に利用されるポート。

FTPS
FTP over SSL/TLS
SSL/TLSを用いてFTPを行う。151ページを参照。

SSH
Secure Shell
151ページを参照。

SCP
Secure Copy

SFTP
SSH FTP

サービスも利用されています。

ストリーミング配信

ストリーミングは、データを受信しながら再生を行う技術で、ライブ動画配信に利用されることが多く、専用のサーバーやプロトコルを利用します。ストリーミング形式の多くが、コンテンツの二次利用を防ぐために著作権保護機能を搭載し、ダウンロードしたファイルを再生端末上に保存しないようにしています。

リアルタイム性を重視するストリーミング配信ではUDPが利用されることがあります。同時に多くのユーザーにストリーミング配信を行う場合は、ユニキャストではなく**マルチキャスト方式**が採用されます。

プログレッシブダウンロード

ダウンロードに時間がかかるサイズのコンテンツでは、ダウンロードしながら再生する**プログレッシブダウンロード**が利用されることがあります。YouTube、ニコニコ動画、Netflix、Amazon Prime Videoなど多くの動画配信サービスがプログレッシブダウンロードに対応した動画配信を行っています。プログレッシブダウンロードのプロトコルにはHLSまたはMPEG DASHが利用されています。ダウンロードする速度より再生速度のほうが速いと、映像や音声が停止します。

NTP

NTPは、ネットワーク上で時刻情報を共有し、ネットワークに接続されている機器の時刻を同期するためのプロトコルです。時刻情報を提供するサーバーがNTPサーバーです。NTPサーバーはアクセスを分散するために階層構造で構成され、最上位のNTPサーバー（stratum 1という）のみが精度の高い原子時計などと同期し、下位のサーバーは上位のサーバーを参照して時刻を同期します。時刻同期には、NTPの機能を簡略化したSNTPというプロトコルや、UNIX系OS用のntpdというソフトウェアが使われることがあります。

ストリーミングの関連用語

CDN
Content Delivery Network
コンテンツデータを蓄積・再配信するキャッシュサーバーをネットワーク上に分散配置することで配信を最適化しているネットワーク。ストリーミングでよく利用される。

ユニキャスト
1つのホストに送る方式。

マルチキャスト
マルチキャストアドレスで定義されたグループに所属する複数のホストに対して送る方式。

HLS
HTTP Live Streaming
HTTPに対応しているすべてのデバイスで再生できる。

MPEG DASH
国際標準化機関ISO/IECによって規格化されている方式。

NTP
Network Time Protocol

15 コンテンツの形式

インターネットでは、テキストやPDFなどの文書ファイルをはじめ、さまざまな形式のファイルがやりとりされます。ファイルの形式や圧縮技術について理解しましょう。

例題 1 HEIF（High Efficiency Image File Format）の説明として、**不適当なもの**を1つ選びなさい。

a 画像用のコーデックである。

b MPEGにより開発された。

c Android 12でサポートされている。

d Windows 11でサポートされている。

e iOS 16を搭載するiPhoneで撮影した写真は、HEIFで保存できる。

例題の解説 解答は **85** ページ

例題 1

HEIF（またはHEIC）は画像のファイル形式の一種で、JPEGの約2倍の圧縮率で高画質を実現します。複数の画像、派生して生成された画像、イメージシーケンス、補助データ、メタデータを格納し、連写写真、動画と静止画像などを同時に保存できるコンテナ形式のファイルです（拡張子はheif、heic）。元のデータに上書きしないで保存する、非破壊編集が可能であることも特徴です。対応するOSは、macOS High Sierra、iOS 11、Windows 10、Android 9.0以降となっています。また、対応するWebブラウザーは、Safariなど一部に限られます。JPEGに代わる技術として、多くのデジタルカメラでもHEIFを採用しています。

a コーデックは、動画データや音声データを特定の形式に変換したり再生可能な状態に変換したりするプログラムです。HEIFは画像ファイル形式の1つです。選択肢は、HEIFの説明として不適当です（正解）。

b HEIFは、MPEG（Moving Picture Experts Group）という国際標準化機関ISO/IECの作業部会によって策定されました。選択肢は、HEIFの説明として適当です。

c HEIFは、Android 12でサポートされています。選択肢は、HEIFの説明として適当です。

d HEIFは、Windows 11でサポートされています。選択肢は、HEIFの説明として適当です。

e HEIFは、iOS 16でサポートされています。iOS 16を搭載するiPhoneで撮影した写真は、HEIF形式で保存できます。選択肢は、HEIFの説明として適当です。

画像ファイル

インターネットでやりとりされる画像ファイルには、大きく分けてビットマップとベクターの2つの形態があります。

■画像の主なファイル形式

ビットマップ

JPEG	写真などの静止画像の圧縮ファイル形式。異なる圧縮率で圧縮ファイルを作ることができるが、圧縮率が高いほど画質は劣化する。
GIF	カラーで256色まで扱える静止画像の圧縮ファイル形式。拡張形式としてインターレースGIF、透過GIF、動画GIFがある。
PNG	GIFに代わる圧縮画像形式としてW3Cが推奨するファイル形式。フルカラー画像を画像劣化なしに圧縮できる。また、透明度の設定も可能。ただし、古いブラウザーなどでは対応していない場合がある。
WebP	Google社が開発したオープンソースの画像形式。Web上の画像の読み込みや表示の高速化を目指している。
HEIF	MPEGが開発。JPEGの約2倍の圧縮率で高画質を実現する。各OSはmacOS High Sierra、iOS 11、Windows 10、Android 9.0からサポートしている。

ベクター

SVG	W3Cの勧告により制定されたベクター画像記述形式。XML言語の一種。

動画・音声ファイル

動画の再生には、映像データと音声データをコンテナにまとめて同時に再生する方法が一般にとられています。コンテナ形式のファイルを再生する場合は、格納されている映像データや音声データの形式に合った**コーデック**（CODEC）が必要です。動画・音声ファイルの形式については次ページの表に示します。

圧縮技術

圧縮技術には、可逆圧縮と不可逆圧縮があります。**可逆圧縮**は、圧縮・伸長を行った際に、完全に元と同じデータに戻すことが可能な圧縮方法です。文書ファイルやプログラムには可逆圧縮が用いられます。一方、**不可逆圧縮**は完全に戻すことが不可能な圧縮方法で、元のデータの一部が失われます。可逆圧縮より圧縮率が高いことから、主に画像や動画、音声などで用いられます。

現在使われている圧縮ファイル形式の多くは、複数のファイル

ビットマップ
点の集まりで画像を形成する方式。

インターレースGIF
徐々に画像が鮮明になる形式。

透過GIF
指定した色を透明にできる形式。

動画GIF
複数の画像を連続して再生して動画のように見せる形式。

ベクター
線や面といったベクター情報をもとに画像を形成する方式。ビットマップ画像に比べるとデータ量が比較的少ない。

コーデック
coder/decoder
動画や音声を特定の形式に変換（coder）したり、音声や動画を再生可能な状態に変換（decoder）したりするプログラム。

圧縮技術の関連用語
自己伸長形式
圧縮されたファイルと、伸長用のプログラムを1つのファイルに格納しているファイル形式のこと。ファイルを実行すると圧縮ファイルが伸長される。

や階層構造のフォルダーを1つのファイルにまとめて圧縮すること
ができるため、圧縮ファイルを圧縮**書庫**と呼ぶこともあります。

■動画・音声ファイルの主な形式

形式		種類
動画形式	MPEG	ISO/IECの作業部会であるMPEGによる規格で、MPEG-1、MPEG-2、MPEG-4などがある。
	H.265	H.264、MPEG-4 AVCの後継規格で約2倍の圧縮を実現。8Kにも対応。
	WMV	MPEG-4の規格をもとにMicrosoft社が開発。
	AV1	VP9、VP10の後継規格。YouTubeで利用されている。
音声形式	MP3	MPEG-1の音声圧縮技術を使用。人間に聞こえない高音・低音をカットしてデータのサイズを縮小している。不可逆圧縮。
	AAC	MP3よりも高音質、高圧縮を実現。多くのコンテナ形式で利用できる。
	WMA	Microsoft社が開発。
	Vorbis	オープンソースとして開発されたので誰でも自由に利用できる。
コンテナ形式	AIFF、AIFC、WAV、AVI、MP4、QuickTime、WebMなどがある。	
	代表的な形式	
	AVI	Microsoft社が開発。さまざまな動画および音声形式のデータを格納可能。
	MP4	MPEGで規定されている各種動画形式および音声形式に対応。
	WebM	Google社が開発。YouTubeで利用されている。

■主な圧縮ファイル形式

形式	拡張子	特徴
Zip	.zip	圧縮を行う際に伸長用のパスワードを設定することが可能。Windows、MacともにZip形式に対応しており、事実上の世界標準形式。
LZH	.lzh	日本人が作成したMS-DOS用の圧縮プログラムのファイル形式。脆弱性があり、使用には注意が必要。
GZIP (GNU zip)	.gz	UNIXの標準。書庫機能を持たないのでtar（書庫）と組み合わせて使用されることが多い。その場合は拡張子が「.tar.gz」か「.tgz」。
RAR	.rar	Zipより圧縮率が高い。電子署名を付加できる。
JAR	.jar	Javaプログラムで用いられる。

コンテンツ形式の関連用語

文書ファイル
インターネットでやりとりされる文書ファイルの形式には、文字コードのみで表されるテキストファイルとPDF文書やOffice文書のようなバイナリファイルがある。テキストファイルには用途に適したデータをやりとりするためのファイル形式も多種類あり、CSV、TSV、HTML文書、XML文書、Markdown文書、jQuery、JSON、YAML、OPMLなどがある。

圧縮ファイル形式
その他の圧縮ファイル形式として、bzip2（拡張子は「.bz2」）、7z（拡張子は「.7z」）、xz（拡張子は「.xz」）がある。

インターネットの仕組みと関連技術の関連事項

各プロトコル階層における処理

インターネットでデータを転送する際には、送信元と宛先の双方で、階層化された**プロトコル**による処理を順に行います。転送されるデータには、上位層から順番に、転送に必要な情報が順に付加されていきます。

OSI参照モデル第5層〜第7層のアプリケーションプロトコルは、通信相手のアプリケーション層で処理する情報を付加してトランスポート層にデータを渡します。トランスポート層ではポート番号など、ネットワーク層では送信元と宛先のIPアドレスなどを付加し、データリンク層（と物理層）では宛先情報などを付加して実際にデータを送出します。宛先にデータが届いたら、下位層から順番に元のデータを復元していきます。 ■➡★★266ページ

データの先頭に付加される情報をヘッダーといい、ヘッダーを付加する対象となるデータをペイロードといいます。ヘッダーを付加して他の層のヘッダーやペイロードを包み込むことを**カプセル化**といいます。

■各プロトコル階層における処理のイメージ

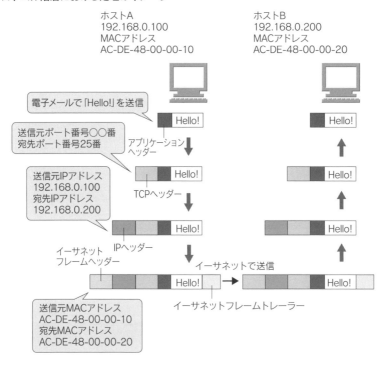

ICMP、ICMPv6

ICMP(Internet Control Message Protocol）は、IPを補完し、エラー通知や信頼性確保に使われるプロトコルです。ネットワークの状態（ネットワーク上の断線や通信速度が遅い原因など）を調べるpingやtraceroute/tracertでは、ICMPを利用します。

IPv6では**ICMPv6**を使用します。ICMPと同じようにエラー通知やネットワーク状態の検査に使われるほか、近隣にあるホストの探索、リンク層アドレス(MACアドレス）の解決(IPv4のARPに相当する機能）、重複アドレスの検出、IPv6アドレスの自動設定、パスMTU探索の際にもICMPv6を利用します。➡ ★★213ページ

ICMPv6で情報をやりとりするために送信されるメッセージには、マルチキャストに使用されるMLD(マルチキャストリスナー発見）メッセージや、IPv6アドレスの自動設定、同一リンク内のルーターの発見、ネットワークのプレフィックスの決定などに使用されるRS(Router Solicitation：ルーター要請）／RA(Router Advertisement：ルーター広告）メッセージ、重複アドレスの検出、リンク層アドレスの解決などに使用されるNS(Neighbor Solicitation：近隣要請）／NA(Neighbor Advertisement：近隣広告）メッセージなどがあります。

IPv6ネットワークにおける同一リンク内のルーターやホストを発見するための機能が近隣探索（ND：Neighbor Discovery）で、プロトコルはNDP(ND Protocol：近隣探索プロトコル）です。近隣探索では、ICMPv6のRS、RA、NS、NAなどを利用します。たとえばリンク層アドレス解決は次の手順で行われます。

① はじめにホストがICMPv6メッセージの**NS**(近隣要請）をマルチキャストで送信する。
② 該当する宛先ホストは自分のリンク層アドレスを書き込んだICMPv6メッセージの**NA**(近隣広告）を返信する。

TCPとUDP

　IPはエラー訂正や再送機能を持ちません。これらの機能はIPの上位プロトコルが担います。

　エラー訂正や再送機能を持つ、コネクション型通信のプロトコルを**TCP** (Transmission Control Protocol) といいます。コネクション型通信は、データの送受信に関する確認応答を行う通信方法です。TCPとIPを総称してTCP/IPといい、この上位でさまざまなアプリケーションが利用されます。

　TCPでは、パケットの受信を確認すると、受信側が送信側へその旨を報告する確認応答を行います。データ送受信が確実になる分、送信処理は遅くなります。そこで、リアルタイム性が重視される音声や動画のストリーミング配信では、遅延を避けるために、確認応答を行わず、再送機能を持たないコネクションレス型通信の**UDP** (User Datagram Protocol) が利用されることがあります。コネクションレス型通信は、データの送受信に関する確認応答を行わない通信方法です。

　TCPとUDPは、OSI参照モデルのトランスポート層に位置します。また、上位のアプリケーションを判別するためにポート番号を使用します。

　なお、TCPのパケットはセグメント、UDPのパケットはデータグラムといいます。

➡ ★★216ページ

NAT64/DNS64

　IPv6のみのネットワークからIPv4ネットワークへの通信を実現する技術として、**NAT64**と**DNS64**があります。NAT64は、パケットのIPv6アドレスをIPv4アドレスに変換して宛先に転送し、返ってきたパケットのIPv4アドレスをIPv6アドレスに変換します。アドレス変換などを行う装置をトランスレーターといいます。DNS64は、IPv6のDNSの問い合わせをIPv4で行い、得られたAレコードをIPv6のAAAAレコードに変換してホストに返します。

Whois

ドメインを取得する場合、登録状況の確認や技術的な問題が発生した際の連絡先としてドメインの登録者情報（氏名や電子メールアドレス、電話番号など）をWhoisに提供することがICANNにより義務付けられています。Whoisは、レジストリが管理するインターネット資源（ドメイン名など）の登録情報を提供するサービスで、IPアドレスやドメイン名の登録者などに関する情報を参照することができます。JPドメイン名は、JPRSがJPRS Whoisで公開しています（https://whois.jprs.jp/）。JPRS Whoisで確認できる情報は、登録年月日、ドメイン名登録者の名前や連絡先、ネームサーバーなどです。

XML

HTMLの機能を補った文書構造記述言語に、**XML**（Extensible Markup Language）があります。ユーザーが独自のタグを定義できるのが特徴で、Web以外のアプリケーションでもデータ形式を定義する際に利用されています。XMLに準拠する形で定義された言語や書式を次表に示します。

■XMLに準拠する形で定義された言語や書式

XHTML	HTML 4.0のタグをXMLに準拠する形式で定義した言語。
SVG	線や面といったベクター情報をXMLに準拠する形式で定義するための記述言語。W3Cで勧告された。
RDF	情報の表現方法をXMLに準拠する形式で表現する記述書式。
RSS	見出しや要約といった情報をXMLに準拠する形式で表現する記述書式。ニュースサイトやブログの更新情報の配布などに利用される。

第2章

インターネット接続の
設定とトラブル対処

1 インターネット接続機器、機材
インターネット接続のための
機器、機材

★

公式テキスト163〜178ページ対応

ユーザーがPCなどの端末をインターネットに接続するために、さまざまな機器が利用されます。

重要

例題 1 Androidについての説明として、<u>不適当なものを2つ</u>選びなさい。

a DHCPv6未対応である。

b Android上で動くアプリケーションはGoogle Play ストアから入手できる。

c ファイルシステムには、フラッシュストレージに最適化されたAPFSを採用している。

d Linuxベースのカーネルを使用している。

e Android上で動くアプリケーションは、Google Chrome上で動く仕組みになっている。

重要

例題 2 Bluetooth 4.2の説明として、<u>適当なものを1つ</u>選びなさい。

a IoT機器同士の通信で使われることがあり、6LoWPANに対応した。

b 上位のレイヤーの通信プロトコルとして、IPv4は利用できるが、IPv6は利用できない。

c LEモードでのデータレートが2Mbpsに高速化した。

d 通信距離を400mまで拡大した。

例題の解説　　　　　　　　　　　　　　　　　　　　解答は **93** ページ

例題 1

Androidは、Google社が提供するオープンソースのOSで、スマートフォンやタブレットを中心にさまざまな種類の端末に搭載されています。

a DHCPv6はIPv6アドレスを自動的に設定する方法の1つです。Androidには実装されていません。

b Android用のアプリケーションは、Google社の運営するGoogle Playストアを通して入手できるほか、その他企業が運営するマーケット、個人のWebサイトなどでも販売・配布され

ています。

c ファイルシステムは、補助記憶装置に記録されるデータを管理する機能のことです。ファイルシステムではデータの記録方式、フォルダー（ディレクトリ）の作成、移動や削除などを行う方法を定めてこれを管理します。HDDやFlash SSDを利用する際には、使用するファイルシステムを指定してフォーマット（初期化）の作業を行います。APFSはmacOSで採用されるファイルシステムです。Androidで採用されるファイルシステムはFAT32、Ext3、Ext4、exFATなどさまざまで、機器のハードウェアやソフトウェアによって異なります。選択肢は、Androidについての説明として不適当です（正解）。

d カーネルはプログラム、ハードウェア、メモリなど、コンピューターのハードウェアとソフトウェアの動作の基本を管理する中核的なプログラムです。Androidでは、Linuxベースのカーネルが採用されています。

e Google ChromeはAndroidと同じGoogle社が提供するWebブラウザーですが、Android（OS）上で動くアプリケーションが、Google Chrome上で動くように設計されているわけではありません。選択肢は、Androidについての説明として不適当です（正解）。なお、Google社が提供するChrome OSというOSを搭載したラップトップ型端末などのコンピューターをChromebookといい、Chrome OSでは基本的にGoogle Chrome上で操作を行います。同社が提供するAndroidの実行環境をChrome OS上に搭載することで、Android用のアプリケーションを動作させることができます。

例題 2

Bluetoothは、近距離無線接続を行う規格で、PCと周辺機器間、スマートフォンとイヤホン間の接続、PCからスマートフォンを経由させてインターネット接続するテザリングなどで用いられます。複数のバージョンがあり、2022年10月時点の最新は2021年に発表されたBluetooth 5.3です。Bluetooth 4.2は2014年に発表されたバージョンで、前年に発表されたBluetooth 4.1からさまざまな面で改良が加えられました。

a 2009年に発表されたBluetooth 4.0からIoT機器同士の通信に適したBluetooth LE（LEはLow Energy、BLEとも略す）モードが追加され、Bluetooth 4.2では6LoWPAN（IPv6 over Low-Power Wireless Personal Area Networks）に対応しました。WPANはBluetoothなどの近距離無線技術を用いて、個人的な範囲で使うネットワークのことで、6LoWPANはIPv6アドレスを持つIoT機器を、WPANにおいて低消費電力で無線接続するためのプロトコルです。選択肢は、Bluetooth 4.2の説明として適当です（正解）。

b Bluetooth 4.1でIPv4に加えて新たにIPv6に対応しました。Bluetooth 4.2もIPv6に対応しています。選択肢は、Bluetooth 4.2の説明として不適当です。

c BLEのデータ転送速度（データレート）は、Bluetooth 4.2までは1Mbps、Bluetooth 5.0で2Mbpsに高速化されました。選択肢は、Bluetooth 4.2の説明として不適当です。

d Bluetooth 4.2ではなく、Bluetooth 5.0でデータ転送速度を125kbpsにしたときの最大通信距離が400mとなりました。選択肢は、Bluetooth 4.2の説明として不適当です。

家庭用ルーター

家庭で光回線などのブロードバンド回線を利用してインターネット接続を行うためには、ゲートウェイとしてルーター（『公式テキスト』ではこれを「家庭用ルーター」と表している）を利用することが一般的です。家庭用ルーターは、自身がクライアントとしてISPと接続するための機能（PPPoEやDHCPクライアントなど）のほかに、さまざまな機能を備えています。

■家庭用ルーターが備える主な機能

・PPPoE　　　　　　　　　・ポートフォワーディング
・DHCPクライアント　　　・UPnP NATトラバーサル
・DHCPサーバー　　　　　・DNSプロキシ
・ファイアウォール　　　　・無線LANアクセスポイント

家庭用ルーターのほかに、家庭内のネットワークで利用される通信機器として、無線LAN機器やハブがあります。

OS

エンドユーザーが操作するネットワーク接続用の端末には、PCやスマートフォンなどがあり、これらの端末は、搭載されるOS（右ページ参照）によりUIや機能が大きく変わります。

ネットワークに接続できる端末

ネットワークにはPCやスマートフォンのほかにさまざまな端末を接続して利用することができます。接続する端末には、NAS、ゲーム機、ネット家電、ウェアラブルデバイス（スマートウォッチなど）、ネットワークカメラなどがあります。

NASは、ネットワークを介してファイル共有を行うファイルサーバー専用機で、ファイル共有のプロトコルにはSMBが用いられます。NFSやAFPを用いるNASもあります。NASのデータの信頼性向上のために、RAIDという技術が利用されます。
➡️ ★★239ページ

接続規格

ネットワーク接続端末を他の機器と接続するための規格として広く使われているものが、Bluetooth、USB、Lightningです（右ページ参照）。

PPPoE
PPP over Ethernet
電話回線の使用を前提としたPPP（機器同士を1対1で接続してデータ通信を行うためのプロトコル）をイーサネットに応用したプロトコル。

無線LAN機器
45ページを参照。

ハブ
42ページを参照。

OS
Operating System

UI
User Interface
ユーザーインターフェイス

NAS
Network Attached Storage

SMB
Server Message Block
ファイル共有、プリンター共有のためのプロトコルのデファクトスタンダードとなっている。

NFS
Network File System
主にUNIX系OSで使われるファイル共有プロトコル。

AFP
Apple Filing Protocol
Mac用OSにおけるファイル共有プロトコル。

RAID
Redundant Arrays of Inexpensive
（またはIndependent）Disks

OSの関連用語

ファイルシステム
補助記憶装置に記録されるデータを管理する機能。各OSが認識・管理できる最大のディスク容量や1つのファイルの最大容量はファイルシステムによって異なる。NTFS、FAT32、exFAT、macOSで利用されるAPFSなどがある。

IoT
Internet of Things
さまざまなモノがネットワークにつながり、モノが生成・取得したデータをネットワーク経由で収集・利用したり、ネットワークを通じてモノを制御したりすること。

Bluetooth LE（BLE）
Bluetooth Low Energy
BLEを利用するアプリの例に厚生労働省が開発した新型コロナウイルス接触確認アプリ（COCOA）がある。

6LoWPAN
IPv6 over Low-Power Wireless Personal Area Networks
各装置がIPv6アドレスを持ち、低消費電力でオープンな無線ネットワークを実現するための標準プロトコル。物理層にIEEE 802.15.4を用いる。

プラグアンドプレイ
機器を接続するだけで設定などを行うことなく使用できるようになる機能。

ホットスワップ
電源を入れたまま機器を着脱できる機能。

■代表的なクライアントOS

Windows	Microsoft社が開発。デスクトップ型・ラップトップ型・タブレット型のPCに採用されている。バージョンアップを繰り返し、2021年10月に発売されたWindows 11では、Windows上でAndroidアプリを動作させられるようになった。
macOS	Apple社が開発。同社のコンピューターMacintosh（通称Mac）シリーズ専用のOS。2020年にmacOS Big Sur、2021年にmacOS Monterey、2022年にmacOS Venturaをリリース。これらは従来のIntelベースの端末に加えてApple社が開発した独自CPU（Appleシリコン）搭載の端末でも動作する。仮想化技術を用いるとmacOS上で仮想的にWindowsを起動できる。
iOS	Apple社が開発。同社スマートフォンのiPhoneに搭載されている（以前はタブレットPCのiPadシリーズにも搭載されていたが、現在はiPadOSに切り替わっている）。iOS用のアプリケーションは同社運営のApp Storeから一元的に配布される。
Android	Google社開発のオープンソースOS。スマートフォンやタブレットを中心に広く搭載されている。Android用のアプリケーションはGoogle社が運営するGoogle Playストアのほかさまざまな場所で配布されている。他の主要なOSと異なりDHCPv6非対応である。
Chrome OS	Google社が開発。ラップトップ型端末Chromebookに搭載されている。同社のWebブラウザーであるGoogle Chrome上で操作を行う。Androidの実行環境をChrome OS上に搭載するとAndroidのアプリケーションを動作させることができる。

■接続規格

Bluetooth	2.4GHzの周波数帯を使用して近距離無線接続を行う規格のこと。PCやスマートフォンと周辺機器間の接続、テザリングなどで用いられている。Bluetooth 4.0からIoT機器同士の通信に適した低消費電力のBluetooth LE(BLE)に対応、Bluetooth 4.1からIPv6に対応、Bluetooth 4.2では6LoWPANに対応した。Bluetooth 5.0では、BLEでのデータレートが2Mbpsに高速化し、通信距離が最大400mまで拡大した。最新のバージョンはBluetooth 5.3。
USB	プラグアンドプレイ、ホットスワップに対応したシリアルケーブルで、仕様上はUSBハブを介して127台まで接続可能。コネクタの種類にはシリーズA(Type-A)、シリーズB(Type-B)、シリーズC(Type-C)があり、Type-Cは裏表関係なく差し込める。コネクタの形状が同一であればより新しい規格の環境で古い規格を使用できる。バスパワーで接続する機器に電源を供給することができる（対応する機器のみ）。USB AVは映像を音声を転送するための規格でUSB 3.1から対応している。最大伝送速度はUSB 3.1で10Gbps、USB 3.2で20Gbps。USB 4は標準で20Gbps。
Lightning	Apple社のiPhoneやiPadと周辺機器との接続や電源コネクタとして採用されている。

2 実効速度の計算

★

公式テキスト179〜180ページ対応

接続サービスにおける規格上の最大通信速度は保証されませんが、おおよその実効速度を計算で割り出すことができます。

重要

例題 1 下り最大速度100MbpsのFTTHを利用しているユーザーが、40MBのデータを連続で10個ダウンロードしたところ、50秒の時間を要した。このとき、実効速度は最大速度の何%であるか、最も近いものを1つ選びなさい。なお、ファイルのダウンロード開始までの待ち時間については考慮しないものとする。

a 約10%

b 約40%

c 約55%

d 約65%

e 約80%

例題の解説

解答は97ページ

例題 1

データ容量や転送速度の計算問題では、単位に注意します。bps（bits per second）は1秒間に転送できるデータ（ビット単位）のサイズを表す単位、Mはメガ（100万）、Bはデータのサイズを表すバイト（byte）の略で、1バイト＝8ビットです。FTTHの最大速度が100Mbpsですから、単位をb（ビット）に揃えます。なお、データサイズの単位は慣例的に2進法の単位系を用いるのが一般的ですが、ここでは計算を簡単に行うために国際単位系を用いています。

ダウンロードするデータは40MBです。

$40 \times 1,000,000 \times 8 = 320,000,000$（ビット）

このデータを連続で10個ダウンロードするのに50秒かかったので、実効速度は次のようになります。

$320,000,000$（ビット）$\times 10 \div 50$（秒）$= 64,000,000$ビット／秒

単位を揃えると、実効速度は64Mbpsです。

$64\text{Mbps} \div 100\text{Mbps} = 64\%$

最も近い選択肢 **d** の約65%が正解です。

実効速度の計算

ISPまでのアクセス回線にはFTTHなどの有線（固定回線）、5G、4G、公衆無線LANなどの無線があり、いずれもMbpsクラス以上の通信速度を実現するブロードバンド回線です。通信速度はベストエフォートであり、実効速度は、混雑具合や回線の品質などの要因により変化します。

ダウンロードするデータのサイズや転送時間で、ある時点でのおおよその実効速度を割り出すことができます。通信速度はbps（ビット／秒）、データのサイズはB（バイト）という単位を使用します。計算の際は、バイトは8を乗じてビットに換算（1バイトは8ビット）するなど単位を揃えることが大切です。

$$転送速度 = \frac{データ容量}{転送時間}$$

大きな数を表す際にはK/k（キロ）、M（メガ）、G（ギガ）、T（テラ）、P（ペタ）などの接頭辞を用います。なお、通信速度の大きさを表すためには一般に国際単位系のSI接頭辞に準じるのに対し、データのサイズは慣習的に2の10乗＝1,024バイト＝1K（キロ）バイトを使用しています。

■データのサイズを表す単位

1KB	1,024B	2の10乗
1MB	1,024KB	2の20乗
1GB	1,024MB	2の30乗
1TB	1,024GB	2の40乗
1PB	1,024TB	2の50乗

■通信速度を表す単位

1kbps	1,000bps	10の3乗
1Mbps	1,000kbps	10の6乗
1Gbps	1,000Mbps	10の9乗
1Tbps	1,000Gbps	10の12乗
1Pbps	1,000Tbps	10の15乗

たとえばG（ギガ）の2の30乗と10の9乗では約7.3%の誤差が出ます。

bps
bit per second

データのサイズを表す単位
2進接頭辞を用いて、1,024B＝1KiB（キビバイト）とし、以降順にMi（メビ）、Gi（ギビ）、Ti（テビ）、Pi（ペビ）が用いられることもある。

3 有線系の接続サービス

　インターネットに接続するためのアクセス回線のうち、有線（固定回線）を使用するものにはFTTH、ADSL、CATVがあります。

例題 1 FTTHの接続方式の1つであるパッシブダブルスター方式の説明として、<u>適当なものをすべて</u>選びなさい。

a　1つの光ファイバーを1ユーザーで専有する。

b　基地局および加入者側にメディアコンバーターを設置する。

c　基地局にOLT、加入者側にONUを設置する。

d　光信号を分岐するために、光スプリッターを用いる。

例題 2 VDSL集合装置とVDSLモデムの間の伝送で<u>使用されている媒体を1</u>つ選びなさい。

a　LANケーブル

b　電力線

c　電話用メタルケーブル

d　光ファイバーケーブル

例題 1

FTTHの接続方式には、1ユーザーが1本の光ファイバーを専有使用するシングルスター方式と、複数戸が1本の光ファイバーを共有使用するパッシブダブルスター方式があります。パッシブダブルスター方式では「基地局－光スプリッター－各ユーザー戸」を光ファイバーで接続します。

a 1つの光ファイバーを1ユーザーで専有するのはシングルスター方式で、パッシブダブルスター方式ではありません。

b 基地局および加入者側にメディアコンバーターを設置するのはシングルスター方式で、パッシブダブルスター方式ではありません。メディアコンバーターは、光ファイバーで伝送される光信号と、LANケーブルで伝送される電気信号を相互に変換する装置です。

c OLT (Optical Line Terminal) は基地局に設置される装置で、通信の接続先を仕分けます。ONU(Optical Network Unit)は加入者側に設置される光回線終端装置で、メディアコンバーターの機能を持ちます。いずれもパッシブダブルスター方式で利用される装置です。選択肢は、パッシブダブルスター方式の説明として適当です（正解）。なお、光回線終端装置、ONU、メディアコンバーターは、同義で使用されることもあります。

d パッシブダブルスター方式では、光ファイバーを複数戸で共有使用します。このとき1本の光ファイバーから届いた光信号を複数の光ファイバーに分岐する装置が光スプリッターです。選択肢は、パッシブダブルスター方式の説明として適当です（正解）。

例題 2

VDSLは、集合住宅で光ファイバーやLANケーブルの配線ができない場合に、光ファイバーを共用部（MDF室など）の光回線終端装置に接続し、そこから既存の電話用メタルケーブルで各住戸に接続し、各住戸内にVDSLモデムを設置するインターネット接続方式のことです。光回線からPCまでの接続イメージ（概略）は「光ファイバー回線－VDSL集合装置－VDSLモデム－PC」となります。

a LANケーブルは「VDSLモデム－PC」間の接続に使用します。

b 電力線は、VDSL接続には使用されません。なお、電力線を通信回線として利用してデータ通信を行う技術に電力線通信（PLC）があります。

c VDSLは、電話用メタルケーブルを「VDSL集合装置－VDSLモデム」間の接続に使用します（正解）。

d VDSLの場合、VDSL集合装置より外側（インターネット側）で光ファイバーケーブルが使用されます。

FTTH

　FTTHは、事業者の設備から各家庭に光ファイバー回線を敷設するネットワーク構成方式です。

　光ファイバー回線の終端で、光信号と電気信号を相互に変換する装置が**光回線終端装置**で、**メディアコンバーター**や**ONU**などと呼ぶこともあります。

　宅内で光ファイバーは光回線終端装置に接続され、そこからLANケーブルを使用して、PCに直接接続、またはホームゲートウェイや家庭用ルーターに接続します。

FTTHの接続方式

　FTTHの接続には、1本の光ファイバーを1ユーザーが占有するシングルスター方式と、1本の光ファイバーを複数のユーザーが共有するパッシブダブルスター方式があります。

■シングルスター方式とパッシブダブルスター方式

シングルスター方式

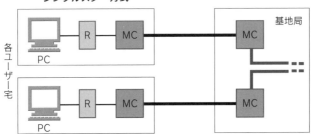

パッシブダブルスター方式

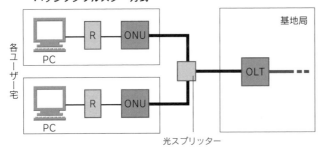

R：家庭用ルーターなど　MC：メディアコンバーター　━━━ 光ファイバー

FTTH
Fiber To The Home
FTTHにより公称上最大10Gbpsの高速通信サービスが提供されている。

光ファイバー
➡★★273ページ

メディアコンバーター
光信号と電気信号を変換する装置。

ONU
Optical Network Unit

ホームゲートウェイ
家庭内のネットワークをインターネットやサービスプラットフォームと接続するための通信機器。一般的なホームゲートウェイは、光回線終端装置と家庭用ルーターの両方の機能を持つ。

■FTTHの接続方式

方式	概要
シングルスター方式	基地局からユーザー宅に専用の光ファイバーを設置するので帯域を占有できるがコストが割高で、主に企業向け。基地局とユーザー宅にメディアコンバーター(MC)を設置。
パッシブダブルスター方式	基地局とユーザー宅との間に光スプリッターという分岐装置、基地局にはOLT、ユーザー宅にはONUを設置。

　集合住宅の場合は、次のような方式で接続します。個別に光ファイバーを引き込むことが難しい場合は集合住宅の共用部(MDF室など)まで光ファイバーを引き込んで、LAN配線方式またはVDSL方式で接続します。

■集合住宅におけるFTTHの接続方式

方式	概要
光配線方式	各家庭まで光ファイバーを引き込む。宅内の光回線終端装置に光ファイバーを接続する。
LAN配線方式	光ファイバーを共用部の集合型光回線終端装置と接続し、各家庭まではLANケーブルで接続する。
VDSL方式	光ファイバーを共用部の集合型光回線終端装置と接続し、各家庭までは既存の電話回線用メタルケーブルを利用して接続する(共用部のVDSL集合装置から各家庭内のVDSLモデムまでをVDSLで接続する)。

■VDSL方式の接続例

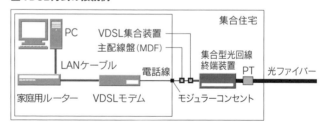

VDSLモデム

　VDSL方式では、各住戸の電話回線用のモジュラーコンセントに**VDSLモデム**を接続します。電話と共用する場合は音声信号からのノイズ混入を防ぐために**インラインフィルター**を利用します。

OLT
Optical Line Terminator
加入者から届いたデータを仕分ける装置。

VDSL
Very high-bit-rate DSL
1km程度以内の近距離においてADSLよりも高速の通信が可能な技術。

PT
Premises Termination
屋外から引き込んだ光ファイバーと屋内の光ファイバーを接続する配線盤。

モデム
通信回線とPCの間に置かれ、デジタル信号からアナログ信号への変換(変調)と、アナログ信号からデジタル信号への復元(復調)を行う装置。

インラインフィルター
一般加入電話の音声信号とVDSL信号を分離するためのアダプター。VDSL接続と一般加入電話を併用する場合に、一般加入電話の音声信号からノイズが入り、リンクが不安定になることを防ぐ。

▶96ページの解答 例題1 c d 例題2 c

IPv6接続

　NTT東西地域会社が提供する次世代ネットワークであるNGNは、光ファイバー回線を利用しています。NGNをアクセス網として利用するISPはIPv6接続を提供しています。NGNを介してIPv6インターネットに接続する方式には、トンネル方式とネイティブ方式の2つが利用されています。

■NGNを介したIPv6インターネット接続方式

トンネル方式	従来のIPv4サービスと同じように、PPPによるトンネル接続を用いてIPv6インターネットとの通信を行う(PPPoE)。IPv6パケットを運ぶPPPフレームはIP上ではなくNGNのアクセス網上で転送される。トンネル方式では、ユーザーはISPとNGNの双方からIPv6プレフィックスを割り当てられる。インターネットとの通信にはISPから割り当てられたプレフィックス、NGN網内のサービスとの通信にはNGNに割り当てられたプレフィックスを使用する。この使い分けには、IPv6のアドレス変換方式であるNPTv6を有するIPv6アダプターを利用し、IPv6アドレスのプレフィックスを変換してパケットを転送する。
ネイティブ方式または**IPoE方式**	PPPトンネルを使わず、イーサネット上で直接IPv6を利用してIPv6インターネットとの通信を行う。ネイティブ方式で接続するユーザー同士は、インターネットを介さずNGN網内で折り返して通信することができる。インターネットとの接続はVNEという接続事業者のゲートウェイルーターが中継する。ユーザーが使用するIPv6プレフィックスはVNEから割り当てられたもので、ユーザーへのIPv6プレフィックスの割り当ては、VNEに委託されたNTT東西地域会社が行う。ユーザーはこのプレフィックスを使ってIPv6インターネットとの通信もNGNとの通信も行うことができる(トンネル方式のような使い分けが不要)。ユーザーはVNEと直接契約を結ぶことはなく、VNEのサービスを利用するISPと契約する。現在多くのISPがネイティブ方式を選定している。

　なお、IPoE方式によるIPv6インターネット接続を利用する環境でIPv4通信を必要とする場合に対応するため、VNEは、家庭用ルーターでIPv4パケットをIPv6に変換するIPv4 over IPv6サービスを提供しています。IPv4 over IPv6の仕様はVNEで異なる方式を採用し、乱立する傾向にあることから、国内標準方式のHB46PPを策定し、これらの仕様の統一を図ろうとしています。
　また、NTT東西地域会社のNGNを利用しないIPv6接続サービスも提供されています。

NGN
Next Generation Network
従来の電話網が持つ信頼性・安定性とインターネットの柔軟性・経済性の両方を実現することを目指したネットワーク。ITU-Tにおいて標準化されている。NGNを用いたサービスには、NTT東西地域会社の「フレッツ光ネクスト」がある。

NPTv6
IPv6-to-IPv6 Network Prefix Translation

VNE
Virtual Network Enabler

HB46PP
HTTP-Based IPv4 over IPv6 Provisioning Protocol

ADSL

ADSLは、加入電話用のメタルケーブルを利用したブロードバンド接続サービスです。下り方向で伝送速度1M～50Mbps超が可能です。加入者側に**ADSLモデム**が置かれ、電話局（収容局）側のDSLAMと通信を行います。

ADSLは、音声通信よりも高い周波数を利用して高速データ通信を可能にしていますが、ノイズの影響を受けやすく、収容局までの距離が遠くなると伝送損失が大きくなるという特徴があります。電話回線の経路付近にノイズ発生源があると、通信速度が低下する可能性があります。

なお、ADSLサービスは各事業者がサービス終了を予定しており、すでに一部の事業者はサービス提供を終了しています。

CATV

CATV回線で利用する同軸ケーブルを利用したインターネット接続サービスもあります。電話用のメタルケーブルよりも高速通信が可能で、下り伝送速度が最大320Mbpsのサービスもあります。

CATVインターネット接続では、加入者側に**ケーブルモデム**が置かれます。同軸ケーブルを利用するため、距離による速度低下が少ないのが特徴です。1本の回線を多数の加入者で共有するので、利用が集中すると加入者当たりの速度が遅くなることがあります。

■CATV接続例

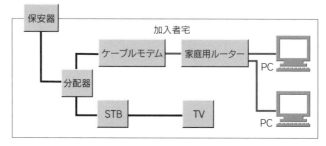

━━ 同軸ケーブル　　━━ LANケーブル

4 移動通信サービス

★

公式テキスト196～206ページ対応

　モバイル環境（移動しながらの利用が可能な環境）におけるインターネット接続サービスは、大きく分けて5Gや4Gなどの移動通信サービス、公衆無線LANサービスがあります。

重要

例題 1 移動通信トラフィックの増加やコンテンツの多様化、IoTの進展などに対応するためにITUが提唱した5Gの要求条件として、**不適当なものを2つ選びなさい**。

- **a** 1msの高信頼低遅延
- **b** TWTによる接続端末のバッテリー消費超低電力化
- **c** WPA3などの高次暗号化セキュリティ
- **d** 下り20Gbps、上り10Gbpsの高速大容量
- **e** 100万台／km²の多数同時接続

例題 2 次図は移動通信事業者の関係を示している。**B社に該当する事業者種別**を、下の選択肢から1つ選びなさい。

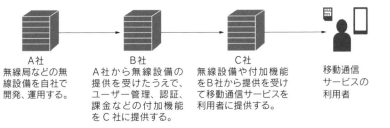

A社
無線局などの無線設備を自社で開発、運用する。

B社
A社から無線設備の提供を受けたうえで、ユーザー管理、認証、課金などの付加機能をC社に提供する。

C社
無線設備や付加機能をB社から提供を受けて移動通信サービスを利用者に提供する。

移動通信サービスの利用者

- **a** MNO
- **b** MVNE
- **c** MVNO
- **d** VNE

例題 3 移動通信サービスの加入者に対して発行され、利用できるネットワークを特定するために利用される番号として、**正しいものを1つ選びなさい**。

- **a** APN
- **b** IMEI
- **c** IMSI
- **d** MSISDN

例題　1

　5G（第5世代移動通信システム）は、1G、2G、3G、4Gと続く移動通信システムの新規格です。移動通信トラフィックの増加、コンテンツの多様化、IoTの進展など市場の動向に対応するために、5Gの要求条件として高速大容量、多数同時接続、高信頼低遅延の実現が盛り込まれました。日本国内では2020年3月からサービスが開始されています。

a　5Gの要求条件の1つである高信頼低遅延では、遅延時間として1ms（ミリ秒：1,000分の1秒）程度が求められました。選択肢は、5Gの要求条件として適当です。

b　TWT（Target Wake Time）は、Wi-Fiにおいて接続端末のバッテリー消費を抑える機能です。選択肢は、5Gの要求条件として不適当です（正解）。

c　WPA3は、無線LANのセキュリティ技術です。選択肢は、5Gの要求条件として不適当です（正解）。

d　5Gの要求条件の1つである高速大容量では、下り20Gbps程度、上り10Gbps程度が求められました。選択肢は、5Gの要求条件として適当です。

e　5Gの要求条件の1つである多数同時接続では、1㎢当たり100万台程度の端末が同時に接続できることが求められました。選択肢は、5Gの要求条件として適当です。

例題　2

　4Gや5Gなどによるデータ通信サービスを提供する移動通信事業者には、自前の無線設備により通信サービスを提供するMNO、MNOから無線設備を借りて通信サービスを提供するMVNOがあり、さらにMVNOの中には、他のMVNOにインターネットへの接続機能やユーザー管理、認証、課金などの機能を付加して通信サービスを卸し販売するMVNEがあります。問題ではA社がMNO、B社がMVNE（**b**が正解）、C社がMVNOです。

d　VNEとは、固定回線による通信サービスにおいて、他のサービス提供事業者に対して、サービス提供に必要となる設備やその他のサービスなどを提供する事業者のことです。NGNを利用するユーザーがIPv6でインターネット接続するために利用されるネイティブ方式において、NGNとIPv6インターネットの中継に必要なサービスを提供する事業者がVNEです。

例題　3

　移動通信サービスでは、接続を認証するためにさまざまな番号を利用します。

a　APN（Access Point Name）は、ネットワークサービスやインターネット接続サービスを提供する事業者ごとに持つ文字列で、データ通信を行う際に接続先の事業者設備の指定、識別に使用します。なお、5Gでは同様の用途でDNN（Data Network Name）が利用されます。

b　IMEI（International Mobile Equipment Identifier：国際移動体装置識別番号）は、携帯電話端末やデータ通信端末が個別に持つ国際的な識別番号です。端末識別番号ともいいます。

c　IMSI（International Mobile Subscriber Identity：加入者識別番号）は、SIMカードに記録され、契約内容に基づいたサービスの加入者を一意に識別するための番号です。選択肢は、問題で示されている番号として正しいです（正解）。

d　MSISDN（Mobile Subscriber ISDN Number：携帯電話番号）は、0〜9までの数字を組み合わせた番号で、SIMカードを一意に識別する番号です。

移動通信の方式

　携帯電話用の通信システムは約10年ごとに進化しています。1990年後半からサービス提供されてきた3Gは各社のサービス提供の終焉期にあり、LTEやLTE-Advancedを中心とした4Gが広く普及、2020年3月には新規格の5Gのサービスが開始されています。

　LTEは、帯域幅の拡大やMIMOによる複数ストリーム通信技術の適用により、仕様上の最大伝送速度を下り300Mbpsと高速化、またVoLTE技術を利用した音声通話を可能としています。利用可能な周波数帯のうち800MHz帯は他の帯域より電波が届きやすく、「プラチナバンド」と呼ばれています。LTEに対応する端末はカテゴリ（cat1〜cat5）で分類され、カテゴリごとに対応可能な最大伝送速度が異なります。LTEの後継規格がLTE-Advancedで、高速移動時100Mbps、低速移動時1Gbpsの伝送速度を要求仕様とし、仕様上の最大伝送速度は下り3Gbpsです。不連続な帯域や異なる周波数帯の帯域を足し合わせるキャリアアグリゲーション（CA）が採用され、さらなる高速化を実現しています。カテゴリ6 (cat6) 以降の端末がLTE-Advancedに対応します。

　新規格の**5G**は、移動通信トラフィックの増加、コンテンツの多様化、IoTの進展などに対応するため、要求条件を次のように定めています。➡★★274ページ

・高速大容量（最大伝送速度）：下り20Gbps、上り10Gbps
・多数同時接続（端末接続数）：1,000,000台／km²
・高信頼低遅延：1ms

　このほかに、WiMAX2、BWA、AXGPを利用した移動通信サービスも提供されています。

移動通信サービス利用の仕組み

　インターネット接続のデータ通信に対応する移動通信サービスは、**MNO**または**MVNO**という移動通信事業者によって提供されます。

　MNOはサービス提供に必要な無線局を自社で開設・運用してサービスを提供し、MVNOは無線局を自社で保有せず、MNOから借りてサービスを提供します。通信サービスを他のMVNOに提供するMVNOもあり、これをMVNEといいます。MVNEは、

3G
3rd Generation
第3世代移動通信システム

4G
第4世代移動通信システム

5G
第5世代移動通信システム

LTE
Long Term Evolution
➡★★274ページ

MIMO
Multiple Input Multiple Output
複数のアンテナを用いて通信のストリーム数（データの通り道の数）を増やすことにより通信速度を向上させる仕組み。

VoLTE
Voice over LTE

MNO
Mobile Network Operator
移動通信事業者
日本ではNTTドコモ、KDDI、ソフトバンク、楽天モバイルが該当。

MVNO
Mobile Virtual Network Operator
仮想移動通信事業者

MVNE
Mobile Virtual Network Enabler

MVNOに参入する事業者に対して、MNOから借り受けた無線設備と、ユーザー管理、認証、課金などの付加機能を合わせて通信サービスを卸し販売します。

移動通信サービスでは、接続を認証するためにさまざまな識別子が利用されます。

■接続認証にかかわる識別子

IMEI	携帯電話端末やデータ通信端末に割り当てられる国際的な識別番号。端末識別番号ともいう。
IMSI	移動通信サービスの加入者に対して発行される識別番号。加入者の契約内容に紐付けられる。SIMカードに記録される。
MSISDN	携帯電話網への加入を一意に識別するために事業者が加入者に割り当てる、0から9までの数字を組み合わせた番号。
APN	データ通信を行う際に接続先の事業者網を指定、識別するための文字列。ネットワークサービスやインターネット接続サービスを提供する事業者ごとに固有の識別名を持つ。5GではDNNがAPNに相当。

海外など、契約する移動通信サービスの提供エリア外でも、ローミングサービスによりそのエリアの事業者のサービスを利用することができます。4G、5Gを利用した通信方式では、テザリングという機能を利用した接続方法も利用されます。

IPv6対応

IPv6に対応した移動通信サービスを提供する事業者もあり、多くは端末にIPv4アドレスとIPv6アドレスの両方を割り当てるデュアルスタック方式を採用していますが、NTTドコモは2022年2月から端末にIPv6アドレスのみを割り当てるIPv6シングルスタック方式の提供を開始しました。

IMEI
International Mobile Equipment Identifier
国際移動体装置識別番号

IMSI
International Mobile Subscriber Identity
加入者識別番号

MSISDN
Mobile Subscriber ISDN Number
携帯電話番号

APN
Access Point Name

DNN
Data Network Name

ローミング
移動通信サービスにおいて、事業者間の提携により、たとえば国外の提携先の事業者のエリア内であれば、利用者が国内で契約しているサービス事業者と同様のサービスを利用できること。

テザリング
4Gや5Gでのインターネット接続に対応するスマートフォンなどが有する機能で、自身をDHCPやNAPT機能を備えたルーターとしてPCなどの他のホストとUSB、Wi-Fi・Bluetoothなどの無線で接続し、他のホストがインターネット接続できるようにする機能。

公衆無線LANは、Wi-Fiを利用してインターネット接続を提供するサービスです。

例題 1 公衆無線LANの説明として、**適当なものを2つ**選びなさい。

a Wi-Fi規格では、公衆無線LAN専用のチャネルが割り当てられている。

b 公衆無線LANのアクセスポイントのWAN側の回線は、光回線に限定される。

c 利用者から対価を得ない公衆無線LANのアクセスポイントは、無線局免許なしで運用することができる。

d IEEE 802.1Xを採用した技術は、無線LANアクセスポイントでのホスト認証に使われる。

e 公衆無線LANで使用される電波の送信出力は、家庭用と比較して強力である。

例題の解説　　　　　　　　　　　　　　　　　　　　　解答は **109** ページ

例題 1

公衆無線LANサービスは、IEEE 802.11シリーズの無線LAN規格を利用し、店舗、宿泊施設、交通機関などでインターネット接続を提供するサービスです。

a 公衆無線LANは、公衆向けのインターネット接続サービスに無線LANを利用するもので、Wi-Fi規格で定められたものではありません。

b 公衆無線LANに限らず、Wi-FiのアクセスポイントのWAN側の回線に光回線が使われることはあっても限定されてはいません。選択肢は、公衆無線LANの説明として不適当です。

c 無線局免許は、無線局の開設に必要なものです。2.4GHz帯や5GHz帯の無線LANの無線局の免許は、電波法上の技術基準などを満たし、技適マークが付いている機器を使用する場合は不要です。なお、公衆無線LANサービスを事業として提供する（対価を得る）場合、原則として電気通信事業法上の届出（または登録）が必要です。選択肢は、公衆無線LANの説明として適当です（正解）。

d 公衆無線LANの利用では、「無線LANアクセスポイントのなりすまし」による盗聴やフィッシングのようにセキュリティ上の懸念が付きまといます。これを回避するために、IEEE 802.1Xによるホスト認証を採用しているサービスもあります。IEEE 802.1XはLAN接続時の認証に関する規格であり、とくに無線LANにおいて広く利用されています。選択肢は、公衆無線LANの説明として適当です（正解）。

e Wi-Fiアクセスポイントの送信出力は機器によって異なり、出力が大きいと電波の届く範囲が広くなります。ただし、家庭用と比較して、公衆無線LAN用のWi-Fiアクセスポイントの送信出力が強力ということはありません。選択肢は、公衆無線LANの説明として不適当です。

公衆無線LAN

公衆無線LANサービスは、無線LAN対応端末があれば、屋外屋内を問わず公共の場所でインターネットに接続できるサービスです。家庭内LANなどに用いられるIEEE 802.11シリーズの無線LAN規格が広く利用されています。アクセスポイントからインターネットへの中継回線には、光回線など固定的な回線のほか、走行中の列車内のサービスでは線路沿いに敷設された漏洩同軸ケーブルやモバイルWiMAX、航空機内のサービスでは衛星通信回線が使用されています。

公衆無線LANサービスには、事業者と事前に契約を結んで利用する形態、利用場所で一時的に利用環境を得て利用する形態、フリーWi-Fiのように自由に利用できる形態などがあります。事業者と契約を結ぶ形態では、インターネット接続のためにIDとパスワードを用いてログイン操作を行います。ログイン操作の煩雑さを減らすために、SNSアカウントを使用した認証やSIMカード内の契約者情報を使用するEAP-SIM認証を採用しているところもあります。フリーWi-Fiでは、Captive Portal (キャプティブポータル) による認証が広く利用されています。

公衆無線LANの安全な利用

公衆無線LAN利用時におけるセキュリティ上のリスクに、偽装した無線LANアクセスポイントへの接続から盗聴やフィッシングの被害にあうことがあげられます。このようななりすまし対策として、電子証明書によるホスト認証を行うIEEE 802.1Xの適用が有効です。WPA2などによる無線LANのセキュリティ認証方式が採用されている公衆無線LANもありますが、そもそも傍受されやすい無線を利用していること、パスワードを入手できれば誰でも暗号化通信を復号できることから、暗号化技術の採用ですべての通信の盗聴を防ぐことができるわけではありません。

公衆無線LANをより安全に利用するためのポイントを以下にまとめます。

- ・信頼できるWi-Fi事業者のサービスを利用
- ・信頼できるVPNサービスを利用
- ・SSL/TLSなどによる全通信経路での暗号化

漏洩同軸ケーブル
あえて周囲に電波を放射するようにした同軸ケーブル。ケーブルの周囲近傍での通信を可能とする。
➡★★275ページ

Captive Portal
アクセスポイントにアクセスしてきたクライアントのHTTPセッションを奪って認証のためのWebページへリダイレクトし、認証を行う。認証が完了するまではインターネットへの接続は中継されない。

IEEE 802.1X
LAN接続時の認証に関する規格。IEEE 802.1Xの1方式であるEAP-TLSでは、ホストと認証サーバーが電子証明書を相互に交換し認証を行う。認証が完了するまでホストは無線LANアクセスポイント経由でネットワークには接続しない。
➡★★279ページ

VPN
Virtual Private Network
インターネット上に仮想的に安全な通信路を構築して、異なる拠点にあるLANに接続する技術。
➡★★279ページ

6 家庭内LAN

　家庭内LANを構築すると、複数の端末を同時にインターネットへ接続できるほか、同一LANの端末同士でのファイルの共有やLAN経由でのプリンターの利用などさまざまな機能を利用することができます。

重要

例題 1　家庭内LAN上の端末をインターネットにつなぐ家庭用ルーターの設定についての説明として、<u>不適当なものを1つ選びなさい。</u>

a　DHCPを利用して端末の自動設定を行う場合、IPv4アドレスとサブネットマスクは設定できるが、端末が参照するDNSサーバー情報は設定できない。

b　パケットフィルターの設定により、端末が外部から意図しないアクセスを受けるリスクを軽減できる。

c　ポートフォワーディング機能を設定することで、インターネット側から家庭内LANの特定の端末に通信を中継できる。

d　WPA2よりWPA3による暗号化に設定するほうがセキュアである。

e　家庭用ルーターに参照するNTPサーバーを設定し、端末では家庭用ルーターをNTPサーバーとして指定することで時刻同期ができる。

例題の解説　　　　　　　　　　　　　　　　　　　　　　　**解答は 111 ページ**

例題 1

　家庭内LANにおける家庭用ルーターは、インターネットへのゲートウェイとして働きます。家庭用ルーターは、ISPと接続するためのPPPoEやDHCPクライアントなどのほか、さまざまな機能を備えています。

a　家庭用ルーターに備えられたDHCPサーバー機能により、家庭内LAN上の端末（DHCPクライアント）は、IPアドレス、サブネットマスク、デフォルトゲートウェイなどの各種設定情報を自動的に取得できます。端末が参照するDNSサーバーも自動的に取得します（正解）。

b　パケットフィルターは、外部からの攻撃を拒否し、内部を防御するファイアウォールの一種です。通過するIPパケットを監視し、そのヘッダー部分に含まれている宛先IPアドレス、送信元IPアドレス、宛先ポート番号、送信元ポート番号などに基づいてアクセスを制限します。アクセスを制限することで外部から意図しないアクセスを受けるリスクを軽減できます。

c　ポートフォワーディングは、1つのグローバルIPv4アドレスを複数の端末が共用するNAPT環境で、外部ネットワークからルーターの特定のポートにアクセスがあった場合に、それを内部のホストの特定ポートに転送する機能です。ポートフォワーディング機能を設定すると、家

庭用ルーターは、インターネット側から家庭内LANの特定の端末に通信を中継できるようになります。

d 無線LANの暗号化通信技術は、WEP、WPA、WPA2、WPA3と進化し、安全性をより高めています。WPA3は、現在の主流として利用されているWPA2よりセキュア（安全）です。

e NTPサーバーは時刻同期のためのサーバーです。NTPサーバー機能を内蔵するルーターも多く、その場合、家庭用ルーターは外部のNTPサーバーから時刻を取得し、家庭内LAN内の端末は家庭用ルーターをNTPサーバーとして指定して時刻同期を行います。

要点解説 6 家庭内LAN

家庭内LANの構築

　家庭用ルーターなどを利用して家庭内LANを構築すると、同一LAN内に接続したコンピューター間で通信を行うことができます。家庭内LANにおいて利用される家庭用ルーターなどの設定についてのポイントを以下に示します。

■家庭用ルーターなどの設定におけるポイント（抜粋）

・インターネット側（WAN側）とLAN側にそれぞれIPアドレスを割り当てる必要がある。IPv4の場合は通常、ISPによってインターネット側IPv4アドレスが自動的に割り当てられる。割り当てられるアドレスは、グローバルIPv4アドレス、プライベートIPv4アドレス、シェアードアドレスとサービスによって異なる。LAN側は家庭用ルーターが環境に合わせたIPアドレスを設定する。

・DHCPサーバー機能を利用することで、家庭用ルーターに接続したPCは、IPアドレス、サブネットマスク、DNSサーバー、デフォルトゲートウェイなどの設定情報を自動的に取得することができる。

・パケットフィルタリングを設定すると、端末が外部から意図しないアクセスを受けるリスクを軽減できる。

・ポートフォワーディング機能を設定することで、インターネット側から家庭内LANの特定の端末への通信を中継できる。

・無線LANを利用する場合、通信内容を暗号化するWPA2、あるいはより安全性を高めたWPA3を設定する。

・時刻同期に利用するNTPサーバーを指定する。NTPサーバー機能を内蔵するルーターの場合、端末では家庭用ルーターをNTPサーバーとして指定することで時刻同期ができる。

シェアードアドレス
グローバルアドレスの枯渇に伴い、ISPがCGN（キャリアグレードNAT）を使用したサービスを提供するために設けられたIPアドレス。CGNは、ISPなどの事業者が大規模なNAT装置を設置して行う大規模NATのこと。

▶106ページの解答 例題1 c d

7 トラブル原因の絞り込み

★ 公式テキスト228〜240ページ対応

インターネット接続におけるトラブルの原因箇所は、端末、宅内ネットワーク、ISPやアクセス回線事業者、インターネット上のサーバーなどさまざまです。トラブルの原因がどこにあるのか、状況を確認して原因を絞り込んでいきます。

重要

例題 1 図のように家庭用ルーターにLANケーブルで接続されたPCでは普段、Webブラウザーを使いURLにhttp://www.example.comを指定してWebサーバーAのWebページの内容を表示できていたが、あるとき、タイムアウトしてページが表示されなかった。そのとき、他のWebサイトのWebページは以前と同様に読み込んで表示できたとすると、WebサーバーAのWebページの内容が表示されなかった原因として考えられるものを下の選択肢からすべて選びなさい。

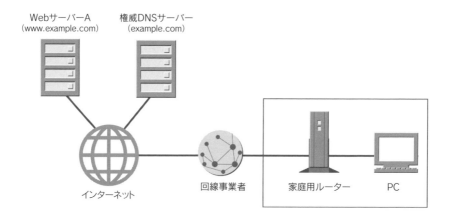

WebサーバーA (www.example.com)	権威DNSサーバー (example.com)			

インターネット　　回線事業者　　家庭用ルーター　　PC

a PCに接続されているLANケーブルが断線していた。

b 有線家庭用ルーターの電源が入っていなかった。

c WebサーバーAが停止していた。

d example.comの権威DNSサーバーが停止していた。

例題 2 無線LANの通信速度が遅くなる原因と<u>ならないもの</u>を1つ選びなさい。

a アクセスポイントとPCの間に、壁や家具などの障害物がある。

b 近くにアクセスポイントが多数設置されている。

c 近くに電子レンジなどノイズを発生する機器が設置されている。

d ESSIDステルス機能により、ESSIDが隠されている。

e 1つのアクセスポイントに、大勢のユーザーが接続している。

例題 3 AAAAフィルターが<u>対策の1つとされる問題</u>を1つ選びなさい。

a IPv6-IPv4フォールバック問題

b IPv6マルチプレフィックス問題

c Packet too big

d ブロードキャストストーム

例題の解説

解答は **113** ページ

例題 1

　以前はWebページの内容が表示できていたWebサーバーAに接続したところ、タイムアウトとなってページが表示できなかった原因について考えます。このとき、WebサーバーA以外のサイトのWebページは読み込んで表示できているのでインターネットには接続できていると考えられます。

a PCと家庭用ルーターをつなぐLANケーブルが断線した場合、WebサーバーA以外のサイトのWebページを読み込んでも表示されないはずです。選択肢の記述は原因として考えられません。

b 家庭用ルーターの電源が入っていない場合、選択肢**a**の状況と同じくWebサーバーA以外のサイトのWebページを読み込んでも表示されないはずです。選択肢の記述は原因として考えられません。

c 目的のサーバーが何らかの理由で停止していると、接続要求に対する応答が返ってこないので、タイムアウトエラーになります。選択肢の記述は原因として考えられます（正解）。

d ドメイン名からIPアドレスを調べる名前解決ができないと、そのIPアドレスを持つサーバーに接続できません。www.example.comのIPアドレスは、example.comを管理する権威DNSサーバーに問い合わせます。example.comの権威DNSサーバーが停止していると、名前解決ができず、タイムアウトエラーとなり、WebサーバーAのWebページは表示されません。選択肢の記述は原因として考えられます（正解）。

例題 2

　無線LANの通信速度が遅くなる原因には、無線LANアクセスポイントからの距離、障害物、複数のユーザーによる接続、同じチャネルを使用する無線LANの存在などがあります。また、

2.4GHz帯は電子レンジなどの周波数帯域と重なり、電波の干渉が発生します。いずれの場合も、電波状態が不安定になり、送信・再送信を繰り返すなどが原因で通信速度が遅くなります。

a アクセスポイントとPCとの間に障害物があると、電波の直進性が妨害され、電波状態が不安定となります。

b アクセスポイントが多くある場合、異なるESSIDであってもチャネルが近いと電波干渉が起こりやすいため電波の受信が不安定となります。離れたチャネルを選択する必要があります。

c IEEE 802.11b、IEEE 802.11g、IEEE 802.11nでは、2.4GHzの周波数帯を利用しています。同じ周波数帯を用いる電子レンジやBluetooth機器などが使われていると、電波の干渉が発生して電波状態が不安定になります。

d 無線LANのアクセスポイントは、ネットワークの識別子ESSIDを一定時間ごとに周囲に無線で通知する機能を持ちます。ESSIDステルス機能は、ESSIDを通知しないようにする機能です。ESSIDステルス機能を有効にすることにより無線LANを認識できず接続できなくなることはありますが、通信速度の遅延の原因であるとは考えられません（正解）。

e 1つのアクセスポイントで送受信できる電波には限りがあります。多数のPCからのアクセスが集中すると電波の奪い合いが発生し、通信速度は遅くなります。

例題 3

DNSサーバーは、ホスト名とIPv4アドレスとの対応をAレコード、IPv6アドレスとの対応をAAAAレコードで管理しています。

a IPv6通信とIPv4通信の両方に対応するデュアルスタック環境にあるホストは、IPv6通信を優先します。障害などによりIPv6通信ができなくなった場合にIPv4通信に切り替える仕組みをIPv6-IPv4フォールバックといいます。このときに、フォールバックが正しく行われない、時間がかかる、通信障害が発生するといったトラブルが発生することがあり、これをIPv6-IPv4フォールバック問題といいます。この問題を解消する手段の1つとしてAAAAフィルターがあります。AAAAフィルターは、DNSサーバーにホスト名に対応するAレコードとAAAAレコードが存在する場合に、IPv4通信で問い合わせてくるクライアントに、AAAAレコードの問い合わせを無視してAレコードのみを回答する仕組みです。AAAAフィルターにより、クライアントはIPv6による接続を試みることなくIPv4によるアクセスを行うのでIPv6-IPv4フォールバック問題を回避することができます（正解）。

b IPv6では、1つの端末（ネットワークインターフェイス）が複数のIPv6アドレスを持つことができます。ある端末が複数のIPv6アドレスを持つ場合に、経路選択や送信元アドレス選択がうまく行われず、適切に通信できなくなることがあり、これをIPv6マルチプレフィックス問題といいます。IPv6マルチプレフィックス問題の解決手段としてAAAAフィルターは機能しません。

c Packet too bigは、IPv6で使用されるICMPv6のエラーメッセージの1つです。ネットワークにおいて1回の転送で送信できるデータの最大値をMTU（Maximum Transmission Unit）といい、経路上のルーターが受け取ったIPパケットがMTUの値を超過していた場合に、ルーターは、Packet too bigというICMPv6メッセージを通過可能なMTUの値とともに送信元に送り返します。この情報をもとに送信元ホストがパケットを分割して再送信を行います。Packet too bigは対策が必要とされる問題ではありません。

d ネットワーク機器とケーブルがループ状に配線されているネットワークにブロードキャストパケットが送出されると、そのブロードキャストパケットが無限に転送されるブロードキャストストームという現象が起こります。ブロードキャストストームにより通信に障害が発生することがありますが、解決手段としてAAAAフィルターは機能しません。

端末におけるトラブルシューティング

端末からISPへの接続におけるトラブルと原因について把握しましょう。

■PPPoE接続、移動通信におけるトラブルシューティング

PPPoEの設定 ▶	接続用のIDとパスワードを誤ると接続できない。ISPによる自動設定ではない場合、手動で設定する。
APN、DNNの設定 ▶	移動通信サービスではネットワークの指定を正しく設定する。たとえば4GではAPN、5GではDNNを正しく設定する。
パケット容量制限 ▶	通信できるパケットの容量を超過すると大幅に通信速度が落ちることがある。
モバイル通信機能のオンオフ ▶	スマートフォンでモバイル通信をオフにしているとデータ通信ができない。

■Wi-Fi接続におけるトラブルシューティング

無線LAN規格の違い ▶	使用する無線LAN規格によって最大通信速度が大きく異なるので、アクセスポイントと子機とで対応する規格が異なると期待した通信速度が出ない。
暗号化の設定 ▶	ESSIDとセキュリティ方式の種類や暗号鍵の設定が異なると接続できない。また、データの暗号化・復号処理の影響で通信速度が低下することがある。処理の軽い暗号化方式に変更すると改善する可能性があるが、安全性が低下する。
ESSIDステルス機能が有効 ▶	アクセスポイントでステルス機能を有効にしていると、Wi-Fi検索でESSIDが表示されない。手動でESSIDを設定すると接続できる。
親機と子機の距離 ▶	親機（アクセスポイント）と子機（ホスト）の電波が相互に届かないと通信できない。➡★★275ページ
PCの省電力機能の影響 ▶	ノートPCなどの省電力機能がWi-Fiの通信速度に影響することがある。
MACアドレスフィルタリングが有効 ▶	アクセスポイントのMACアドレスフィルタリングに登録されていない機器は接続することができない。子機のMACアドレスを登録する。
MACアドレスのランダムな変更 ▶	OSに備わるMACアドレスをランダムに変更する機能により、MACアドレスフィルタリングの通信ができなくなることがある。

（次ページへ続く）

MACアドレスフィルタリング
無線LANアクセスポイントにMACアドレスを登録した機器以外を接続できないようにする設定。

▶110、111ページの解答　例題1　c　d　　例題2　d　　例題3　a

インターネット接続におけるトラブルシューティング **7** トラブル原因の絞り込み

（前ページの続き）

親機と子機の相性 ▶	他の設定が正しくても機器の組み合わせによっては正しく通信できないこともある。ファームウェアの最新化、子機のIPアドレスを静的に設定するなどで改善する可能性がある。
Captive Portal ▶	ホテルなどのフリーWi-FiではCaptive Portal（キャプティブポータル）がある場合、認証を終えないとインターネットへの接続はできない。
機内モードのオンオフ ▶	機内モードをオンにするとWi-Fiが無効になる。Wi-Fiを有効にすると利用できるようになる。
テザリング利用におけるAPNの確認 ▶	利用する移動通信事業者とは別の事業者から購入したスマートフォンでテザリングを利用する場合に、設定したAPNから別の事業者が提供するAPNに自動的に変更されることがある。

■サーバーへの接続におけるトラブルシューティング

IPアドレスの適切な割り当て ▶	端末のインターフェイスに適切にIPアドレスを割り当てないと他ホストとの通信ができない。
サーバーのIPアドレスの設定 ▶	インターネット上のWebサーバー、メールサーバー、DNSサーバー、NTPサーバーへアクセスする際は、正しいIPアドレスを指定する必要がある。
TCPのポートの数 ▶	TCPのポートの数には限りがあり、同時に張れるセッション数の上限を超過した場合、通信に影響することがある。

ネットワークのトラブルシューティング

　LANやWANのネットワークに問題がある場合の原因について把握しましょう。

■ネットワークにおけるトラブルシューティング

通信機器の不良 ▶	ルーターが、発熱や一時的な内部での情報の不整合などで正しく動作しないこともある。ルーターを再起動すると解消することがある。ハブのポートが故障していることもあり、その場合は利用するポートを変更する。
ループ配線 ▶	ネットワーク内にループ状の配線が存在することによってブロードキャストストームが発生し、ルーターの処理能力を超える、回線の通信帯域が圧迫されるという状態に陥り、通信不能や速度低下が発生することがある。
ケーブルの断線 ▶	外見は正常でも内部で断線していることもある。

（次ページへ続く）

Captive Portal
107ページを参照。

機内モード
航空機内では、電波が機器に悪影響を及ぼすことを防止するために電子機器の使用が制限されている。スマートフォンなどには、航空機内でも利用できるようにすべての無線通信をオフにする機内モードという設定が用意されている。

ブロードキャストストーム
1台のルーターやハブのコネクタ同士をループ状に接続した場合や、複数の機器をループ状に接続した場合に、無限にデータ転送が繰り返される現象。

（前ページの続き）

チャネル
無線LANにおいて、通信に利用する周波数の幅。無線LAN規格では利用できる周波数帯を複数のチャネルに分割している。複数の無線LANが同じチャネルを同時に利用すると電波の干渉が生じる。

ヘアピンNAT
ルーターのLAN側から、NAPTやポートフォワーディング設定で利用しているWAN側グローバルIPアドレスを宛先としてアクセスした際に、LAN側に転送を行う機能。

Wi-Fiの電波における障害	アクセスポイントと子機の間に障害物があると電波が届きにくくなる。2.4GHz帯の電波を使用する電子レンジなどがノイズを発生し、通信速度の低下や通信の切断が起きることがある。この場合は異なるチャネルに設定する、または5GHz帯のチャネルに変更することで改善することがある。
子機の数の制限	アクセスポイントが接続可能なホスト数を制限していると、制限数を超えた子機は接続できない。
回線帯域	回線帯域を超える通信量となると、期待どおりの通信ができなくなる。
NATテーブルの圧迫	集合住宅ではNATテーブルの圧迫が通信障害を起こすことがある。
アクセスポイントのモード	ブリッジモード／ルーターモードの2つのモードがあるルーターでは選択したモードに応じた設定を行う。ルーターモードでは、ルーティング機能としてIPv6とIPv4の双方に対応していないことがある。
ルーターのヘアピンNAT未対応	同一リンク上のホストに直接アクセスするとき、ルーターのWAN側のグローバルIPアドレスではアクセスできないことがある。ヘアピンNAT機能のあるルーターを使用することで解決する。
事業者における障害	通信量の増加による輻輳やネットワーク機器の故障、ケーブルの切断などで通信障害が発生することがある。
FTTH接続のトラブル	光回線終端装置からPCまでの配線の問題、家庭用ルーターやPCの設定の問題、装置不良、IPv6-IPv4フォールバック問題の発生などが考えられる（120ページ参照）。
移動通信	エリア外や回線混雑エリア内などで通信できない、速度が出ないことがある。4Gと5Gのエリアの違いにより一方しか利用できないこともある。

ipconfigやpingなどのコマンドを使用すると、PCの設定情報や疎通性の確認などを行うことができます。

例題 1 Windows OS搭載端末のトラブルシューティングで利用されるコマンドの説明について、**不適当なもの**を1つ選びなさい。

a "arp"で、端末にキャッシュされているIPアドレスとMACアドレスの対応を確認できる。

b "ipconfig"で、端末に割り当てられたIPアドレスの確認ができる。

c "nslookup"で、DNSサーバーの名前解決をテストできる。

d "ping"で、SNMPを用いたネットワークの疎通確認ができる。

例題の解説　　　　　　　　　　　　　　　　　　　　　　　　　解答は**119**ページ

例題　1

Windows OSなどのPCでは、ネットワークの状態を調べるコマンドを利用して、障害が起きている場所や原因を特定するなどのトラブルシューティングを行うことができます。

a arpの説明として適当です。arpは、IPv4ネットワークのイーサネット通信におけるARPキャッシュを操作するためのコマンドです。

b ipconfigの説明として適当です。ipconfigは、端末に割り当てられたIPアドレスやサブネットマスク、デフォルトゲートウェイの設定情報を確認するためのコマンドです。

c nslookupの説明として適当です。nslookupは、DNSサーバーに対して直接問い合わせを行い、DNSサーバーが正常に動作しているかどうかを調べたり、名前解決のテストを行ったりするためのコマンドです。

d pingは、端末から目的とするコンピューターのIPアドレスやホスト名を指定してテスト用のパケットを送り、そのレスポンスによって接続の状態を確認するコマンドで、プロトコルにICMPを使用します。選択肢の記述はpingの説明として不適当です（正解）。

要点解説 8 コマンドによるトラブルシューティング

インターネット接続状態を確認するためのコマンド

接続状態を、pingやtracert/traceroute、ipconfigなどのコマンドを使って確認する方法があります。Windows系OSではコマンドプロンプトで行います。また、macOSなどUNIX系OSでも、同様のコマンドが用意されています。

■接続を確認するコマンド

ipconfig	各NICのIPアドレス、サブネットマスク、デフォルトゲートウェイの設定情報が確認できる。Windows系OSではipconfig、UNIX系OSでは類似のコマンドifconfigを使用する。「ipconfig /all」などオプションの設定が可能。
nslookup	DNSサーバーの稼働状態を調べたり、名前解決のテストを行ったりする。
ping	目的とするコンピューターのIPアドレスやホスト名を指定してテスト用のパケットを送り、そのレスポンスにより接続の状態を確認できる。「ping IPアドレス」または「ping ホスト名」を入力して実行。「ping ホスト名」の場合、IPv4なら-4、IPv6なら-6のオプションを付加する。UNIX系OSの場合、IPv6ならping6とする。なお、pingに応答しないサーバーもある。
tracert/traceroute	目的とするコンピューターのIPアドレスやホスト名を指定して、そのコンピューターまでのネットワークの経路をリストで確認できる。障害が発生している場合はどこに生じているかの手がかりになる。Windows系OSでは「tracert IPアドレス」または「tracert ホスト名」を入力して実行。「tracert ホスト名」の場合、IPv4なら-4、IPv6なら-6のオプションを付加する。UNIX系OSではIPv4は「traceroute」、IPv6は「traceroute6」を入力して実行。
netstat, route	ネットワークで使用するルーティングテーブルの表示、操作を行う。
arp	ARPキャッシュを操作する。端末にキャッシュされているIPアドレスとMACアドレスの対応表を確認したり、ARPキャッシュを手動で追加、または削除したりできる。

ARPキャッシュ
IPアドレスとMACアドレスの対応関係を保持するキャッシュ。

コマンドを実行する際は、一般ユーザー権限と管理者権限で可能な操作範囲が異なることに留意します。設定の変更や更新には多くの場合に管理者権限が必要です。また、WindowsはコマンドプロンプトまたはPowerShell、macOSはターミナルでコマンドを実行することができます。

インターネット接続の設定とトラブル対処の関連事項

ISPの種類

インターネットサービスプロバイダー (ISP) は、ユーザーの端末 (やネットワーク) をインターネットに接続するサービスを提供します。インターネットはさまざまなネットワークが相互に接続されて構成され、ISPのネットワークもインターネットの一部です。ユーザーは自身の端末をISPのネットワークに接続して、これを経由してインターネットへ接続します。

ISPは、サービスの提供形態により2つのタイプに分類できます。➡ ★★241ページ

■水平分離型ISPと垂直統合型ISP

	水平分離型ISP	垂直統合型ISP
提供するサービス	インターネット接続	インターネット接続
		アクセス回線

アクセス回線は通信事業者が提供

インターネット接続サービスの選択においてユーザーは、利用できるアクセス回線の品質 (最大通信速度、提供エリア、帯域制限)、料金、サポート、決済手段、提供事業者、IPv6対応を考慮して検討します。なお、ISPがネットワークサービスの説明で示す「速度」は、規格上の最大速度であり、実際には設備を複数のユーザーで共用するので速度は低下します。

IP電話サービス

IP電話サービスは、インターネットなどのIPネットワークを利用した電話サービスです。インターネット接続サービスの付加サービスとして提供され、一般に全国一律料金です。音声データをIPパケットに格納し、IPネットワークを利用して中継する**VoIP**（Voice over Internet Protocol）という技術によって音声通話を可能にします。

VoIPネットワークと電話回線網とはVoIPゲートウェイを介して接続されます。IP電話事業者側では発着信管理（呼制御）のためのSIP（Session Initiation Protocol：セッション確立プロトコル）というプロトコルが利用され、**SIPサーバー**がユーザーのIP電話の呼び出し制御を行います。ユーザー側でアナログ電話を接続して使用する場合は、VoIPアダプターを使用します。

IP電話サービスは、050番号のサービスと0AB～J（ゼロエービージェイ）番号のサービスに分かれます。

■IP電話サービスの種類

050番号	IP電話であることを示す「050」で始まる電話番号を利用する。ユーザーの所在地情報がないので、基本的に110番や119といった緊急通報には利用できない。050番号を使った発着信は、固定電話以外にスマートフォンなどさまざまな端末で利用できる。スマートフォンの場合は専用のアプリケーションをインストールして050番号を利用する。SIM、端末によって利用が限定されるものではなく、異なる端末での利用、同一端末での複数の番号の利用などが可能。
0AB～J番号	市外局番から始まる一般加入電話と同じ番号体系の電話番号を利用する。緊急通話に利用可能。

ISPのオプションサービスとして提供されるIP電話サービスでは、設定を誤ると通話できないこともあります。IP電話機能が利用できないトラブルには次のような原因が考えられます。

■IP電話サービスのトラブル

原因	説明
インターネット通信障害	IP電話はインターネット回線を用いるサービスなので、インターネット接続に問題があると利用できない。
VoIPアダプターなどの設定ミス	IP電話サービス用のIDやパスワードがある場合は設定が正しいかを確認する。一般には、VoIPアダプターなどのVoIPランプが常時点灯していない場合は設定が必要となる。
VoIPアダプターの電源	電源を確認する。VoIPアダプターなどのVoIPランプの点灯状況で確認できる。
ファイアウォールでのブロック	IP電話で利用するポートがファイアウォールで閉じられていると利用できない。
モデムの不調	それまで問題なく利用できていたのに急に利用できなくなることがある。電源の入れ直しで解決することがある。

FTTH接続に関するトラブル

FTTH接続に関するトラブルには、次のものが考えられます。

■FTTH接続に関するトラブル

問題点	原因
速度が遅い	複数人による光ファイバーの共有、ISPによる特定のアプリケーション利用の制限や割り当て速度の制限、ISPにおける障害の発生、などが考えられる。
通信できない	光回線終端装置のランプの状況で原因を判断する（下記はNTT東西地域会社が提供する装置の場合）。
	STATUSランプ　正常な状態では緑点灯。赤点灯の場合は装置が故障状態。
	FIBERランプ　　光回線接続が正常時は緑点灯。赤点滅の場合は装置が故障状態。
	LINKランプ　　　LAN回線が正常に接続されている場合は点灯（データ送信中は点滅）。消灯の場合は家庭用ルーター、NIC、ケーブルが故障状態。
VDSLの通信トラブル	VDSL接続で一般加入電話を併用している場合にインラインフィルターが正しく接続されていない、電話回線部分のノイズによる影響、などが考えられる。
IPv6のSSH未対応	フレッツ光でIPoE方式のIPv6接続を利用する場合、scp、cvs、rsyncのSSH通信ができないことがある。IPv6パケットに含まれるDSCP値（パケットの優先度を制御するために使われる値）が「throughput」だとフレッツ光ネットワークでそのパケットが破棄されることが理由である。端末側のSSHの設定で、DSCP値を特定値に変更することで解決できる。
IPv6-IPv4フォールバック問題	IPv4通信とIPv6通信の両方に対応するデュアルスタック接続では、IPv6接続に失敗したら**IPv6-IPv4フォールバック**によりIPv4接続に切り替える。IPv6-IPv4フォールバックでは、フォールバック（切り替え）が正しく行われない、フォールバック完了に時間がかかる、通信障害が発生するといった問題が発生する。解決策の1つがHappy Eyeballs機構を備えたソフトウェアの利用で、Happy Eyeballsは、A/AAAAレコードの問い合わせやIPv6とIPv4のTCPセッションの試行を同時に開始し、先に通信が成立したほうで通信を続ける。別の解決策としてAAAAフィルターがあり、ISPなどが提供するDNSキャッシュサーバーなどで導入され、AレコードとAAAAレコードが登録されているホスト名に対しIPv4の問い合わせがあった場合に、Aレコードの問い合わせに対してのみ回答し、AAAAレコードの問い合わせに対しては回答しない。

■FTTH接続で通信速度が遅くなる主な要因

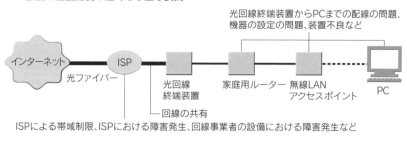

光回線終端装置からPCまでの配線の問題、機器の設定の問題、装置不良など

インターネット　光ファイバー　ISP　光回線終端装置　回線の共有　家庭用ルーター　無線LANアクセスポイント　PC

ISPによる帯域制限、ISPにおける障害発生、回線事業者の設備における障害発生など

第3章

ICTの設定と
使いこなし

1 Webブラウザーと URL

★

公式テキスト251〜255ページ対応

インターネット上の資源（リソース）の所在を示すのが URL（Uniform Resource Locator）です。表示したい Web ページやメールの宛先を指定します。

重要

 例題 1 URL スキームが表すものとして、<u>適当なもの</u>を1つ選びなさい。

a サーバー内部での資源の所在地
b サーバー内部での資源の名前
c サーバーから資源を取得する手段
d サーバーから取得した資源の処理手段

例題 2 以下の例のように、URL に含まれる「?」に続く文字列を、クエリ文字列と呼ぶ。これは一般的にどのようなときに利用されるか。<u>最適なもの</u>を下の選択肢から1つ選びなさい。

（例）　https://example.com/index.html?id=123&year=2022

a Webブラウザーから Web サーバーに Cookie を送信する。
b Webブラウザーから Web サーバーにパラメーターを送信する。
c Webブラウザーが Web サーバーの宛先ポートを指定する。
d Webブラウザーが Web サーバーにアクセスするプロトコルを指定する。

例題 3 インターネットメールを日本語でやりとりする場合にも利用される、Unicode 規格で定められた<u>多言語対応文字コード</u>を1つ選びなさい。

a ASCII
b EUC-JP
c ISO-2022-JP
d Shift_JIS
e UTF-8

例題　1

　URLは、インターネット上にある情報（資源、リソース）の所在と取得方法を指定する記述方式です。基本的な構造は次のとおりです。主に、スキーム、ホスト、パスの3つの要素で構成されます。

ディレクトリ　ファイル名

http://www.example.com/news/index.html
スキーム　　　　ホスト　　　　　パス

a　サーバー内部での資源の所在地は、パスで指定されます。通常は、サーバー内でのディレクトリとファイル名が記述されます。

b　サーバー内部での資源の名前は、ファイル名として記述されます。

c　サーバーから資源を取得する手段がスキームです（正解）。上記の例「http」は目的の資源index.htmlをhttp（プロトコル）で取り出すということをブラウザーに指示しています。

d　URLスキームは、資源に到達するための手段を表したもので、資源の処理手順を記述したものではありません。

例題　2

　URLに含まれる「?」に続く文字列はWebサーバーに情報を送信するための記述で、クエリ文字列のほかにURLパラメーター、クエリ構成要素とも呼ばれます。

a　Cookieは、クエリ文字列としてサーバーに送信されるものではありません。

b　パラメーターはWebサーバーが処理するための情報です。Webページの入力フォームに入力された値は、GETリクエストの場合、クエリ文字列として送信されます（正解）。

c　ポート番号を明示的に指定する場合は、http://www.example.com:80/のように、ホストの末尾に「:ポート番号」を記述します。

d　Webサーバーにアクセスするプロトコルは、クエリ文字列として指定されません。

例題　3

　コンピューターでは文字を数値の形で取り扱います。文字と数値との関係を定めた規格が文字コードです。Unicodeは、国や地域別に作られていた文字コードをまとめて、国際的な統一文字コードを作るために開発されました。

a　ASCIIは、7ビットのデータで1文字を表現する文字コードで、英数字といくつかの記号類を表現できます。Unicode規格ではありません。

b　EUC-JPは、日本語EUC（Extended UNIX Code）ともいい、UNIX系OSで用いられることが多い文字コードです。Unicode規格ではありません。

c　ISO-2022-JP（JISコード）は、インターネットで送信する電子メールで利用が推奨されています。Unicode規格ではありません。

d　Shift_JIS（シフトJIS）は、Windowsなどで標準的に用いられる文字コードです。Unicode規格ではありません。

e　UTF-8は、Unicode規格で定められた多言語対応文字コードです（正解）。Webページなどで多く使われています。Unicode規格で定められた多言語対応文字コードには、UTF-16もあります。

Webブラウザー

Webページを利用するための代表的なアプリケーションがWebコンテンツを視覚的に表示する**Webブラウザー**です。PC、スマートフォン、タブレットなどの端末上で実行して利用します。搭載されているレンダリング（描画）エンジンがコンテンツの内容を解釈し、ページをレイアウトした後、画面上に表示します。Webブラウザーの種類やバージョン（とくにレンダリングエンジン）が異なると、Webコンテンツの表示に差が出やすくなります。

■端末で実行されるWebブラウザー

Google Chrome	世界的に65%以上のシェアがあり（2022年8月時点のStatCounterの調査による）、最も利用されている。HTTP/2などに対応し、HTMLデータやJavaScriptの処理の高速性が特長。Androidに標準搭載。マルチプラットフォーム対応でWindows、macOS、Linux、Android、iOSなど多数のOS上で稼働する。
Microsoft Edge	Windows 11に標準搭載のWebブラウザー。
Firefox	オープンソースで開発されている。マルチプラットフォーム対応。
Safari	macOSとiOSに標準搭載。

URL

インターネット上にある資源（リソース）の「場所」や「名前」などを識別するために使用されるのが**URI**で、URIのサブセット（部分集合）として、資源の「場所」を識別する記述方式が**URL**です。HTTPの場合、URLは主にスキーム、ホスト、パスの3つの要素で構成します。

■URLの構成

HTTPで資源を取得する場合

パスについては、OSにより大文字と小文字を区別することがある。

http://www.example.com/news/index.html

スキーム	ホスト	ディレクトリ	ファイル名
サーバーから資源を取得する手段	資源を提供するサーバーを指定する情報		

パス
サーバー内部での資源の所在地や名前を示す情報

メールの宛先を指定する場合

mailto:user@example.com

Webブラウザー
音声や点字を使ってWebコンテンツを表現するブラウザー（音声ブラウザー、点字ブラウザー）、画像を表示せず、文字によってWebコンテンツを表現するテキストベースのWebブラウザーもある。

レンダリングエンジン
Webブラウザーが採用するレンダリングエンジンはそれぞれ異なる。現時点では、Google ChromeはオープンソースのBlink、Microsoft EdgeはChromeと同様Blink、FirefoxはServo、SafariはWebKit2を使用している。

HTTP/2
Hypertext Transfer Protocol version 2
従来利用されてきたHTTP/1.1の次のバージョンで、複数のリクエストを同時に処理可能などコンテンツ転送を高速化する仕組みが採用されている。69ページも参照。

URI
Uniform Resource Identifier

URL
Uniform Resource Locator

スキーム
http、httpsのようにプロトコル名がスキームになる場合が多いが、ローカルファイルを取得する場合のfile（file://ホスト名/パス）、メールアドレスを示す場合のmailto（mailto:ユーザー名@ドメイン名）などもある。

ディレクトリ
Webページが置かれているWebサーバー内の保管場所。

ホストはFQDN (完全修飾ドメイン名) やIPアドレスで指定することができます。あわせてポート番号を指定することもできます。

■URLの指定方法

IPアドレスを使用する	ホスト・ドメイン名の代わりにIPアドレスを直接指定する。 IPv4の例：http://192.0.2.0/ IPv6の場合は[ ]で囲む。 IPv6の例：http://[2001:db8::]
ポート番号を使用する	ドメイン名の後に「:ポート番号」を記述する。 例：http://www.example.com:8080/

URLには、**パーセントエンコード**や**URLパラメーター**が使われることもあります。

■パーセントエンコード・URLパラメーター (クエリ文字列) の例

パーセントエンコードされた文字列の例

http://example.com/ %E3%83%89%E3%83…(以下省略)

URLパラメーター (クエリ文字列) の例

http://www.example.jp/index.html ?id=123&year=2022

「パラメーター名＝値」の形式で記述。
複数の値を渡したい場合は「&」で区切る。

文字コード

コンピューターでは文字を数値の形で取り扱います。文字と数値との関係を定めた規格を**文字コード (エンコード方式ともいう)**といい、これを解釈して文字として表示します。

■主な文字コードの種類

ISO-2022-JP (JISコード)	日本語のメールで使われている文字コード体系。
UTF-8	Unicode規格。多言語対応文字コードで、Webページで使われることが多い。
UTF-16	Unicode規格。多言語対応文字コードで、WindowsやmacOSなどの内部処理で使われる。
Shift_JIS (シフトJIS)	Windowsなどで使われる文字コード体系。
日本語EUC (Extended UNIX Code)	主にUNIX系OSで使われる文字コード体系。

パーセントエンコード

URLに使用可能な文字はASCII文字の英数字と「-」「.」「_」の非予約文字、URLの構文要素の区切り文字など特殊な意味を持つ予約文字 (!"#$%&'()*+,/;<=>?@[]^`{|}~)である。これ以外のURLに使用できない文字を使用する場合は、「%数値」という形式にエンコードして記述する。これをパーセントエンコードまたはURLエンコードという。予約文字を文字として使用する場合もパーセントエンコードで記述する。

URLパラメーター

Webサーバーに情報 (パラメーター) を送信するために、URLの末尾で「?」記号に続いて記述される文字列のこと。クエリ文字列やクエリ構成要素ともいう。検索キーワードを送信する場合や、セッションIDなどの情報を保持したままWebページを移動する場合などに利用される。

➡★★233ページ

文字コード

文字コードが異なると文字とコード値の対応関係が変わり、文字を正常に表示できなくなることがある。Webページに意味のわからない記号が表示される文字化けが起きるときは、文字コードの設定が間違っていることが考えられる。メールクライアントでも、受信メールの文字コードの自動判別がうまく行われず、文字化けを起こすこともある。

2 Webブラウザーの使いこなし

★

公式テキス256〜270ページ対応

Webブラウザーには、利便性、安全性を高めるためにさまざまな仕組みが用意されています。

重要

例題 1 PC上のWebブラウザーでプライベートブラウジングを行った後に、消去される情報を2つ選びなさい。

a　サーバー側で記録されたアクセスログ

b　クライアント側で記録されたWebページの閲覧履歴

c　クライアント側のCookie

d　Web上の掲示板への書き込み

e　ユーザーが手動でPCのストレージにダウンロードしたファイル

例題の解説　　　　　　　　　　　　　　　　　　　　　　　解答は **129ページ**

例題　1

　閲覧したWebページの閲覧履歴やダウンロード履歴、CookieなどをPC内（クライアント側）に残さない閲覧方法をプライベートブラウジングといいます。また、このような動作を行うWebブラウザーの動作モードをプライバシーモード、またはシークレットモードといいます。ただしこの場合でも、サーバー側にアクセス情報は残ります。

a　サーバー側に記録されたアクセスログは消去されずに、サーバー側に残ります。

b　クライアント側で記録されたWebページの閲覧履歴は、プライベートモードのWebブラウザーを終了すると消去されます（正解）。

c　クライアント側で閲覧中はCookieを取得していますが、プライベートモードのWebブラウザーを終了するとCookieは消去されます（正解）。

d　Web上の掲示板への書き込みは、掲示板のあるサーバーに残ります。

e　ユーザーが手動でPCのストレージにダウンロードしたファイルは、PCのストレージに残ります。

Webブラウザーの設定

　Webブラウザーにはさまざまな機能が用意されています。Webブラウザーで設定できる項目や使いこなしに役立つ機能を次表に示します。

■Webブラウザーの設定項目と便利な機能

ホームページ	Webブラウザーを起動したときに、最初に表示させるWebページを設定できる。複数の設定や、空白タブページ、前回閲覧ページの表示も設定できる。
既定の Webブラウザー	Webページ (HTMLファイル) を開く際に自動起動する既定のWebブラウザーは、OSごとに設定されているが、変更することもできる。
検索サービスの指定	アドレスバーなどからキーワードでWeb検索を行うと、Webブラウザーごとに、既定に設定されている検索サービスを利用する。既定の検索エンジンの変更や、他の検索サービスの追加・削除もできる。
閲覧履歴データ	ユーザーがアクセスしたWebページについてのさまざまな情報はWebブラウザーに保持される。保持されるデータは、キャッシュデータ (閲覧したWebページを構成する画像やファイルなどのデータを一時保存したもの)、閲覧したWebページの履歴、ダウンロードの履歴、Cookie、プラグインのコンテンツ、パスワード、フォームに入力したデータ、アクセスしたWebアプリケーションが使用するローカルストレージなどである。これらの閲覧履歴データは、期間や種類を指定して消去することが可能である。
プライバシーの保護	Webブラウザーが扱う情報にはユーザーのプライバシーに関する情報 (Cookieや閲覧情報など) も含まれる。プライバシー保護に関連する多数の設定項目があるので、ユーザーは利便性とプライバシー保護のバランスを考えて設定を行う必要がある。
動作環境の同期	Webブラウザー(たとえばGoogle Chrome)でWebブラウザーベンダー(たとえばGoogle) のアカウントにログインし、同期の機能を使うと、ブックマーク、閲覧履歴、拡張機能などを、複数の端末で利用するWebブラウザーで同期させることができる。Cookieについては、受け入れの可否や保存期限、削除などについて設定や処理を行える。
ブックマークの利用と管理	よくアクセスするWebページのURLはユーザーがブックマークとして登録することができる。ブックマークの削除や追加などもユーザーが行うことができる。
プライバシーモード	**プライバシーモード** (またはシークレットモード) という閲覧モードにすると、Webページの閲覧履歴やCookieなどをPC内に残さないようにできる。1台のPCを複数で利用する際の情報流出を防ぐために有効である。プライバシーモードで閲覧したウィンドウを閉じると、閲覧履歴や取得したCookieがすべて削除される。プライバシーモードでブラウジングする動作を **プライベートブラウジング**という。なお、プライバシーモードでも、通常モードで使用するブックマークや検索時の予測候補の表示、保存パスワードの利用などは行うことができる。

(138ページへ続く)

Webブラウザーの表示におけるトラブルは、表示されるエラーメッセージやトラブルの状態で原因を特定することができます。

例題 1 HTTPのステータスコード「403」が示す内容として、適当なものを1つ選びなさい。

a 指定したURLのWebページが存在しなかった。

b 指定したURLのWebページへのアクセスが拒否された。

c クライアントがサーバーの名前解決に失敗した。

d Webサーバーとの通信がタイムアウトした。

例題の解説 解答は **131** ページ

Webページにアクセスを試みても閲覧できない場合は、その原因に応じてWebブラウザー上にエラーメッセージが表示されます。ステータスコードは、Webサーバーがリクエストを送ってきたWebブラウザーに返送する3桁の数字で、受け取ったリクエストの処理結果を表します。

a 指定したURLのWebページが存在しない場合に返送されるステータスコードは「404」です。

b 指定したURLのWebページへのアクセスが拒否された場合に返送されるステータスコードは「403」です。選択肢は、ステータスコード「403」が示す内容として適当です（正解）。

c クライアントがサーバーの名前解決に失敗した場合は、DNSで名前解決ができなかった旨を示すエラーメッセージが表示されます。

d Webサーバーとの通信がタイムアウトした場合に返送されるステータスコードは「408」です。

目的のWebページが表示されない

目的のWebページが表示されない場合には、エラーの内容に基づくエラーメッセージが表示されることがあります。

■目的のWebページが表示されないトラブル

Webサーバーに存在しないコンテンツを表示しようとした	ステータスコード「404」により「404 Not Found」などのエラーメッセージが表示される。原因には、①URLの指定を間違えた、②目的のページが存在しないことが考えられる。①にはディレクトリ名やファイル名における大文字と小文字の違い、②にはWebサーバー側でコンテンツを削除した、格納場所を変更したなどがある。
指定したコンテンツへのアクセスが禁止されている場合	ステータスコード「403」により「Webサイトによってこのページの表示を拒否されました」「Forbidden」などのエラーメッセージが表示される。原因には、Webサーバー上に指定したコンテンツはあるが、ユーザーのホストがWebサーバーへのアクセスを禁止されている、Webサーバー側の設定ミスや設定作業中などが考えられる。
Webサーバーと接続できなかった	Webページにアクセスできないといったエラーメッセージが表示される。原因には、Webサーバーの一時的なダウン、Webブラウザー側のプロキシ設定の間違い、経路途中の通信切断、などが考えられる。
DNSでWebサーバーの名前解決ができなかった	Webサーバーのアドレスが見つからなかったといったエラーメッセージが表示される。原因には、DNSサーバーの一時的なダウン、DNS設定の間違いなどが考えられる。IPアドレスによるURL指定で正しいコンテンツを表示できる場合には、ほぼ名前解決に問題があると推定できる。
インターネットに接続していない	クライアントがネットワークに接続されていない場合はインターネットに接続していないといったエラーメッセージが表示される。端末のWi-Fi設定などを確認する。

ステータスコード
WebサーバーがWebブラウザーから受け取ったリクエストの処理結果としてクライアントに返す3桁の数字。
➡★★232ページ

プロキシ
WebクライアントとWebサーバーの通信を中継するプロキシサーバーを利用すること。77ページを参照。

DNSサーバー
ドメイン名からIPアドレスを得るなど、名前解決のために利用されるサーバー。

World Wide Web（WWW）3 Webブラウザー閲覧時のトラブル

更新されたWebページが表示されない

更新されているはずのWebページにアクセスしたのに、更新前の古いページが表示される場合があります。

■更新されたWebページが表示されないトラブル

| 更新前の古いページが表示された | ▶ | Webブラウザーのキャッシュデータが表示されたことが考えられる。プロキシサーバーを利用している場合は、プロキシサーバーにキャッシュされたファイルが原因のこともある。リロードすると解決することがある。 |

キャッシュデータ
閲覧したWebページを構成する画像やファイルなどのデータを一時保存したもの。

リロード
Webページを再読み込みすること。キャッシュされたデータの種類やプロキシサーバーの設定によっては、データが更新されないことがある。Google Chromeにおいては、通常の再読み込み（WindowsではF5キーに割り当て）のほかに、「ハード再読み込み」（同Shift＋F5キー）ではキャッシュされた画像などのデータの再読み込みも行うことができる。デベロッパーツールでは、さらに強力な「キャッシュの消去とハード再読み込み」を実行できる。

リクエストに対する応答が遅い

Webブラウザーからwebサーバーへリクエストを送信してから、なかなか応答しないことがあります。原因にはいろいろあり、リロードや時間をおいた再度の読み込みで解決する場合や、接続するネットワークやISPを変更して解決する場合もあります。

■リクエストに対する応答が遅いトラブル

| DNSプリフェッチでページの表示が遅くなった | ▶ | DNSプリフェッチは事前にWebページ内のリンク先の名前解決を行う。事前に名前解決しようとしたDNSサーバーの応答が遅いことが原因で、アクセス先のページの表示が遅くなる、ページの読み込みがエラーとなる場合がある。 |
| アクセスしようとするWebサーバーがIPv6に対応していない | | デュアルスタック環境でIPv6通信が優先される場合、WebサーバーがIPv6に対応していなければ、IPv4に切り替えて通信を試みる（IPv6-IPv4フォールバック）。フォールバックがうまく行かないと、Webページの表示が遅くなる、リクエストの応答がないといったことがある。 |

DNSプリフェッチ
61ページを参照。

IPv6-IPv4フォールバック
120ページを参照。

Webページのコンテンツが正常に動作しない

動作検証を特定のWebブラウザーだけで行った結果、他のWebブラウザーでは正しく表示されない、動作しないという現象が発生することがあります。特定のWebブラウザー以外からのアクセスを制限していることで同様の現象が起こることもあります。

電子メール
4 メールサービス

　電子メール（メール）は、インターネットを利用して文章やファイルを送受信するシステムです。メールを送受信するには、Webブラウザーやメールクライアントを利用します。

重要

例題 1　一般的なWebメールに関する説明として、<u>適当なもの</u>を1つ選びなさい。

a　WebブラウザーとWebサーバーの間でメールが送受信される。

b　Webブラウザーでは、メールヘッダーの確認ができない。

c　送受信するためには、WebブラウザーにPOPサーバーとSMTPサーバーのIPアドレスを設定する必要がある。

d　送受信されるメール形式が、HTMLメールである。

例題の解説　　　　　　　　　　　　　　　　　　　　　　　　解答は **133** ページ

例題 1

　メールの送受信には、Webブラウザーやメールクライアントを用いる方法が一般に利用されています。Webメールは、メールの送受信をWebブラウザーで行う仕組みで、サーバー上にあるメールをWebブラウザーで閲覧します。

a　メールクライアントを用いる場合はメールクライアントとメールサーバーの間でメールが送受信され、Webメールを用いる場合はWebブラウザーとWebサーバーの間でメールが送受信されます。選択肢は、一般的なWebメールに関する説明として適当です（正解）。

b　メールヘッダーはすべてのメールに含まれ、メールのタイトル、差出人、宛先などメールに関する情報が記録されています。Webメールでもメールヘッダーの情報を確認することができます。代表的なWebメールサービスのGmailの場合、「メッセージのソースを表示」というメニューを使って確認できます。

c　Webメールは、Webブラウザー上でメールアカウントとパスワードを使用してログインすることで利用が可能です。POPサーバー、SMTPサーバーのIPアドレスをWebブラウザーに設定する必要はありません。メールクライアントを用いる場合は、メールクライアントにPOPサーバー（またはIMAPサーバー）、SMTPサーバーの情報を設定します。

d　メールの形式には、文字だけのテキストメールとHTMLを使って記述したHTMLメールの2つがあります。Webメールでも、テキストメールとHTMLメールの両方を送受信できます。

▶ **128ページの解答**　例題1　**b**

Webメールとメールクライアント

メールを送受信するには、Webブラウザーやメールクライアントを用いるのが一般的です。

Webメールは、Webブラウザーを使ってメールの送受信を行う仕組みです。Webブラウザー上でID（メールアドレスなど）とパスワードを入力して、サービスを提供するWebサイトにログインし、ユーザー専用の画面でメールを操作します。

メールクライアント（MUA）を利用する場合は、メールアカウントに関する情報（メールアドレス、メールパスワード、メールサーバーのホスト名、ポート番号など）をメールクライアントに設定します。多くのメールクライアントでは、受信の方式にPOPまたはIMAPを設定できます。メールクライアントの多くが、メールアドレスとパスワードの入力だけでこれらの設定を自動で行う機能を持ちます。

Webメールとメールクライアントの一般的な利用形態を次図に示します。

■Webメールとメールクライアントの一般的な利用形態

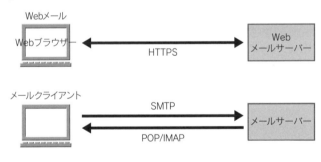

メールサービスの機能

Webメールサービスやメールクライアントには、使いやすさや安全性を高めるためのさまざまな機能が備わっています。

Webメール
代表的なWebメールサービスにはGmail、Outlook on the webなどがある。サービスを利用する場合は、事業者の登録ページでメールアカウント（メールアドレス、パスワード）を作成して登録する。

MUA
Mail User Agent
メーラー、メールクライアントのこと。Microsoft OutlookやWindows 11付属の「メール」、macOS付属の「メール」のほか、Mozilla Thunderbirdなどのフリーウェアやシェアウェアもある。

POP
メールの受信にPOPを利用する場合は、メールをメールサーバーから自分の端末にダウンロードして閲覧する。64ページを参照。

IMAP
メールの受信にIMAPを利用する場合は、メールサーバー上のメールを直接参照できる。フォルダーに整理するなどメールサーバー上での管理が可能なので、あるメールクライアントで整理した状態を別のメールクライアントでも同じように閲覧することができる。64ページを参照。

■メールサービスの機能

署名	メールの差出人の情報などを署名として、送信メール本文に挿入できる機能。フッター、シグネチャともいう。
アドレス帳／連絡先	メールアドレスを登録・管理できる機能（住所や電話番号などその他の情報を登録できるものもある）。「連絡先」という名称で提供されることもある。アドレス帳の利用により宛先の入力を省力化でき、入力ミスによる誤送信も回避できる。
添付ファイル	メールに添付して送受信されるファイルのこと。画像ファイルなどのバイナリ形式のデータはエンコード／デコードを行って送受信する。エンコード／デコードのための規格には事実上の標準となっている**Base64形式**が利用されている。バイナリ形式のデータをBase64形式でエンコードすると通常データサイズが増えるので、添付するファイルが原因でデータサイズが大きくなり、メールを送受信できない、時間がかかる、メール保存用のディスクスペースが足りなくなるといった問題が生じる。添付ファイルのサイズは、数MB以下に収めることを目安とする。
メール返信先の指定	受信メールに返信すると、通常は宛先に差出人のメールアドレスが自動的に入力されるが、［返信アドレス］（Reply-To:）に別のメールアドレスを指定すると、返信の際の宛先を差出人のメールアドレス以外に指定することができる。
メールヘッダー	メールに関する情報は**メールヘッダー**に記述される。メールのタイトル、宛先（To:、Cc:、Bcc:）のほか、差出人情報（From:）、メールの経路（Received:）、エラーメールの返送先（Return-Path:）、本来の宛先からメールが転送された場合の転送先アドレス（Delivered-To:）、識別用の固有番号（Message-ID:）、送信日時（Date:）、送信に利用されたメールクライアントの情報（X-Mailer:）、メールの形式（Content-Type:）などの情報が含まれる。メールヘッダーの情報は詐称や改ざんの可能性があるので必ずしも信頼できるとは限らない。
メールの検索	メールのタイトルやメールアドレスなどの条件を設定して一致するものを探し出すことができる。
HTMLメールの画像表示	HTMLメールの中には、外部のWebサーバーにある画像をダウンロードさせて表示させるものがある。ユーザーが画像をダウンロードすると動作するWebビーコンという仕組みを使い、Webサーバーの管理者が受信者のメールアドレスを収集することがあるので、HTMLメールの画像は自動表示させないように設定する。
メールアドレスのエイリアス（別名）	1つのアカウントに複数のメールアドレスの割り当てが可能なメールサービスがある。この機能により作られた別のメールアドレスをエイリアスという。たとえば、foo@example.comのエイリアスにbar@example.comを登録すると、bar@example.com宛のメールはfoo@example.com宛と同じスプールに届く。メールの整理（振り分け）、メインのメールアドレスの秘匿、メールアドレスの漏洩時の漏洩元の絞り込みなどにエイリアスを利用することができる。

アドレス帳

GmailやOutlook 、Apple社のiCloudメールなどはアドレス帳を「連絡先」という名称で提供し、データをクラウド上に保存する。そのため、同一アカウントを利用すると複数の端末で共有できる。

添付ファイル

大容量ファイルのやりとりには、添付ファイルではなくオンラインストレージサービスなど別の手段の利用も選択肢として考えられる。Gmailの場合、25MBを超えるファイルを添付すると、自動的にGoogleドライブが使用され、メール本文にはリンクが記載される。受信側がメールに記載されたリンクをクリックすると、ファイルをダウンロードできる。

HTMLメール

メールの形式にはテキストメールとHTMLメールがある。テキストメールは、文字だけで記述したメールで、画像などは表示できない。HTMLメールは、Webページで使用されるHTMLを使って記述したメールで、画像の表示、文字のサイズや色の変更が可能。なお、HTMLメールを表示可能に設定しておくと、不正プログラムが自動的に実行されてウイルスに感染する可能性もある。この場合、テキスト形式で表示すると内容を安全に確認できる。送信する場合は、基本的にテキスト形式でメールを作成するほうがトラブルを避けられる。

Webビーコン

画像に特殊なキーワードを埋め込み、ユーザーが画像をダウンロードしたときに動作するようにする仕組み。

　入力ミスやメールクライアントの設定の誤りなどが原因でメールの送受信において トラブルが発生することがあります。メールの送受信におけるトラブル事例について理解しておきましょう。

例題 1　OP25Bにより、ユーザー側で起こり得るトラブルとして、<u>最も可能性の高いもの</u>を1つ選びなさい。

a　メールの送信も受信もできない。
b　メールの受信はできるが送信ができない。
c　メールの送信はできるが受信ができない。
d　迷惑メールの受信が増える。

例題の解説　　　　　　　　　　　　　　　　　　　　　解答は **137** ページ

例題 1

　OP25B (Outbound Port 25 Blocking) は、迷惑メール（Spamメールともいう）を防ぐ方法の1つです。通常、マルウェアに感染したコンピューターから迷惑メールが送信される場合、該当コンピューターが利用するISPネットワークの外部のメールサーバーを利用します。宛先ポートは認証機能がないSMTPのTCP25番です。そこでISPは、ISP内のメールサーバーを利用せず外部のメールサーバーのTCP25番ポートを宛先とするメールをブロックして迷惑メールを送信させないように規制しています。これがOP25Bです。多くのメールサーバーでは、TCP25番をブロックする代わりに認証機能のあるTCP465番ポート(SMTPS)やTCP587番ポート(Message Submission) を用意して、迷惑メールではないメールが外部のメールサーバーを利用できるようにしています。

a　OP25Bはメールの送信を制限する仕組みです。送信・受信の両方ができないというトラブルは発生しません。
b　OP25Bにより、ユーザー側ではメールの受信はできても送信ができなくなる可能性が高くなります（正解）。
c　OP25Bはメールの受信は制限しません。受信ができないというトラブルは発生しません。
d　OP25Bは迷惑メールを減らすための対策です。OP25Bにより迷惑メールの受信が増えるということはありません。

メールの送受信に関するトラブル

メールの送受信におけるトラブル事例について示します。

■メールの送受信におけるトラブル事例

受信トラブル事例	
Webメールは閲覧できるのにメールクライアントではメールを受信できない	メールクライアントの受信設定が誤っている（メールアカウントやサーバー名の入力ミス、ポート番号の誤りなど）。
携帯電話で必要なメールが受け取れない	着信許可を設定したアカウントのメールだけを受信する設定で、必要なメールを受け取れるようにする設定をし忘れている。
迷惑メールとして処理される	メールサーバーやメールクライアントで迷惑メールとして処理されて閲覧に支障が生じる。

送信トラブル事例	
メールクライアントで、受信ができるのに送信ができない	ISPがOP25Bを導入している。OP25Bは、ISPのメールサーバーを利用せずISPの外に向けて送信される、ポート番号25のIPパケットをブロックする仕組み。メールクライアントの送信メールのポート番号を、25番から587番（Message Submission）または465番（SMTPS）に変更することで送信可能になる場合がある。
	ISPがSMTP Authを導入している。SMTP Authは、メールを送信する際に認証を行う仕組み。メールクライアントに、メール送信時に使用する認証情報を設定することで送信可能になる。

OP25B
Outbound Port 25 Blocking
173ページを参照。

メールを中継するメールサーバーは、メールの送信ができない場合にエラー内容を記したファイルを添付したエラーメールを送信者に返送します。エラーメール内のメッセージからトラブルの原因を確認することもできます。

■メールサーバーからのエラーメッセージ例

user unknown	宛先のメールアドレスのアカウント（@マークの左側）の誤り。
host unknown	宛先のメールアドレスのドメイン名（@マークの右側）の誤り。
mail box full	相手のメールボックスが満杯で送信できない。
Name server timeout	DNSサーバーへの接続失敗などが理由で送信できない。
Message is too large	メールのサイズが受信側のメールサーバーの設定するサイズを超えているので受信されない。

6 クラウドとは

公式テキスト287〜290ページ対応

クラウドコンピューティング、略してクラウドにより、アプリケーションの機能やコンピューターの処理環境、データの保存領域などの多くがクラウドのサービス事業者から提供されるようになりました。

重要

例題 1 クラウドコンピューティングに関する説明として、**不適当なものを1つ選びなさい**。

a DaaS（Desktop as a Service）の利用では、終了後にクライアントマシン上に情報が残らない。

b IaaS（Infrastructure as a Service）あるいはHaaS（Hardware as a Service）は、サーバー仮想化により、サーバーやストレージなどのハードウェア機能をインターネット経由で提供するサービスである。

c PaaS（Platform as a Service）は、アプリケーション開発／稼働環境をインターネット上で提供するサービスである。

d SaaS（Software as a Service）は、インターネット上でソフトウェアをダウンロード販売するサービスである。

例題の解説　　　　　　　　　　　　　　　　　　　　　　　　　**解答は 139 ページ**

例題 1

以前はユーザー自身がコンピューターのハードウェアやソフトウェアを調達し、開発、導入、運用、管理などを行っていたものを、サービス事業者に任せて、ユーザーはインターネット接続でこれらをサービスとして利用する形態をクラウドコンピューティング（略してクラウド）といいます。クラウドは、SaaS、PaaS、IaaSといったサービスモデルで提供されています。

a DaaSは、コンピューターのデスクトップ環境をクラウド上から提供するものです。ユーザーはクライアントマシン（端末）からクラウド上のデスクトップ環境にアクセスして利用します。端末ではクラウドから送られたデスクトップのイメージを画面に表示して処理の指示を行いますが、実際に処理が行われるのはクラウド上であり、端末に情報は残りません。

b IaaSとHaaSは同一の意味で使用され、サーバーやストレージなどのハードウェア（インフラストラクチャ）の機能をクラウド上から提供するものです。サーバー仮想化とはクラウド上で利用される、1台の物理サーバー（ハードウェア）を複数の仮想サーバーに分割して、物理サーバーが持つハードウェアリソース（資源）を効率的に活用する仕組みです。

c PaaSは、アプリケーション開発／稼働環境（プラットフォーム）となるハードウェアやOS、ミドルウェアなどの機能をクラウド上から提供するものです。

d SaaSは、アプリケーションの機能をクラウド上から提供するものです。ソフトウェアは

ネットワークを介して利用します。ソフトウェアをダウンロードで購入してコンピューターにインストールすることはしません（正解）。

要点解説 **6** クラウドとは

クラウド

　クラウドコンピューティング（略して**クラウド**）では、利用者がインターネット接続回線と端末を用意し、サービス事業者に対して必要な申込を行うと、インターネット経由のサービスとして、コンピューターの処理環境やデータの保存領域をすぐに使用することができます。クラウドで提供されるサービスを**クラウドコンピューティングサービス**や**クラウドサービス**、サービスを提供する事業者をクラウド事業者やクラウドサービスプロバイダーなどといいます。多くの場合、クラウドサービスでは、利用したリソースの使用量に応じて利用料金を支払います。

　NISTの定義によると、クラウドのサービスモデルは、ユーザーとクラウド事業者の管理領域により、次の3つに分類されます。

■クラウドのサービスモデル

	SaaS	PaaS	IaaS
アプリケーション	クラウド事業者が提供・管理	ユーザーが管理	ユーザーが管理
ランタイム／ミドルウェア		クラウド事業者が提供・管理	
OS			
ハードウェア／ネットワーク			クラウド事業者が提供・管理
	アプリケーションの機能を提供するサービス。利用者は、利用するアプリケーションの設定だけを行う。それ以外のネットワーク、サーバー、OS、ストレージ、各アプリケーション機能といった基盤にあるインフラストラクチャはクラウド事業者が管理・制御する。	アプリケーション開発のための土台となるプラットフォームの機能を提供するサービス。ユーザーは、アプリケーションをクラウドのインフラストラクチャ上に導入し利用できる。ネットワーク、サーバー、OS、ストレージ、データベースといった基盤にあるインフラストラクチャはクラウド事業者が管理・制御する。	インフラストラクチャの機能を提供するサービス。ユーザーは、サーバー上のOS、ストレージ、導入したアプリケーションの管理・制御を行う。基盤にあるインフラストラクチャはクラウド事業者が管理・制御する。

クラウド
コンピューターのシステムの概念図でネットワークが雲（cloud）で表されることに由来する。
➡★★244ページ

NIST
National Institute of Standards and Technology
米国国立標準技術研究所
米国商務省配下の技術部門である米国国立の計量標準機関。クラウドに関してはさまざまな定義が行われており、その中でもNISTによる定義が広く引用されている。

SaaS
Software as a Service
サースまたはサーズと読む。

PaaS
Platform as a Service
パースと読む。

IaaS
Infrastructure as a Service
アイアースまたはイアースと読む。

Webブラウザーの設定

その他のWebブラウザーの設定項目を以下に示します。

■Webブラウザーの設定項目と便利な機能

（127ページの続き）

JavaScriptの利用制限	JavaScriptは主にWebブラウザーで実行されるプログラムである。JavaScriptの実行により、クライアントの情報をWebサイトに送られる危険性や、Webページの表示の遅延などの問題が生じることがある。これらの危険や問題を回避するために、WebブラウザーにはJavaScriptの実行を制限する設定項目がある。
拡張機能	プラグインを追加してWebブラウザーの機能を拡張することができる。拡張機能やアドオンという言葉が使われている。拡張機能の利用により、Webページの表示のカスタマイズ、右クリックメニューの拡張、ツールバーへの機能ボタンおよび通知の表示などさまざまな機能をWebブラウザーに追加できる。メールの受信やイベントの通知、英文のチェック、アンチウイルスソフトなどが拡張機能として提供されている。提供されている拡張機能の中にはマルウェアも存在するので注意が必要。
ポップアップブロック	Webページによる広告や警告などのための新たなウィンドウの表示や、それによる情報表示をポップアップという。ユーザーが望まない広告の表示や、ポップアップを無数に繰り返すブラウザークラッシャー攻撃を回避するために、ポップアップの抑止を設定するポップアップブロック機能を利用できる。
自動入力	Webブラウザーには、フォームの入力内容やID・パスワードを保存しておき、次回接続時にそれらを自動入力する機能がある。これらの情報は便利だが個人情報が流出する危険性もある。Webブラウザーでは自動入力を制限する機能を備えている。
予測サービスの利用	Webブラウザーではアドレスバーに入力した検索キーワードに基づいて、関連したWebサイトの候補などをプルダウンで表示する機能がある。
トラッキングの拒否	ユーザーの閲覧情報などを追跡、収集することをトラッキングという。トラッキングを拒否するリクエストを送ることを設定できる機能がWebブラウザーにはある。実際にはリクエストを受け取ったWebサーバーに依存するため、意図したとおりにならないことも多い。
Webページの表示スタイル	Webページのフォントサイズや表示倍率（ページのズーム）を指定して変更することができる。なお、Webで使用されるフォントのデータをWebサーバー側が持ち、Webブラウザーがこれを参照して表示する、Webフォントという仕組みが利用されることもある。
プロキシサーバーの利用	プロキシサーバーを利用するための設定を行うことができる。
言語の設定	Webページ表示の際に使用する言語、Webブラウザーのメニューやダイアログボックスの表示、入力で利用する言語を指定できる。
ファイルのダウンロード	Webブラウザーには、Webサーバーで公開するファイルのダウンロードを管理する機能がある。ダウンロードするファイルの保存先を設定したり、ダウンロード履歴を確認したりできる。

SSL/TLSを利用したアクセス	Webブラウザーは、SSL/TLSを使った通信に対応している。SSL/TLS通信の際は、Webサーバーから送信される**サーバー証明書**をWebブラウザーが検証する。SSL/TLSによる暗号化通信が正常に始まると、Webブラウザーのアドレスバーに鍵マークのアイコンが表示される。サーバー証明書は、表示させてその内容を確認することができる（151ページ参照）。
アドレスバーの利用	Webブラウザーのアドレスバーには、WebブラウザーでWebページを表示するためのURLを入力する。アドレスバーに検索キーワードを入力して、検索ボックスとして利用することもできる。このとき、入力中にキーワードの候補が表示されることがある（**キーワードサジェスト**機能という）。候補キーワードの予測には、検索エンジンが蓄積している検索語情報、ユーザーの入力履歴や過去の検索履歴などのデータが使われる。
Webページ内検索	表示しているWebページ内をキーワードで検索することができる。
タブ	複数のWebページを1つのウィンドウ内に重ねて表示するタブ機能により、いくつものウィンドウを開かずに、タブの切り替えだけで表示を切り替えることができる。複数のタブをグループ化する機能もあり、タブの表示数を減らすこともできる。
フィード	**フィード**は、ニュースやブログなどの更新状況をユーザーに知らせる仕組み。フィードにはRSSやAtomなどの種類があり、どちらもXMLが利用されている。更新情報は、Webブラウザーや、RSSリーダーなどの専用アプリケーションを利用して閲覧する。 ■**RSSフィードの場合の利用の流れ** ①フィードのURLをRSSリーダーに登録　②RSSリーダーが定期的にフィードを入手 ユーザー　→　RSSリーダー　→　ニュースサイトやブログ ③更新情報を閲覧
ゲストモード	Google Chromeの機能で、PCを一時的に利用するゲストユーザー用のモード。プライバシーモードでは利用できるブックマークなどChromeのプロファイルに紐付けられた情報は利用できない。ゲストモードを終了すると閲覧履歴やCookieは削除される。
ブックマークレット	表示中のWebページの自動翻訳やソーシャルブックマークの登録などを行うJavaScriptプログラムをブックマークとして登録できる。ブックマークの登録の際、URLの代わりに「javascript:」に続けてWebページで動かしたいJavaScriptプログラムを記載する。ブックマーク一覧から利用したいブックマークレットを選択すると、JavaScriptで実装された機能を利用できる。
開発者ツール	Webブラウザーには開発者がWebページの作成や不具合の修正に役立つように、情報を収集するツール（開発者ツール）が用意されている。開発者向けではあるが、WebページのHTML要素やCSSなどの各種リソースの構造、JavaScriptの処理、HTTP通信のシーケンスなどを確認できる。Google Chromeでは、「デベロッパーツール」と呼ばれる開発者ツールを提供している。

人工知能

　1950年代に始まった**人工知能**（**AI**：Artificial Intelligence）の研究は、ブームと冬の時代を繰り返し、現在、第三次人工知能ブームにあるといわれています。国際標準のような統一的な定義はありませんが、人工知能は、人間に代わって知的な処理を行うコンピュータープログラムや、それを作るための科学技術を指す言葉として使われています。

　第二次人工知能ブームのエキスパートシステムのように従来のシステムでは、処理のルールを専門家が定義する必要がありました。第三次人工知能ブームは、機械学習（ビッグデータのような大量のデータから人工知能がルールを自動で獲得・発見する）の技術が基礎となっています。ブームの背景として、次のような要素があげられます。

・ビッグデータの普及
・深層学習（ディープラーニング）の実現
・多様な人工知能応用技術の登場
・GPU（Graphics Processing Unit）をはじめとした計算機能力の向上

AI（人工知能）の活用事例

　AIは、業界業種を問わずさまざまなシステムやサービスに搭載され、商用利用が急速に進んでいます。背景には、AWS（Amazon Web Services）のようなクラウド事業者が開発基盤となるAIプラットフォームを幅広く提供していることがあげられます。AIプラットフォームは、機械学習のモデルが組み込まれた基盤やサービスであり、ユーザーは既存のデータを利用してデータの解析や予測を行うことができます。

　このほかのAIの活用事例について示します。

■AIの活用事例

コールセンターにおけるエージェント支援	音声自動応答装置（IVR：Interactive Voice Response）とAIの組み合わせなど
スマートフォンアプリで提供されるパーソナル・アシスタント	iPhone搭載のSiriや、Google社提供のGoogleアシスタントなど
スマートスピーカー	Google HomeのGoogleアシスタントやAmazon EchoのAlexaなど
自動車における自動運転	自動車における自動運転はレベル1からレベル5がある。2021年3月には本田技研工業がレベル3の自動運転車を発売
無人店舗	中国のBingo Boxや便利蜂、米国のAmazon Goなど
囲碁、将棋	「AlphaGo」や「ponanza」など
自動翻訳サービス	Google翻訳、Microsoft翻訳、DeepL翻訳、COTOHA Translator
軍事利用	自律型致死兵器システム（LAWS：Lethal Autonomous Weapons Systems）、サイバー戦争

第4章

セキュリティ

重要な資産である情報を、盗難や改ざんから守ることを情報セキュリティといいます。

 1 情報セキュリティの要素に関する説明として<u>適当なものをすべて選び</u>なさい。ただし、GMITSで追加された要素も含むものとする。

a 可用性を維持する対策技術として負荷分散や冗長構成がある。

b 完全性を維持する対策技術として電子署名がある。

c 真正性を維持する対策技術としてアクセス認証がある。

d 否認防止の対策技術として電子署名がある。

e 責任追跡性の維持の対策技術としてアクセスログの記録がある。

例題の解説　　　　　　　　　　　　　　　　　　解答は **145** ページ

例題　1

　機密性、完全性、可用性は、情報セキュリティの基本的な3要素です。これらに、GMITS (Guideline for the Management of IT Security) で追加された、真正性、責任追跡性、否認防止、信頼性を加えることもあります。

a 負荷分散や冗長構成は、可用性を維持する対策技術として有効です（正解）。

b 電子署名は、完全性を維持する対策技術として有効です（正解）。

c アクセス認証は、真正性を維持する対策技術として有効です（正解）。

d 電子署名は、否認防止の対策技術として有効です（正解）。

e アクセスログの記録は、責任追跡性の維持の対策として有効です（正解）。

情報セキュリティの3要素

　JIS Q 27000:2014では、情報セキュリティを確保するために、機密性（confidentiality）、完全性（integrity）、可用性（availability）の3要素を維持すること、これら3要素に加えてGMITSに示された真正性（authenticity）、責任追跡性（accountability）、否認防止（non-repudiation）、信頼性（reliability）などの特性を維持することを含めるとしています。

■情報セキュリティの確保のために維持する要素

要素	説明	対策技術例
機密性	許可されていない者による情報へのアクセスを禁止し、許可されている者だけが情報へアクセスできること。	ID・パスワードによる認証技術、各種暗号技術
完全性	情報が偽造・改ざん・消失から保護され、その整合性が保たれること。	電子署名、改ざんの検知／検出技術
可用性	必要なときに必要なデータにアクセスできること。	負荷分散、冗長構成
真正性	アクセス対象およびデータに改ざん・すり替え・消去・混同・隠滅・破壊などがなく、本当にその対象どおりであることを確実にする特性。	アクセス認証、各種暗号技術
責任追跡性	情報へのアクセスや処理に対し、それを一意に追跡できることを確実にするという特性。	アクセス・トランザクションログの記録
否認防止	ある処理や操作を行ったことを、後で否認されないように証明できるという特性。	電子署名
信頼性	意図した動作と結果とが一致しているという特性。	－

GMITS
Guideline for the Management of IT Security
ITセキュリティマネジメントのためのガイド
ISOのレポート「ISO/IEC TR 13335」のこと。

情報セキュリティの関連用語

セキュリティポリシー
セキュリティに関する取り決め、基本方針や行動規範、責任の所在などを明文化したもの。企業などの組織では、効果的でバランスのよいセキュリティ対策を実施するためにセキュリティポリシーを定めている。

EOL
End of Life
「寿命の終末」という意味で、製品の販売や生産の終了を表す。ソフトウェアにおいては、リリース後にバグや脆弱性の対策プログラムの供給を受けられる期間の終了（予定）日を意味する。

4

情報セキュリティの維持のためには、暗号技術を始めとした各種技術を利用します。

重要

例題 1 SMTP Authでユーザーを認証するために用いる場合のチャレンジ-レスポンス認証方式の説明として、<u>不適当なもの</u>を1つ選びなさい。

a クライアントでチャレンジ値を作成する。

b クライアントでチャレンジ値とパスワードを組み合わせてハッシュ値を生成し、サーバーに送信する。

c サーバー側ではあらかじめユーザーのパスワードを登録しておく。

d チャレンジ値は毎回異なる値を用いる。

例題 2 公開鍵暗号方式に関する記述として、<u>正しいもの</u>を2つ選びなさい。

a 普及しているものにTriple DESやAESがある。

b 共通鍵暗号を併用した技術にTLSがある。

c 秘密鍵が盗まれると暗号文を不正に復号される恐れがある。

d 利用できる鍵の長さは128ビットで統一されている。

例題 1

　SMTP Authにおけるチャレンジ-レスポンス認証方式は、盗聴からパスワードの漏洩を防ぐ認証方式です。次の手順で、クライアントが正しいユーザーであることを認証します。

① 　クライアントがサーバーにユーザー名を送信する。

② 　サーバーはランダムな値を生成し、チャレンジ値としてクライアントに送信する。

③ 　クライアントは、チャレンジ値とパスワードからハッシュ関数によってハッシュ値を生成し、これをレスポンス値としてサーバーに送信する。

④ 　サーバーは、送信したチャレンジ値とサーバーに登録されたユーザーのパスワードから、ハッシュ関数によってハッシュ値を生成し、クライアントから受け取ったレスポンス値と照合する。一致すればクライアントからのアクセスを許可する。

a 　チャレンジ値を生成するのはサーバーです（正解）。

b 　上記の手順③に一致します。

c 　上記の手順④で使用するため、サーバーにはユーザーのパスワードを登録しておきます。

d 　上記の手順②で生成されるチャレンジ値は毎回異なります。

例題 2

　セキュリティを確保するために、暗号技術が使われています。暗号技術には、共通鍵暗号方式と公開鍵暗号方式があります。共通鍵暗号方式は、暗号化と復号に同じ鍵を使用し、送信側と受信側で同じ鍵を持ちます。比較的簡易な処理で暗号化と復号ができますが、鍵の管理が重要です。公開鍵暗号方式は、誰にでも渡してよい公開鍵と受信者だけが所有する秘密鍵のペアを使って、暗号化と復号を行う暗号方式です。公開鍵で暗号化したデータは、秘密鍵を持つ正規の受信者だけが復号できます。

a 　Triple DES(Triple Data Encryption Standard) やAES(Advanced Encryption Standard)は、共通鍵暗号方式です。

b 　TLS(Transport Layer Security) は、公開鍵暗号方式と共通鍵暗号方式を併用して安全な通信を保証するプロトコルです（正解）。通信文の暗号化だけでなく、認証局が発行する電子証明書を使って通信相手の身元保証を行います。当初、SSL(Secure Sockets Layer) という名前で開発されましたが、標準化の際にTLSという名称になりました。

c 　共通鍵暗号方式と公開鍵暗号方式のどちらの方式でも、秘密鍵を盗まれると、暗号文が不正に復号されてしまいます（正解）。

d 　暗号技術で使われる鍵の長さは、長いほど堅牢となります。鍵の長さは暗号方式によって異なり、固定されていません。

▶**142**ページの解答　例題1　a　b　c　d　e

共通鍵暗号方式と公開鍵暗号方式

　暗号技術の適用目的は大きく分けて、機密性の確保、完全性の確保、相手の認証です。データを何らかの変換規則に従って元の内容がわからない状態に変換することを**暗号化**、暗号化されたデータから元のデータを復元することを**復号**といいます。コンピューターで利用される暗号方式には、共通鍵暗号方式と公開鍵暗号方式があります。

　共通鍵暗号方式は、送信側と受信側が同じ鍵を持ち、暗号化と復号を行います。鍵は事前に授受しておく必要があります。共通鍵暗号方式の代表的な規格には、ストリーム暗号のRC4、KCipher-2、ブロック暗号のAES、Triple DES、Camelliaがあります。

　暗号化と復号に使用する鍵の長さ（鍵長）はビット数で表します。鍵長が長ければ鍵のパターンが増えて暗号強度は高く、逆に短ければ鍵のパターンが減って暗号強度は低くなります。

■共通鍵暗号方式の仕組み

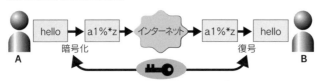

A、Bとも同じ鍵を使うので鍵の管理が課題

　共通鍵暗号方式では鍵交換の際に鍵自体を盗まれる危険性があります。**公開鍵暗号方式**は、どちらか一方の鍵を公開し（公開鍵）、他方は盗まれないように秘密（秘密鍵）にしておくことでこの問題を解決します。暗号化は公開鍵、復号は対応する秘密鍵で行います。公開鍵暗号方式の代表的な規格は、RSA、ECDSA（楕円曲線DSA）です。

■公開鍵暗号方式の仕組み

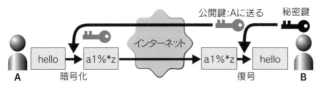

ストリーム暗号
暗号化する平文をビット単位やバイト単位で逐次暗号化していく暗号方式。代表的なものはRC4、KCipher-2。

RC4
暗号化・復号の処理が高速で、SSL/TLS、無線LANのWEPやWPAの暗号方式として採用されたが、暗号鍵を推測されるという脆弱性があり安全性が低い。

ブロック暗号
暗号化する平文を64ビットや128ビットといった一定の長さのデータの塊、すなわちブロックごとに暗号化する暗号方式。代表的なものはAESやDES。

Triple DES
DESを3回施すことで暗号強度をより高めた暗号方式。現在は、互換性維持目的以外での利用は非推奨。

公開鍵暗号方式と共通鍵暗号方式を併用する**ハイブリッド暗号**という方式もあります。SSL/TLSやPGPがこの方式を利用するプロトコルです。

暗号化方式のうち、AESは、標準暗号として米国政府で採用されている暗号方式です。SSL/TLS、無線LANのWPA2、WPA3などさまざまなセキュリティ規格で採用され、最長で256ビット長の鍵を利用できます。なお、以前はDESが米国政府標準暗号として使われていましたが、鍵長が短いことから計算機性能の向上に伴い安全性が低下し除外されました。

メッセージダイジェスト

メッセージダイジェストを利用すると、通信文の改ざんの有無を検知することができます。メッセージダイジェストは、元の通信文をハッシュ関数で処理して得られる文字列（ハッシュ値）で、通信文と一緒に送信します。到着した通信文からは同じ関数でハッシュ値を得てこれと比較し、改ざんの有無を検知します。メッセージダイジェストの生成に利用するハッシュ関数には、別々の通信文から得られるハッシュ値が一致しにくい性質であること、出力値から入力値を計算しにくい一方向関数であることが求められます。そのため、メッセージダイジェストには一方向性を持ちハッシュ値の衝突が生じにくい暗号学的ハッシュ関数（SHA-2、SHA-3など）を利用します。➡★★278ページ

チャレンジ-レスポンス認証方式

ハッシュ関数は、ユーザー認証におけるパスワード漏洩の防止にも応用できます。**チャレンジ-レスポンス認証方式**では、まず、クライアントからの要求により、サーバーがランダムな値（チャレンジ値という）を生成してクライアントに送ります。クライアントは受け取ったチャレンジ値と事前に登録しておいたパスワードをハッシュ関数に入力してハッシュ値（レスポンス値という）を得て、サーバーに送ります。サーバーは、サーバーが保存するパスワードと生成したチャレンジ値からハッシュ値を得て、受け取ったレスポンス値と比較し、一致していれば正しいクライアントであると判断します。チャレンジ-レスポンス認証方式は、SMTP Auth、CHAPなどで利用されます。

ハイブリッド暗号方式
共通鍵暗号方式に比べて複雑な処理を行う公開鍵暗号方式は、暗号化／復号の処理に時間を要する。ハイブリッド暗号方式は、はじめに公開鍵暗号方式を利用して共通鍵暗号方式の鍵を送信し、通信文の暗号化には共通鍵を用いることで時間を短縮する。

SSL/TLS
151ページを参照。

ハッシュ関数
入力されたデータから一定のルールで変換した値を出力する関数。出力された値をハッシュ値という。

ハッシュ値の衝突
関数によっては異なる入力データに対して同じハッシュ値が得られてしまう。これをハッシュ値の衝突という。

SHA-2、SHA-3
SHA-2、SHA-3のハッシュ値の長さはそれぞれ224、256、384、512ビットであり、長いほど安全である。以前はMD5とSHA-1が使われていたが、安全性が低くなり、使用が非推奨となった。

SMTP Auth
173ページを参照。

CHAP
Challenge-Handshake Authentication Protocol
PPPなどで利用される認証方式。PPPは2点間を接続してデータ通信を行うためのプロトコル。

3 電子署名と安全な通信

公式テキスト329〜339ページ対応

★

インターネット上で安全な通信を実現するために、なりすましの可能性を排除する電子署名や、通信路を暗号化するSSL/TLS、SSHなどの仕組みが利用されます。

例題 1 SSL/TLSの通信に関する説明として、<u>不適当なものを1つ選びなさい</u>。

a クライアントがSSL/TLSのアクセス要求をする際、自身が利用可能なSSL/TLSのバージョンをサーバーに通知する。

b サーバーは、電子証明書をクライアントへ送信する。

c クライアントは、生成した共通鍵をクライアントの秘密鍵で暗号化し、サーバーに送信する。

d SSL/TLSは、HTTP、POP、SMTP、FTPのいずれのプロトコルとも組み合わせて利用できる。

例題 2 電子署名の要件として、<u>誤っているものをすべて選びなさい</u>。

a 署名の偽造が困難であること

b 通信経路における盗聴を検知できること

c 文書の改ざんを検知できること

d 正しい署名かどうかを検証できること

例題 3 SSHを使った通信に関する説明として、<u>正しいものを2つ選びなさい</u>。

a SFTPで利用される。

b ウェルノウンポートは、TCPの443番である。

c 公開鍵暗号方式は利用しない。

d 認証のためのパスワードをクライアントから暗号化して送ることができる。

例題　1

　SSL/TLSは、公開鍵暗号方式と共通鍵暗号方式を併用して、安全な通信を保証するプロトコルです。次の手順で暗号化通信を確立します。

① クライアントはSSL/TLS接続をサーバーに要求（利用可能なSSL/TLSのバージョン・暗号化方式などを通知）
② サーバーは利用するプロトコルと暗号化方式を選択し、その情報とともにサーバーの公開鍵が入った電子証明書をクライアントに送信
③ クライアントは電子証明書が信頼できるものかどうかを確認
④ クライアントは共通鍵を生成
⑤ クライアントは共通鍵をサーバーの公開鍵で暗号化
⑥ クライアントは暗号化された共通鍵をサーバーに送信
⑦ サーバーは秘密鍵で復号（共通鍵を得る）
⑧ 共通鍵によって暗号化通信が確立

a 上記①の手順で行われます。
b 上記②の手順で行われます。
c 上記④⑤⑥の手順で行われますが、クライアントが生成した共通鍵は、クライアントの秘密鍵ではなく、サーバーの公開鍵で暗号化してサーバーに送信します。選択肢は、SSL/TLSの通信に関する説明として不適当です（正解）。
d SSL/TLSと組み合わせた、HTTPS、POPS、SMTPS、FTPSなどのプロトコルが利用されています。

例題　2

a 署名の偽造が困難であることは電子署名の要件です。
b 通信経路における盗聴の検知は、電子署名ではできません（正解）。
c 電子署名を付加することにより、文書の改ざんの有無を検知することができます。文書の改ざんを検知することは電子署名の要件です。
d 正しい署名かどうかを検証できることは電子署名の要件です。

例題　3

　SSHは、安全なリモートログインやファイル転送を可能にするプロトコルで、認証機能や通信路の暗号化機能を提供します。

a SSHプロトコルを利用したファイル転送プロトコルには、SCPやSFTPがあります（正解）。
b SSHのウェルノウンポートはTCPの22番であり、443番ではありません。443番はHTTPSのポート番号です。
c SSHは、公開鍵暗号方式と共通鍵暗号方式を併用して、認証機能や通信路の暗号化機能を提供するプロトコルです。公開鍵暗号方式を利用します。
d SSHは通信路を暗号化します。認証方式にパスワードを用いる場合、パスワードを暗号化して送ることができます（正解）。

電子署名

電子署名は、情報発信者のなりすましを検知する、情報の改ざんの有無を検知するための仕組みです。電子署名には、検証可能性と偽造困難性という性質が求められます。これらを兼ね備えることにより、その電子署名が特定の人間によって付加されたものであることが推定できます。さらに、電子署名には、署名が付加された文書の改ざんの有無を検知する性質も求められます。なお、電子署名というと、多くの場合、公開鍵暗号方式を応用したデジタル署名を指して使われています。

■デジタル署名の仕組み

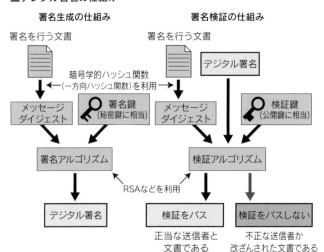

デジタル署名では、公開されている検証鍵が確かに本人のものであることが証明されないと、なりすましや改ざんを完全に防ぐことはできません。公開されている検証鍵が確かに本人のものであることを証明するために使用されるのが、送信者と受信者がともに信頼できる組織が発行するデジタル証明書（公開鍵証明書）です。受信者はデジタル証明書を検証し、信頼できる組織が発行した証明書であれば、正当な検証鍵であると判断します。デジタル証明書のような電磁的記録を**電子証明書**といいます。デジタル証明書を管理、発行する機関を認証局（CA）といい、デジタル証明書には認証局の署名が付加されています。なお、電子署名に似た用語に電子サインがありますが、両者の概念は異なります。

検証可能性
正しい署名かどうかを検証できるということ。

偽造困難性
署名をしていない者が本来の署名者になりすまして、当該者の署名を生成することは困難であるということ。

デジタル署名
公開鍵暗号方式を応用して電子署名を実現する仕組み。署名／検証アルゴリズムにはRSA、ECDSA、DSAなどが利用されている。電子署名は電子署名法で定義された用語で、暗号方式を特定していない。デジタル署名は電子署名の1方式。

デジタル証明書
デジタル証明書の標準規格の1つに、ITU-Tが定めたX.509がある。

認証局（CA）
Certificate Authority、Certification Authority
パブリック認証局とプライベート認証局の2種類がある。パブリック認証局は発行を受ける団体とは関連のない第三者機関が証明書を発行する場合の認証局。プライベート認証局は企業や団体が自身を証明する場合の認証局。

電子サイン
電子署名が電子署名法において定義された用語である一方で、電子サインは法律上の定義が存在しない。一般に、同意や承認の意思を電子文書に対して記録するための仕組みという意味で使われていることが多い。

安全な通信を実現するプロトコル

インターネット上で安全な通信を実現するためのプロトコルには、IPsecやSSL/TLS、SSHなどがあります。

■安全な通信を実現するプロトコル

IPsec	IPパケットの暗号化や認証を行い、完全性や機密性を実現する仕組み。トランスポートモードとトンネルモードの2つのモードがある。174ページも参照。
SSL/TLS	通信データの暗号化、認証局が発行する電子証明書（サーバー証明書）を使って通信相手の身元の保証を行う。公開鍵暗号方式と共通鍵暗号方式を併用する。HTTP、FTP、POP3、SMTPなどのアプリケーションプロトコルと組み合わせて利用できる。2022年10月時点で利用が推奨されるバージョンはTLS 1.2またはTLS 1.3。TLS 1.1までのバージョンで利用されていた安全性の低い暗号アルゴリズムが削除されている。
SSH	認証機能や通信路の暗号化機能を提供し、安全なリモートログインやファイル転送を可能にする。公開鍵暗号方式と共通鍵暗号方式を併用する。174ページも参照。

■SSL/TLS

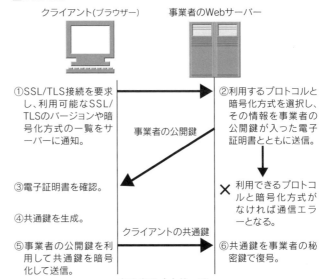

クライアント(ブラウザー)　　事業者のWebサーバー

①SSL/TLS接続を要求し、利用可能なSSL/TLSのバージョンや暗号化方式の一覧をサーバーに通知。

②利用するプロトコルと暗号化方式を選択し、その情報を事業者の公開鍵が入った電子証明書とともに送信。

事業者の公開鍵

③電子証明書を確認。

利用できるプロトコルと暗号化方式がなければ通信エラーとなる。

④共通鍵を生成。

クライアントの共通鍵

⑤事業者の公開鍵を利用して共通鍵を暗号化して送信。

⑥共通鍵を事業者の秘密鍵で復号。

クライアントとサーバーが同一の共通鍵を持つので、以降はこの共通鍵を使用し、データを暗号化してやりとりを行う。

4 端末の不正使用や情報盗難の防止

端末の利用に際し、不正ログイン、情報の盗難、端末自体の盗難などを防ぐために、パスワードの適切な管理やデータの暗号化などで対策します。

例題 1 Twitterなどのアカウントを用いて別サービスにログインできるようにする「認証連携」の説明として、適当なものを1つ選びなさい。

a ログインしたいサービスのWebサイト上で、TwitterのIDとパスワードを入力する。

b ユーザーは別サービスのIDとパスワードを管理する手間を省略できる。

c IDはTwitterのものを利用し、パスワードはログイン先のサービスごとに設定したものを用いる。

d ログインしてTwitterを利用している場合、同時に別サービスにもログインしていることとなる。

例題 2 不正プログラムによるデータ改ざんに備えたデータバックアップの考え方として、不適当なものを1つ選びなさい。

a 定期的に、前回のバックアップから更新された増分データだけをバックアップする。

b データはRAID1を利用し、2台のHDDにミラーリングして保存する。

c 定期的にデータを外部記憶装置にコピーする。

d 定期的なバックアップで、いくつかの世代に分けてデータを保存する。

例題 3 Googleが提供する2段階認証で実現できることの説明として、最も適切なものを1つ選びなさい。

a パスワードを忘れた場合に、自分しか知らない個人情報を答えることでパスワードをリセットできる。

b パスワードが漏洩した場合でも、漏洩したパスワードを使って不正ログインされることを防止できる。

c パスワードを使用せずに、別の認証手段でログインできる。

d Googleと連携した別事業者のサービスにログインできる。

例題 4 乱数表を事前にユーザーへ渡し、認証画面で表中の特定の欄を指定してその値を入力させることで認証する認証方式がある。次に示す乱数表のすべての内容を得るために用いられる攻撃手法として最も典型的なものを1つ選びなさい。

乱数表

	(A)	(B)	(C)	(D)
【あ】	08	54	21	01
【い】	25	35	39	47
【う】	98	79	68	45
【え】	18	48	13	89

認証時のブラウザー画面

認証のため、乱数表の次に指定する
マスにある数字を入力してください。

(A) 【あ】 ☐

(C) 【え】 ☐

(B) 【い】 ☐

a DoS攻撃

b SQLインジェクション

c パスワードリスト攻撃

d フィッシング

e ブルートフォース攻撃

例題 5 インターネットバンキングで振込をしようとしたところ、ソフトウェアキーボードによる暗証番号入力を指示された。これにより防止が期待される被害として、最も考えられるものを1つ選びなさい。

a Cookieの不正な取得

b キーロガーによる暗証番号の漏洩

c スニッフィングによるパケット盗聴

d フィッシングサイトによる暗証番号の漏洩

例題の解説　　　　　　　　　　　　　　　　　　　　　　　　解答は **155** ページ

例題 1

　あるサービスを利用しようとするユーザーが、正規のユーザーかどうかを確認することを認証といいます。パスワードを用いる認証の場合、ユーザーごとのアカウント情報（IDとパスワードの組み合わせ）をサービス側で保管し、ユーザーがコンピューターを利用する前にこれを入力させ、サービス側に登録されているかどうかを確認します。

　認証連携は、あるサービスでの認証結果をもとに連携するサービスの認証を行う仕組みです。

a 認証連携は、あるサービスで登録しているIDとパスワードを、別のサービスのログインに利用できるようにする仕組みではありません。

b パスワードはセキュリティ上、サービスごとに変えて運用する必要がありますが、サービスの数が増えるとパスワードの数も増え、その管理が大きな負担となります。認証連携を利用するとユーザーは新規登録時などのアカウント情報入力の手間を省略することができ、新しいIDとパスワードを管理する必要がなくなります。選択肢は、「認証連携」の説明として適当です（正解）。

c 認証は、ログイン時にユーザーが入力したIDとパスワードの組み合わせと、サービス側で保管しているユーザーごとのIDとパスワードの組み合わせが一致するかどうかを確認します。また、「認証連携」も1つのサービスに登録されているIDとパスワードの組み合わせで認証を行います。

d Twitterにログインしただけでは、自動的に「認証連携」を行った別のサービスへのログインは行われません。ログインには認証が必要です。

例題 2

データのバックアップ（データのコピーを作成する）を作成しておくと、データの改ざん、破損や紛失の場合などに復旧することができます。データ復旧の容易さ、費用、システムの可用性のバランスを考えてバックアップ方法（頻度や媒体など）を構築する必要があります。

a データにいつ問題が発生するかは予測できないので、被害を最小限に抑えるためにもバックアップは定期的に行うことが望ましいといえます。また、データ全体をコピーすることをフルバックアップ、初回にフルバックアップを行い、フルバックアップからの差分（更新分）のみコピーすることを差分バックアップ、前回のバックアップからの差分のみコピーすることを増分バックアップといいます。コピーするデータ量が増えるとバックアップに必要なディスク領域やCPUのオーバーヘッドが増えるので、初回にフルバックアップを行い、以降はコピーするデータ量を抑えた増分バックアップを行うことは、バックアップコストを抑えるために有効です。

b RAID 1は、2台のHDDにデータをミラーリングすることで冗長性を確保します。バックアップとは異なり、HDDの故障時に有効な対策です。不正プログラムによるデータ改ざんがあった場合、RAID 1では2台のHDDのファイルがともに改ざんされます。RAID 1をバックアップとして利用することはできません（正解）。

c 定期的にデータを外部の記憶媒体にバックアップしておくことは、装置の故障やメディア不良に備えられるので有効な対策です。

d 古いバックアップデータを上書きして1世代のみを保存した場合、バックアップデータに問題があった場合に正常に復元することができなくなります。バックアップデータをいくつかの世代に分けて作成しておくと、復旧時にどの時点のデータを復元するか選択することができます。

例題 3

2段階認証は、複数の認証手段を組み合わせてセキュリティを向上させる認証方法です。Googleでは、通常のパスワード認証とワンタイムパスワードによる認証を組み合わせています。

a パスワードを忘れた場合の救済措置として、本人しか知らない情報を答えさせてパスワードをリセットする方法が使われることがあります。これはパスワードリマインダーと呼ばれる機能で、2段階認証ではありません。

b パスワードとワンタイムパスワードを組み合わせた2段階認証であれば、パスワードが漏洩しても、漏洩したパスワードを知った第三者がワンタイムパスワードを得る手段を持たない限りログインすることはできません。選択肢は、2段階認証で実現できることです（正解）。

c パスワードを使わない認証方式は存在しますが、Googleの2段階認証ではパスワードを使用します。

d Googleへのログインの認証結果によって別の事業者のサービスにログインするような仕組みを認証連携といいます。2段階認証ではありません。

例題 4

乱数表を使った認証は、オンラインバンキングなどで利用されています。乱数表にある情報は、攻撃者が推測することは困難であり、利用者本人しか知り得ない機密情報です。

a DoS（Denial of Service）攻撃はサーバーに対して行われる攻撃手法です。標的のサーバーに大量のサービス要求などを行うことでサービス不能状態に陥らせます。

b データベースと連携するWebアプリケーションの多くは、データベースへの問い合わせにSQLというデータベース言語を使用します。Webアプリケーション内のSQL文の生成に問題があると、攻撃者によって不正なSQL文が挿入され、データベースの不正利用を許す可能性があります。このようなWebアプリケーションにおける脆弱性のことを、あるいは脆弱性を突いて行われる攻撃手法をSQLインジェクションといいます。

c パスワードリスト攻撃は、何らかの方法で入手した、実際のサービスで使用されているIDとパスワードのリストを利用して、攻撃者が他のサービスへの不正アクセスを試みる攻撃です。

d フィッシングは、メールなどにあるリンクから偽のサイトに誘導し、機密情報を入力させて窃取しようとする詐欺手法です。問題の場合、金融機関を装ったメールが届き、「セキュリティ向上のために」と偽ってリンク先のWebサイトで乱数表の値などを入力させるケースが想定できます。選択肢の中で、乱数表の内容を得るために用いられる攻撃手法としてフィッシングが最も典型的であるといえます（正解）。

e ブルートフォース攻撃は、ユーザー認証時にあらゆる文字の組み合わせを試してパスワードを解読しようとする攻撃です。

例題 5

ソフトウェアキーボードは、ハードウェアキーボードを使用せず、画面上にキーボードを表示し、マウスでクリックしてパスワードなどを入力する方法です。

a Cookieを不正に取得する攻撃手法として、DNS詐称やクロスサイトスクリプティング（XSS）があげられます。Cookieの不正な取得被害を防止するには、WebブラウザーやWebサーバー側での設定を適切に行うなどの対策が考えられます。

b キー入力記録からパスワードや暗証番号などの情報を取得するキーロガーに対しては、ソフトウェアキーボードを使用することで被害を防ぐことが期待できます（正解）。

c スニッフィングは、コンピューター上やネットワーク上でパケットを盗み見る行為です。スニッフィング被害の防止には、暗号化プロトコルの利用が有効です。

d フィッシングサイトは、悪意のある第三者によって用意された、正当なWebサイトと見せかけて暗証番号などを入力させようとする偽装サイトです。フィッシングサイトの被害を防ぐには、URLや電子証明書を確認するほか、Webブラウザーの偽装サイト検知機能などを利用します。

ユーザー認証

　認証は、正規のユーザーだけにサービスを利用させるための仕組みです。パスワードクラックなどにより不正ログインされると、正規ユーザーに許可された操作が実行されてしまいます。不正ログインを防ぐためには、パスワードの設定や管理を適切に行います。

■パスワード設定・管理上の注意点

設定	・推測されやすいものは避ける(ユーザー名と同じ、辞書にあるような単純な言葉、家族の名前や電話番号などの個人情報、日付・数字やアルファベットの単純な羅列など)。 ・他のサービスなどで使っているパスワードを使い回さない。
管理	・第三者が閲覧しやすい状態に置かない（付箋に書いて机に貼る、他人が盗み見しやすいノートや書類にメモするなど）。 ・他人に教えない。 ・アカウントの利用状況は定期的に確認する。

　認証には、安全性を高めるために、また複雑な認証手続きを簡素化するために、さまざまな仕組みが利用されています。

■認証におけるさまざまな技術

ワンタイムパスワード	認証を行うたびに、あるいは一定時間ごとに新たなパスワードを生成し、そのパスワードを使って認証を行う仕組み、またはそのパスワードのこと。175ページも参照。
ハードウェアによる認証	コンピューターの利用をUSBキーなどのハードウェアを使って制限する。指定したファイルを暗号化する暗号鍵が搭載されたUSBキーもある。
生体認証	ユーザー本人しか持ち得ない、指紋や網膜、静脈、顔のパターンなどの生体情報を認証キーとして使う方法。**➡★★250ページ**
HTTPにおけるパスワード認証	HTTPは、パスワードによるアクセス制限の仕組みとして、Basic認証とDigest認証の2種類の方法を持つ。Basic認証はパスワードを平文で送信するが、Digest認証はチャレンジ-レスポンス認証方式を採用して通信経路上でのパスワードの盗聴を防いでいる。
シングルサインオン(SSO)	一度の認証処理によって複数のサービスを利用可能にする仕組み。SSOを提供する認証プロトコルの1つがKerberosで、Kerberosを利用するシステムにWindows Serverで利用されるActive Directoryがある。
認証連携	Google、Facebook、Twitterなど他のサービスでの認証結果をもとに自サービスの認証を行う仕組み。サービスごとのIDとパスワードの組み合わせを管理する手間を省略することができる。
2要素認証	認証の3要素（パスワードのように本人のみが記憶しているもの、USBキーのように本人のみが所持しているもの、生体情報のように本人の身体に固有のもの）のうち、2つを組み合わせてセキュリティを補強する認証方法。

パスワードクラック
ユーザーのパスワードを盗み出す行為のこと。175ページを参照。

不正ログイン
IDとパスワードなどによる認証をかいくぐり、コンピューターや各種サービスを不正に利用する行為。

パスワード設定・管理
従来はパスワードの定期的な変更が推奨されてきたが、パスワードの設定方法がワンパターン化して安全度が下がるなどの問題点を踏まえて、固有で複雑かつ長いパスワード（パスフレーズともいう）を個別に設定することが推奨されている（パスワードとして設定できる文字数や種類が少ない場合を除く）。

パスワードの関連用語

ID・パスワード管理機能
ユーザーがサービスごとに登録したIDやパスワードを暗号化して保管する機能。Apple、Google、MicrosoftなどがOSやWebブラウザーなどで提供している。サービスごとに対応するアカウント情報が自動的に入力される。一方で、アカウントを管理するサービスのID・パスワードが外部に漏れるとすべてのパスワードが漏洩する危険性がある。

Active Directory
Microsoft社が提供するディレクトリサービスで、ユーザーやコンピューターなどの情報を管理する。**➡★★250ページ**

認証連携
認証連携を悪用し、許可されたアカウントの権限を不正利用するという例も見られる。認証連携は信用できるサービスに限定する必要がある。

2段階認証
1度目の認証要素と2度目の認証要素が異なる2段階認証は、2要素認証でもあるとみなされる。1度目の認証にIDとパスワード（本人のみが記憶している情報が認証要素）、2度目の認証に手持ちのスマートフォンに送られるパスコード（本人が所有している機器の中にある情報が認証要素）の場合が例としてあげられる。

2段階認証	複数の認証手段を組み合わせる認証方法。GoogleやFacebookなどで利用されている。Googleの場合、通常のパスワード認証とワンタイムパスワード認証を組み合わせている。認証時の手間がかかる分、パスワードが漏洩しても不正ログインを防止できる。認証連携で利用するアカウントは重要度が高いので2段階認証の有効化が推奨される。
乱数表の利用	サービス申し込み時に発行された乱数表を認証時に利用する。銀行のオンラインバンキングなどで利用される。乱数表が流出しない限りは安全だが、フィッシングサイトで乱数表の文字列をユーザーに入力させて不正に入手し、悪用する被害も起きている。
スマートフォンなどの認証方法	スマートフォンやタブレット型端末の認証には、タッチスクリーン上の操作によって端末のロックやロック解除を行う方法が多く利用されている。指紋認証や顔認証などを利用した生体認証が利用されることもある。
ソフトウェアキーボード	画面上にキーボードを表示し、マウスでクリックしてパスワードを入力する方法。キー入力から情報を取得するキーロガーによるパスワードの漏洩を防ぐために利用される。

盗難・紛失・破損対策

バックアップ
データのコピーを保存しておき、問題発生時に復旧できるようにしておくこと。ハードディスクの故障やマルウェアによるデータ消失などが起きても、日常的に重要データのバックアップを実施しておくとデータをある程度復元できることがある。また、スナップショット機能を利用すると、ある時点のストレージ上のデータを保存し、保存した任意の時点のデータに戻すことができるので、ランサムウェア（160ページ参照）対策となる。

　USBメモリやハードディスクの盗難・紛失による情報漏洩に備えるためには、重要な**データの暗号化**が有効です。置き忘れや盗難の可能性が高いノートPCやスマートフォンなどのモバイル端末は、盗難・紛失対策として、パスワードによるロック機能やデータの暗号化などを施します。モバイル端末は遠隔操作によりデータの保護が可能であり、インターネットとGPS機能を利用した端末の現在地の取得、リモートによる強制ロックやデータの強制削除などを行うことができます。

　また、データの**バックアップ**を行っておくと、盗難・紛失だけでなく、ハードディスクの故障や不正プログラムによるデータ消去や改ざんなどのリスクにも備えることができます。

増分バックアップ
前回のバックアップからの差分のみコピーすることを増分バックアップという。なお、データ全体をコピーすることをフルバックアップ、初回にフルバックアップを行い、フルバックアップからの差分（更新分）のみコピーすることを差分バックアップという。

■バックアップの考え方

・定期的に行う。

・故障などに備えて外部の記憶装置にデータをコピーする。

・上書きせずにいくつかの世代に分けて保存する。

・前回のバックアップから更新された増分データだけをバックアップ（増分バックアップという）するとコストを減らせる。

マルウェア（不正プログラム）は、コンピューターに何らかの障害を引き起こすことを目的として作られたプログラムです。

例題 1　Drive-by Downloadの説明として、<u>不適当なものを1つ</u>選びなさい。

a　Webブラウザーの脆弱性やプラグインの脆弱性を利用して攻撃コードを送り込む。

b　バックグラウンドでマルウェアをダウンロードし実行する。

c　攻撃元やマルウェア配布元を隠すためいくつかの中継サイトを経由することが多い。

d　クライアントのドライブとして利用できるオンラインストレージを介してマルウェアを配布する。

例題 2　OSやアプリケーション、NW機器のセキュリティ更新プログラムの適用に関する説明として、<u>適切なものを2つ</u>選びなさい。

a　メーカーより発表されたセキュリティ更新プログラムは、できるだけ速やかに適用すべきである。

b　セキュリティ更新プログラムを即時適用することにより、ゼロデイ攻撃に対しても対処できる。

c　iOS 9以降では、セキュリティ対策として、OSの定期的な自動更新機能が利用できる。

d　Webサイトからダウンロードした更新プログラムのハッシュ値と、そのサイトで提示されているファイルのハッシュ値が異なる場合は、プログラムが改ざんされた恐れがある。

例題 3　不正プログラムの1つであるボットの説明として、<u>最も適切なものを1つ</u>選びなさい。

a　攻撃者の遠隔からの指令で不正行為を働くプログラムのことである。

b　感染したPCのハードディスクの内容を破壊するプログラムのことである。

c　改ざんされたWebページに仕込まれており、ユーザーがアクセスしただけで感染するプログラムのことである。

d USBメモリやSDカードなどフラッシュメモリを経由して感染するプログラムのことである。

例題　1

Drive-by Downloadは、あるWebサイトにアクセスすると攻撃サイトに誘導されて攻撃コードを送り込まれ、マルウェアの配布サイトからWeb接続のバックグラウンドでマルウェアが送り込まれるという攻撃手法です。

a Drive-by Downloadは、Webサイトへのアクセスに利用するWebブラウザーやプラグインの脆弱性を突いて攻撃します。

b 通常のダウンロードではユーザーに実行や保存を確認する画面が表示されますが、Drive-by Downloadは、バックグラウンドでマルウェアがダウンロードされるのでユーザーが気づかないことが特徴です。

c Drive-by Downloadは、多くの場合、攻撃サイトやマルウェア配布サイトを隠ぺいするために中継サイトにリダイレクト（転送）されます。

d オンラインストレージを介してマルウェアを配布する手法は存在しますが、これはDrive-by Download攻撃ではありません。選択肢の説明は不適当です（正解）。

例題　2

OS、アプリケーション、ネットワーク機器のセキュリティホールを悪意のある第三者が発見し、それを突いてマルウェアを侵入させたり、不正アクセスを行ったりといったことが発生しています。いつ生じるかわからない新たなリスク（新たに発見されたセキュリティホールを突く攻撃）に対しても対策を講じておく必要があり、その1つがセキュリティ更新プログラムの適切な適用です。

a 新しいセキュリティ更新プログラムは速やかに適用すべきです（正解）。

b ゼロデイ攻撃は、セキュリティ更新プログラムが提供される前に、未対策のセキュリティホールに対して攻撃を仕掛けることです。セキュリティ更新プログラムの即時適用だけでゼロデイ攻撃を防ぐことはできません。

c iOS 9以降で、OSの定期的な自動更新機能が利用できるようになったということはなく、利用者の判断によってOSの自動更新機能を利用します。なお、iOS 12から自動更新(自動アップデート)を設定できる機能が追加されました。

d ハッシュ値が異なるということは、プログラムの内容が異なるということです。つまり、Webで提示されたファイルとダウンロードしたファイルは別のもの(改ざんされた可能性が高い)であるということです（正解）。

例題　3

不正プログラムには、さまざまなタイプのものが出現しています。

a ボットの説明として最も適切です（正解）。ボットは、コンピューター内に潜み、攻撃者の遠隔からの指令で不正行為を行います。

b コンピューターウイルスの説明です。

c Drive-by Downloadの説明です。

d USBメモリがPCに差し込まれた際にUSBメモリ内のプログラムを自動的に起動するAutorun機能を利用する不正プログラムもありますが、これはボットではありません。

4

端末利用時の脅威とその対策　**5** マルウェアや不正アクセスへの対策

マルウェア

不正な画面表示を行う、システムをハングアップさせる、データを破壊するなど、**マルウェア**（不正プログラム）の振る舞いはさまざまです。以前はコンピューターウイルス、ワーム、トロイの木馬、ボット、スパイウェアのようなウイルスタイプがほとんどでしたが、新しいタイプのマルウェアが次々と出現しています。

➡★★278ページ

■マルウェアの被害例

ランサムウェア

コンピューターの操作やデータアクセスを不可能にし、復旧するために「身代金（ランサム）」を要求するマルウェア。データを暗号化して復旧を困難にするタイプや、データの暗号化と公開の二重の脅迫を行うタイプもある。2017年に猛威を振るったWannaCryはWindowsの脆弱性を突いたランサムウェアで、「データを暗号化した。復活させたければ身代金を支払え」というメッセージが表示され、ビットコインなどの仮想通貨による支払を要求する。国内でもランサムウェアの攻撃事例が相次いでおり、2020年6月には自動車メーカーの本田技研工業、同年11月にはゲームメーカーのカプコン社、2021年10月には徳島県の病院がランサムウェアによる攻撃を受け、話題となった。

Drive-by Download

Webサイトにアクセスさせるだけで感染させるマルウェア。Webサイトに不正なプログラムを埋め込んでおき、アクセスしてきたWebブラウザーやプラグインの脆弱性を悪用して攻撃コードを送り込む。バックグラウンドでマルウェアをダウンロードして実行するのでユーザーが気づかないところで感染する。攻撃元やマルウェア配布元を隠すためいくつかの中継サイトを経由してマルウェアを配布するサイトに誘導されることが多い。

スマートフォンに感染するマルウェア

スマートフォンを標的とする攻撃も増えている。スマートフォン用のアプリケーションの中には、不正なアプリケーションも存在し、マルウェアが紛れ込んでいることもある。アプリケーションをダウンロードする際は大手事業者の運営するダウンロードサイトであっても注意する必要がある。iOS用のアプリケーションはアップルのApp Storeで一元的に提供され、App Store側でアプリケーションのチェックも行うので、マルウェアが含まれる危険性は比較的低いといえる。Androidは、iOSと比べると、不正なアプリケーションのダウンロード・インストールによりマルウェアに感染する危険性が高い。

OSやアプリケーションのアップデート

セキュリティホールは、プログラムの不具合や設計上のミスが原因となって発生した情報セキュリティ上の欠陥のことで、マルウェアの感染経路や**不正アクセス**の入り口になります。OSやア

コンピューターウイルス
第三者のプログラムやデータベースに対して意図的に何らかの被害を及ぼすように作られたプログラム。自己伝染機能、潜伏機能、発病機能のうち1つ以上を有する。

ワーム
他のコンピューターへ自己を複製していくという特徴を持つマルウェア。

トロイの木馬
問題のないプログラムに見せかけて、データ消去、パスワードなどの送信、攻撃者からの遠隔操作を密かに行うプログラム。

ボット
攻撃者が用意した司令サーバーからの指令を受けて不正行為を働くプログラム。コンピューター内に潜み、ボットネットと呼ばれるネットワークに接続して指令を待つ。指令に従ってコンピューター内の情報の盗聴やDDoS攻撃などの不正行為を働く。

スパイウェア
コンピューター内に潜んで、ユーザー情報を盗み取るプログラム。キーロガー機能を持つスパイウェアもある。

プリケーションのセキュリティホールを悪用する攻撃への最良の対策は、そのセキュリティホールをなくすことです。利用しているOSやアプリケーションの更新情報は定期的に確認し、セキュリティ更新プログラム（パッチ）が公開されたら速やかに適用します。WindowsなどのOSやアプリケーションでは、自動更新機能を提供しています。

なお、不正アクセスによりWebサイトを改ざんし、正常なプログラムを不正な動作を行うプログラムに差し替えるという攻撃手口もあります。Webサイトで提示されているファイルのハッシュ値と、実際にダウンロードしたファイルのハッシュ値が異なる場合は、プログラムが改ざんされている可能性が高いので、実行しないようにします。

セキュリティホールに対する更新プログラムが提供される前に仕掛ける攻撃を**ゼロデイ攻撃**といいます。ゼロデイ攻撃への対策がとられたら、更新プログラムの適用を速やかに行う必要があります。

マルウェア対策

マルウェアに対する有効な方法の1つがマルウェア対策ソフトの導入です。**マルウェア対策ソフト**では、コンピューターに侵入するマルウェアをチェックし、感染する前、あるいは感染後に取り除きます。

マルウェア対策ソフトによる駆除のほかに、権限の低い一般ユーザーでのログイン、ファイアウォールの設置（OSやマルウェア対策ソフトのパーソナルファイアウォール機能の有効化）も、マルウェア対策として有効です。また、Androidでは、アプリケーションを**サンドボックス**と呼ばれるアプリケーションごとの隔離環境で実行します。これにより、マルウェアが他のアプリケーションの情報を盗み取ったり、改ざんしたりする被害を防ぎます。iOSにも類似の仕組みが用意されています。

なお、マルウェアに感染した場合（または感染が疑われる場合）は、他のコンピューターへの感染を防ぐために、直ちにPCをネットワークから切り離します。ネットワークから切り離された状態で、マルウェア対策ソフトによる駆除などを行います。

マルウェア対策ソフト
マルウェア対策ソフトが行う検出手法には、パターンファイル（ウイルスの定義をデータベース化したもの）とマルウェアのパターンを照合して検出するシグネチャ型、マルウェアの挙動などで検出するヒューリスティック型（ふるまい検知型）がある。シグネチャ型で使用するパターンファイルは、常に最新のマルウェアに対応するように更新しておく必要がある。AI技術を利用したマルウェア検知も行われている。

6 LANへの攻撃や盗聴の防止

★

公式テキスト377〜386ページ対応

LANに一度不正侵入されると、そこからLAN全体に被害が広がる可能性があります。ファイアウォールをはじめとした、LANを守る方法について学びます。

重要

例題 1 ファイアウォールに関する説明として、<u>不適当なものを1つ選びなさい</u>。

a パケットフィルタリング型ファイアウォールは、IPパケットの宛先IPアドレス、送信元IPアドレス、ポート番号などに基づいて通過の可否を判別する。

b パケットのフィルタリング条件は、アクセスリストで定義されている。

c アプリケーションレベルゲートウェイよりパケットフィルタリング型ファイアウォールのほうが、処理するCPUにかかる負荷が大きい。

d アプリケーションレベルゲートウェイでは、アプリケーションごとのプロキシサーバーを経由させ、外部と内部のホストを直接通信させない。

例題 2 サイバー攻撃の1つである標的型攻撃の説明として、<u>誤っているものを1つ選びなさい</u>。

a 攻撃対象と定めた施設から漏洩する電磁波を傍受し、情報を取得する攻撃である。

b 攻撃を行う標的とその目的を定め、それに応じた手段を用いる攻撃である。

c 最初の侵入経路としてメールを利用することが多い。

d 攻撃に成功した端末を足掛かりに、目的の完遂のためにさらなる攻撃を行うことが多い。

例題 1

ファイアウォールは、ネットワークの外部と内部を分離して、必要な通信だけを許可することでLANを保護する仕組みです。ファイアウォールには、IPパケットを監視して通過の可否を判別するパケットフィルタリング型や、外部と内部の通信をプロキシサーバーに仲介させるアプリケーションレベルゲートウェイ型などがあります。

a パケットフィルタリング型ファイアウォールの説明として適当です。パケットフィルタリング型では、IPパケットのヘッダー部分に含まれる情報に基づいて通過の可否を判断します。

b パケットフィルタリング型ファイアウォールの説明として適当です。パケットフィルタリング型では、アクセスリストで許可されたパケットのみ通過を許可します。

c パケットフィルタリング型がIPパケットのヘッダー部分のみを検査するのに対し、アプリケーションレベルゲートウェイ型では、アプリケーションで用いられるコマンドやデータを用いて、きめ細かいチェックを行う代わりに処理するデータの量が増えます。パケットフィルタリング型よりアプリケーションレベルゲートウェイ型のほうが、処理するCPUにかかる負荷が大きくなります（正解）。

d アプリケーションレベルゲートウェイ型ファイアウォールの説明として適当です。

例題 2

ネットワークを経由してコンピューターやネットワークに対して行われる攻撃全般をサイバー攻撃といい、特定の組織を標的とし、ネットワーク経由で内部システムに侵入して重要情報の窃取、破壊活動などを行う攻撃を標的型攻撃といいます。

a 標的型攻撃ではなくテンペスト攻撃の説明です（正解）。テンペスト攻撃は、コンピューターや通信機器、ケーブルなどから漏洩する微弱な電磁波を傍受し、解析することで情報を取得しようとする攻撃です。

b 攻撃を行う標的とその目的を定め、それに応じた手段を用いて攻撃を行うことは、標的型攻撃の特徴です。

c 標的型攻撃では、最初の侵入経路としてメールが多く利用されます。標的型攻撃に利用されるメールを標的型メールなどと呼びます。

d 標的型攻撃では、多くの場合、攻撃に成功して不正アクセスした端末を足掛かりに、周囲のPCやサーバーに攻撃を拡大し、最終的な目的である情報窃取やシステム破壊を行います。

4

LAN利用時の脅威とその対策 **6** LANへの攻撃や盗聴の防止

LANにおけるリスク

LAN内のコンピューターが不正アクセスやマルウェアの侵入を受けると、そこからLAN全体に被害が広がる可能性があります。LANにおけるセキュリティ上のリスクには、**スニッフィング**による盗聴、IPアドレスの自動割り当てを行うDHCPなどの仕組みを悪用した攻撃などがあります。LAN内部の利用者により意図的あるいは故意に脅威がもたらされることもあり、近年では、標的型攻撃による被害が多く見られます。

標的型攻撃

標的型攻撃とは、特定の組織を標的として、重要情報の窃取、破壊活動など明確な攻撃目的を完遂するために行われる一連の攻撃です。最初にメールやWebなどを介してさまざまな手法を組み合わせた攻撃を行い、侵入に成功した端末を足掛かりに周囲のPCやサーバーに対して攻撃を拡大し、最終的な目的である情報窃取やシステム破壊を実行します。

最初の侵入経路には、標的型メールと呼ばれる、マルウェアを添付したメールや、悪意のあるサイトに誘導するURLが記載されたメールが多く利用されます。メールを利用した**やりとり型攻撃**や、Webを利用した**水飲み場型攻撃**による手口もとられます。より高度な方法で長期間に継続して行われる攻撃はAPT攻撃と呼ばれます。

サイバーキルチェーンは、標的型攻撃における攻撃者の行動を段階に分けて分解した考え方です。IPAの「『高度標的型攻撃』対策に向けたシステム設計ガイド」では、標的型攻撃のサイバーキルチェーンを次の7つの段階に分けています。

■標的型攻撃のサイバーキルチェーン

(1)	計画立案段階	標的設定、関連事項調査
(2)	攻撃準備段階	標的型メールの準備など
(3)	初期潜入段階	メールやWebを介してマルウェア感染
(4)	基盤構築段階	バックドア開設、ネットワーク環境調査・探索
(5)	内部侵入・調査段階	端末から端末、端末からサーバーへ侵害拡大
(6)	目的遂行段階	データの外部送信・破壊、業務妨害
(7)	再侵入段階	バックドアを通じて再侵入

スニッフィング
LAN内のコンピューターに盗聴プログラムを仕掛けて通信を解析し、そのLANに接続している他のコンピューターのパケットを盗み見る行為。スニッフィングを防ぐには、暗号化プロトコルの利用が有効。

DHCPなどの仕組みを悪用した攻撃
LAN内に不正なDHCPサーバー(IPv6ではDHCPv6サーバー)やソフトウェアを設置して偽の設定情報を送信する攻撃や、IPv6のSLAACにおいて不正なホストが偽のRA情報を送ることで、悪意のあるサーバーに接続させる攻撃がある。

やりとり型攻撃
標的型攻撃のターゲットユーザーと複数回のメールをやりとりし、信頼を獲得してから添付ファイルを開かせてマルウェアに感染させる攻撃。

水飲み場型攻撃
標的型攻撃のターゲットユーザーが頻繁に利用しそうなWebサイトをあらかじめ攻撃・改ざんしておき、その後でターゲットユーザーが当該サイトをアクセスした際にマルウェアに感染させる攻撃。

APT
Advanced Persistent Threat
APT攻撃を実行するグループをAPTグループと呼ぶ。APT攻撃対策として、The MITRE社がナレッジサービスMITRE ATT&CKを公開している。

LANを保護する方法

ネットワークの外部と内部の間に置かれ、安全な通信だけを許可して外部からの攻撃を拒否することで、内部ネットワークを防御する機能を**ファイアウォール**といいます。ファイアウォールにはいくつかの種類があります。

■ファイアウォールの種類

アプリケーションレベルゲートウェイ型	外部ネットワークと内部ネットワークをプロキシサーバー（代理サーバー）により分断し、直接通信できないようにする方式。プロキシサーバーが外部へのアクセスを仲介する。内部ネットワークのクライアントにはプロキシサーバーを利用するための設定、ファイアウォール側にはクライアントが利用するアプリケーションに対応したプロキシサーバー機能が必要。
パケットフィルタリング型	ファイアウォールを通過するIPパケットを監視し、通過の可否を判別する方式。IPパケットのヘッダー部分に含まれる宛先IPアドレス、送信元IPアドレス、宛先ポート番号、送信元ポート番号などで判別する。パケットのフィルタリング条件は **ACL**(**アクセスリスト**)に定義される。フィルタリング条件が事前に定義される静的フィルタリングと、通過したパケットや時間に基づいてACLが制御される動的フィルタリングがある。➡★★254ページ
サーキットレベルゲートウェイ型	バーチャルサーキット(TCPが確立するコネクション)単位で制御を行う方式。ファイアウォールがトランスポート層のプロキシサーバーとして動作する。

■アプリケーションレベルゲートウェイ型ファイアウォール

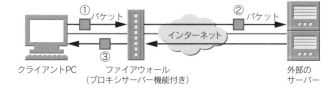

① パケット ② パケット
インターネット
③
クライアントPC ファイアウォール 外部の
（プロキシサーバー機能付き） サーバー

アプリケーションレベルゲートウェイ型ファイアウォール

次のように動作する。

① クライアントからファイアウォールに以下のIPヘッダーのパケットを送信して、外部への接続要求を行う。

送信元IPアドレス	クライアントのPCのIPアドレス
宛先IPアドレス	ファイアウォールの内部用IPアドレス
送信元ポート番号	クライアントOSがランダムに選択
宛先ポート番号	ファイアウォールのポート番号

② リクエストを受けたプロキシサーバーは、該当する外部ネットワークのサーバーなどに以下のヘッダーのパケットを送信する。

送信元IPアドレス	ファイアウォールのIPアドレス
宛先IPアドレス	宛先の外部サーバーのIPアドレス
送信元ポート番号	ファイアウォール(のOS)がランダムに選択
宛先ポート番号	アプリケーションが利用するポート番号

③ 外部のサーバーから結果を受け取ったら、プロキシサーバーはリクエストしたクライアントに転送する。

ACL
Access Control List

7 無線LANのセキュリティ

★

　無線LANでは、ケーブルの代わりに無線を利用するという性質上、電波が届く範囲では簡単にパケットを盗聴される危険性があります。また、無線LANの設定が不適切な場合、正規のユーザーではない第三者が無線LANに不正に接続する恐れがあります。ユーザー認証によるアクセスを制限する、データを暗号化するなどのセキュリティ対策が必要です。

重要

例題 1 図のようなオフィスLANのネットワーク環境において、来客の持ち込みPCが無線LANアクセスポイント経由でインターネットに接続するのを許可しつつ、オフィスPCにアクセスさせず、来客のPC同士も直接無線LAN経由で接続できないようにするために利用される機能として、<u>適当なもの</u>を下の選択肢から1つ選びなさい。なお来客の持ち込みPC用には、オフィスPCで利用するものとは別のESSIDを用意するものとする。

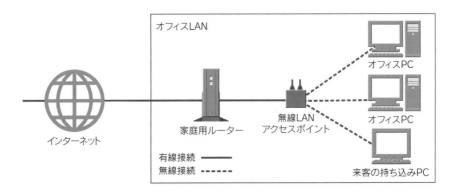

a 　無線LANアクセスポイントのプライバシーセパレーター

b 　無線LANアクセスポイントのESSIDステルス

c 　無線LANアクセスポイントのMACアドレスフィルタリング

d 　家庭用ルーターのMACアドレスフィルタリング

例題 2 WPA2の説明として<u>適当なもの</u>を2つ選びなさい。

a 暗号化方式としてAES/CCMPよりもTKIPを利用するほうが望ましい。

b パスフレーズは長く複雑なもののほうが安全である。

c WPA2には公になっている脆弱性は存在しない。

d WPA2の後継として、WPA3が発表されている。

例題の解説 解答は **169** ページ

例題 1

　無線LANでは、何も対策を施さないと同じ無線LANアクセスポイントに接続する複数の端末同士は同一のネットワークに所属することになり、本来アクセスされたくない端末に他方の端末からアクセスされる可能性が出てきます。

a 　無線LANアクセスポイントのプライバシーセパレーターは、無線LANクライアント端末間の通信を禁止する機能です。問題のネットワークでは、来客の持ち込みPC用には、オフィスPCで利用するものとは別のESSIDを用意しているので、異なるESSIDに接続している端末へのアクセスを禁じるプライバシーセパレーターが利用されていると考えられます。選択肢は、問題のネットワーク環境で利用される機能として適当です（正解）。

b 　無線LANアクセスポイントのESSIDステルスは、ESSIDを広く通知しないことで、無線LANの存在をできるだけ知られないようにする程度のもので、無断アクセスやパケットの盗聴を防ぐ機能はありません。

c 　MACアドレスフィルタリングは、MACアドレスを使って端末ごとにアクセスを許可／禁止する機能です。MACアドレスフィルタリングを利用しても、LAN内の端末間における無断アクセスを防ぐことはできません。なお、無線LANでは、無線LANパケットに含まれるMACアドレスを盗聴され、偽装されるという危険性があるので、MACアドレスフィルタリングで無断アクセスを完全に防ぐことはできません。

d 　選択肢 **c** で解説したように、MACアドレスフィルタリングは家庭用ルーターへアクセスする端末は制限できますが、LAN内の端末間における無断アクセスを防ぐことはできません。

例題 2

　WPA2は、無線LANのセキュリティ規格の1つで、WPAを強化したものです。

a 　WPA2では暗号化方式にTKIPを利用できる機器もありますが、安全性からAESを採用するCCMP（AES/CCMP）の利用が推奨されています。

b 　パスフレーズは、認証に使用する文字列で、パスワードよりも長い文字列のことをこのように呼びます。パスフレーズは長く複雑なほど安全性は高まります。選択肢は、WPA2の説明として適当です（正解）。

c 　KRACKあるいはKRACKsと呼ばれるWPA2の脆弱性を攻撃する手法が存在することが公開されています。

d 　選択肢 **c** で解説したKRACKへの対策として、WPA2の後継に当たるWPA3が2018年6月に発表されています。選択肢は、WPA2の説明として適当です（正解）。

無線LANセキュリティ技術

　無線LANのセキュリティ方式にはいくつかありますが、方式によって安全性が異なります。無線LANのセキュリティ方式は、Wi-Fi Allianceが策定しています。

■無線LANのセキュリティ方式

規格	WEP	WPA	WPA2	WPA3
主要な暗号化方式	WEP	TKIP	CCMP	CCMP
暗号アルゴリズム	RC4	RC4	AES	AES
クライアント認証対応	なし	あり	あり	あり

WEP	共通鍵暗号方式の暗号アルゴリズムであるRC4を使用。鍵長は64ビット、128ビット、152ビットの3種類（実際の鍵長は40ビット、104ビット、128ビット）。利用する無線LAN機器すべてが事前に鍵を共有する必要がある。現在では暗号鍵を推測されやすいため利用を推奨されていない。
WPA	WEPに代わる新方式として策定され、暗号鍵を自動的に更新するTKIPが採用された。認証方式には企業向けのEnterpriseと個人ユーザー向けのPersonalの2つの動作モードがあり、Enterpriseではクライアント別に個別の認証鍵を利用できる。AESベースのCCMP（本テーマでは、無線LAN技術における暗号化方式を表す場合のみAES/CCMPと記載する）に対応する機器もあり、TKIPにはセキュリティ上の問題があるのでAES/CCMPの利用が推奨される。
WPA2	WPAのセキュリティ強化改良版。無線LANセキュリティ規格として正式に策定されたIEEE 802.11iの必須部分を採用している。AES/CCMPの実装が必須で、クライアント認証には、WPAと同様EnterpriseとPersonalの2つの動作モードがある。WPA2にTKIPを利用できるようにしている機器も存在するが、AES/CCMPを使用したWPA2のほうが安全性は高い。2017年10月に、WPA2におけるKRACKという攻撃が仕掛けられる脆弱性が公開され、各メーカーがこれを解消するアップデートを提供して対策している。
WPA3	2018年6月に発表された、KRACK対策を含むWPA2のセキュリティ拡張版。クライアント認証には、WPAと同様EnterpriseとPersonalの2つの動作モードがある。WPA3-Personalでは同等性同時認証（SAE）を用いて鍵交換を行う。

WEP
Wired Equivalent Privacy

WPA
Wi-Fi Protected Access

TKIP
Temporal Key Integrity Protocol

Enterpriseモード
IEEE 802.1X認証サーバーを用いてクライアントを個別に認証する。

★★279ページ

Personalモード
IEEE 802.1X認証サーバーを用いず、事前鍵共有によりすべてのクライアントが同じ鍵を共有する。PSK（事前共有鍵）モードともいう。WPA-PSK、WPA2-PSKのように表記される。一般に家庭や小規模オフィスで利用されるのはPersonalモード。

PSK
Pre-Shared Key

AES
Advanced Encryption Standard
共通鍵暗号方式の暗号アルゴリズム。2001年に米国の新暗号標準として採用された。現時点で有効な攻撃手法が見つかっていないことから安全性が高い。

CCMP
Counter Mode with Cipher Block Chaining Message Authentication Code Protocol

SAE
Simultaneous Authentication of Equals

無線LANセキュリティ方式は、現在、暗号アルゴリズムにAES/CCMPを利用することが推奨されています。ただし、推測されやすいパスフレーズ（認証に利用する文字列）では安全性は低下するので、長く複雑なパスフレーズの設定が必要です。

無線LANでは、安全強度の高いセキュリティ方式を利用したとしても万全とはいえないので、ネットワークを分離してアクセス可能な範囲を限定し、被害を最小限に抑えるようにします（177ページ参照）。

プライバシーセパレーター

複数の端末が同じ無線LANアクセスポイントを利用すると、同じネットワークに所属することになり、意図しない機器から共有フォルダーなどにアクセスされるといった事態が起こる可能性があります。無線LANアクセスポイント機器の中には、無線LANクライアント間の通信を禁止する**プライバシーセパレーター機能**を搭載しているものもあります。信頼できない端末が同じ無線LANアクセスポイントに接続する可能性がある場合の対策として有効です。

無線 LAN の関連用語

ESSIDステルス、MACアドレスフィルタリング

無線LANアクセスポイントに搭載される機能で、ESSIDステルスはESSIDを広く通知しない機能、MACアドレスフィルタリングはMACアドレスを登録した機器のみ通信を許可する機能。無断アクセスを防ぐという狙いで利用される機能だが、無線LANのパケットは盗聴しやすいので、ESSID、MACアドレスともに解読されやすく、効果は低い。

8 Webやメールの安全な利用

★

公式テキスト415～419、424～437ページ対応

　Webやメールを安全に利用するために、さまざまなセキュリティリスクがあることを知っておきましょう。

 重要

例題 1 クロスサイトスクリプティング（XSS）の攻撃手法として当てはまるものをすべて選びなさい。

a 脆弱性のあるWebサイトに個人情報の入力を促すHTMLタグを埋め込み、利用者の個人情報を盗む。

b 脆弱性のあるWebサイトに悪意のある命令文を送信し、サイト側のデータベース内の非公開情報を閲覧する。

c 問い合わせ元を制限していないDNSキャッシュサーバーに対して、送信元を偽造した問い合わせを行い、その応答トラフィックで特定のWebサイトの処理能力や帯域を枯渇させる。

d 脆弱性のあるWebサイトにスクリプトを埋め込み、ユーザーのPCに保存しているCookieを取得する。

e 脆弱性のあるWebサイトにOSコマンドを送信し、サーバーのシャットダウンなど、不正なシステム処理を実行する。

重要

例題 2 電子メールの送受信で使われるプロトコルのうち、通信経路上の電子メールを暗号化するものを2つ選びなさい。

a IMAP
b MIME
c POP before SMTP
d POP3S
e SMTPS

例題　1

　クロスサイトスクリプティングは、ユーザーの入力に応じて動的にWebページを生成するWebサイトに脆弱性がある場合に行われる攻撃です。

a　クロスサイトスクリプティングの攻撃手法です（正解）。

b　脆弱性のあるWebサイトに悪意のある命令文（SQL文）を送信し、サイト側のデータベース内の非公開情報を閲覧する攻撃は、SQLインジェクション攻撃です。

c　問い合わせ元を制限していないDNSキャッシュサーバーに対して、送信元を偽造した問い合わせを行い、その応答トラフィックで特定のWebサイトの処理能力や帯域を枯渇させる攻撃は、DNSアンプ攻撃（DNSリフレクション攻撃）です。問い合わせのサイズに対して応答トラフィックの量を何倍にも増幅（amplification）させることが特徴です。

d　クロスサイトスクリプティングの攻撃手法です（正解）。脆弱性のあるWebサイトにユーザーのPCに保存しているCookieを取得するスクリプトを埋め込み、Cookie情報を詐取するのはクロスサイトスクリプティングの攻撃手法の1つです。

e　脆弱性のあるWebサイトにOSコマンドを送信し、不正なシステム処理を実行する攻撃は、OSコマンドインジェクションです。

例題　2

　電子メールの送受信に使われるプロトコルであるSMTPやPOP3は、セキュリティに関する機能を備えていないことから、不正利用や盗聴の危険性という問題点があります。これらの問題点を解決するため、セキュリティを強化したプロトコルが使用されるようになりました。

a　IMAPは、電子メールの受信で使われるプロトコルです。ユーザー認証機能はありますが、認証情報を含めた通信内容は暗号化されません。

b　MIMEは、プログラムや画像などのバイナリデータをテキストファイルに変換してメール送信するための規格です。通信経路上の電子メールを暗号化するものではありません。

c　POP before SMTPは、メール送信時にPOPで認証を行い、その後一定時間は送信を許可するという認証方式であり、通信経路上の電子メールを暗号化するものではありません。

d　POP3Sでは、クライアントがサーバーから電子メールを受信する際にSSL/TLSを利用して、サーバーからクライアントまでの通信経路上の電子メールの内容を暗号化します（正解）。

e　SMTPSでは、クライアントからサーバーにメールを送信する際にSSL/TLSを利用して、クライアントからサーバーまでの通信経路上の電子メールを暗号化します（正解）。

Webブラウザーの表示の確認

　Webの閲覧では、偽装サイトを使ったフィッシングやファーミングなどの詐欺行為にあうことがあります。1つの対策がWebブラウザーのアドレスバーに表示されているURLの確認です。利用中のサービスを提供している組織のドメインでない場合は偽装サイトである可能性が高くなります。また、Google ChromeやMicrosoft Edge、Firefoxには、偽装サイトにアクセスすると警告メッセージを表示する偽装サイト検知機能があります。

　SSL/TLSで接続する際に、サーバー証明書（SSLサーバー証明書ともいう）に問題があり、警告が表示される場合も偽装サイトの可能性が高くなります。なお、偽装サイトで簡単な審査しか行わない認証局が発行したサーバー証明書を利用していることもあります。信頼できる審査として、EV証明書ガイドラインが策定されており、審査を通過した企業には、EV証明書（SSL/TLS通信を目的とした場合はEV-SSL証明書）が発行されます。

EV
Extended Validation

Webアプリケーションの危険性

　Webアプリケーションの脆弱性を利用して、CSRF（クロスサイトリクエストフォージェリー）やXSS（クロスサイトスクリプティング）といった攻撃が行われることがあります。CSRFは通販サイトやオンラインバンキングなどを利用中にセッション管理の脆弱性を利用して行われる攻撃、XSSは動的にWebページを生成するWebアプリケーションの脆弱性を利用して行われる攻撃です。➡★★259ページ

■Webアプリケーションの脆弱性を利用した攻撃の例

CSRF	通販サイトやオンラインバンキングなどのWebサービスを利用中に、攻撃者の用意したWebページを閲覧することで攻撃用スクリプトが実行され、セッションを偽造されてサービスを不正に操作される攻撃。サービスを提供するサイトの接続（セッション）管理方法に問題がある場合に攻撃が成立する。
XSS	ユーザーの入力に応じて動的にWebページを生成するWebサイトのプログラムにある脆弱性を突いて、攻撃コードを実行させようとする攻撃。掲示板やアンケートフォームなどに不正なJavaScriptプログラムなどを入力させて攻撃を実行させる、脆弱性のあるWebサイトに個人情報の入力を促すHTMLタグを埋め込んで利用者の個人情報を盗んだり、脆弱性のあるWebサイトにスクリプトを埋め込んでユーザーのPCに保存しているCookieを取得したりするなど攻撃手法はさまざまある。

メールで利用できるセキュリティ技術

　メールの送受信に使われるSMTPやPOP3といったプロトコルには、セキュリティに関する機能を備えていないという問題点があります。メールの送受信時に利用されるセキュリティ強化プロトコルとして、認証を強化するものと通信路を暗号化するもの、メールそのものを暗号化するものがあります。

■メールで利用できるセキュリティ技術

認証を強化する	
SMTP Auth	SMTPに認証方式を付加した仕組み。複数の認証方式がある。サーバーとクライアントの双方でサポートしていないと利用できない。

通信路を暗号化する	
SMTPS (submissions)、POP3S、IMAPS	サーバーの認証や通信路の暗号化、メールの暗号化を行う仕組み。SSL/TLSを、SMTP、POP3、IMAPと組み合わせている。クライアントとサーバー間の通信だけを暗号化するので、サーバーがメールを中継する場合は暗号化されない。
STARTTLS	SMTPS、POP3S、IMAPSと同様、メールの内容を暗号化する仕組み。POP3やSMTPなどで通信を開始し、クライアントとサーバーの双方がSTARTTLSに対応していることを確認後に暗号化通信に移行する。クライアントとサーバー間に加えて対応するサーバー間の通信も暗号化できる。
S/MIME、PGP	送信側から受信側までの全区間の暗号化を行う。 ➡★★281ページ

Spam行為を防ぐ仕組み

　Spamメール（迷惑メール）などの迷惑行為を防ぐ仕組みとして、OP25BやIP25B、フィルタリング機能、CAPTCHAなどが使われています。**OP25B**は、ISPネットワーク内のメールサーバーを介さないで外部のメールサーバー（踏み台）を利用しようとするTCP25番ポートを宛先とするパケット送信をブロックする仕組みです。なお、正規のユーザー向けにサブミッションポート（通常はTCP587番）が用意されることがあります（TCP465番のSMTPSが使われることもある）。 ➡★★280ページ

SMTP Auth
SMTP service extension for Authentication

SMTPS
SMTP over SSL/TLS

POP3S
POP3 over SSL/TLS

IMAPS
IMAP over SSL/TLS

OP25B
Outbound Port 25 Blocking

IP25B
Inbound Port 25 Blocking
特定のIPアドレスのコンピューターからISPに送られてくるメール以外をブロックする仕組み。

フィルタリング機能
送信元アドレスや件名、文字列のパターンなどからSpamメールかどうかの自動判別を行う機能。

CAPTCHA
画像に書かれた文字や数字など、人間でないと回答しづらい質問を出して認証する仕組み。プログラムによる自動処理を防止し、迷惑行為対策として有効。reCAPTCHAというGoogleが提供する無料CAPTCHAサービスがある。

▶ **170ページの解答**　例題1　a　d　　例題2　d　e

セキュリティの関連事項

ブロックチェーン

ブロックチェーンは、ネットワーク上で発生するさまざまな取引記録を管理する技術です。取引記録を格納したブロックという塊を数珠つなぎに並べ、デジタル署名やハッシュ関数などを適用しています。取引記録は、ネットワークを構成するすべてのコンピューターによって保持されます。改ざん耐性、可用性確保という点で優れていて、仮想通貨の取引を実現する技術としてよく知られていますが、仮想通貨以外のさまざまな分野への応用が期待されています。その1つがNFT (Non-fungible token) です。NFTは、非代替性の（唯一無二であることが証明可能な）トークンで、ブロックチェーンにより生成されます。NFTの活用例として、デジタルのアート作品に付与することで作品の所有権を証明することが行われています。

安全な通信を実現するプロトコル

通信路を暗号化する仕組みとして、IP上ではIPsec、ファイル転送やリモートログインではSSHが広く利用されています。

■ IPsec、SSH

IPsec	IP上で通信相手の認証、通信相手との鍵交換、通信内容の暗号化、改ざん検知などを行う。2つのモードがあり、トランスポートモードは元のIPヘッダーは変更せず、データ本体（ペイロード）のみを暗号化してホスト間で直接通信する。トンネルモードは元のIPパケット全体を暗号化してペイロードの中にカプセリングし、ネットワーク間の暗号化通信を行う。VPNにIPsecを用いる場合は主にトンネルモードが利用される。 ➡★★279ページ
SSH	公開鍵暗号方式と共通鍵暗号方式を併用し、ファイル転送やリモートログインをする際に認証機能や通信路の暗号化機能を提供する。SSHのウェルノウンポートにはTCP22番ポートを使用する。ユーザー認証方式には、パスワードを用いるパスワード認証、または公開鍵暗号を用いる公開鍵認証のいずれかを選択できる。SSHを使ったSCPやSFTPはFTPの代替としてファイル転送に利用されている。SSHにはバージョン1とバージョン2があり、バージョン1のセキュリティ上の欠陥を修正したバージョン2の利用が推奨される。

パスワードクラック

パスワードクラックとは、ユーザーのパスワードを盗み出す行為のことです。ユーザー認証時に行われるパスワードクラックには、ユーザーの個人情報などからパスワードを類推して入力する攻撃や、あらゆる文字の組み合わせを試して解読を行うブルートフォース攻撃（総当たり攻撃）、辞書に載っている単語を利用して解読を行う辞書攻撃、パスワードを1つ選び、ユーザーIDを次々と試して総当たりにログインを試みるリバースブルートフォース攻撃（逆総当たり攻撃）などがあります。

認証用のパスワードは通常、暗号学的ハッシュ関数でハッシュ値に変換した状態のファイルで保存されています。このファイルを入手し、解析ツールで解読する攻撃もあります。レインボーテーブルはパスワードとハッシュ値の対応を事前に総当たりで計算した結果を記録した表で、ハッシュ値から高速にパスワードを割り出す方法として知られています。レインボーテーブルの対策として、パスワードをハッシュ値に変換する際に、ソルトというランダムな文字列を付け加える方法が有効です。

ワンタイムパスワード

同じパスワードを繰り返し利用することによるパスワード漏洩の危険を防ぐために利用されるのが、認証ごと、あるいは一定時間ごとに新たなパスワードを生成し、そのパスワードを使って認証を行う**ワンタイムパスワード**です。パスワード生成には、ソフトウェアを利用する方式と専用のハードウェアを利用する方式があります。

ソフトウェアを利用する方式では、認証サーバーから送られてくるランダムな数値とユーザー固有の情報（サービス提供側と事前共有される一般的なパスワードやキーワード）を使って一時的なパスワードを生成します。経路上で一時的なパスワードが盗聴されても、そのパスワードは使い捨てられるので不正利用されることはありません。ただし、一定時間内は同じパスワードを使い続けるワンタイムパスワードもあります。認証する側からSMSで一時的なパスコードを送信する方法がとられることもありますが、SMSは通信内容の傍受の危険性が高いことから、Google、Microsoftが提供するAuthenticatorという認証アプリでパスコードを生成する方法も利用されています。

ハードウェアを利用する方式の例にRSA Security社のSecurIDトークンがあり、認証サーバーとあらかじめ時刻を同期しておいたパスワード生成器を用いてパスワードを生成します。

セキュリティチップ

　セキュリティチップは、情報漏洩や改ざんの防止を目的としてPCやスマートフォンなどに搭載されるチップのことです。耐タンパ性（解析・改変されにくい性質）を持つモジュールに、秘密情報の保持や暗号のための演算機能などを集約します。セキュリティチップの実装例に、TCG社が策定した仕様に基づくTPM（Trusted Platform Module）、Apple社のT1、T2セキュリティチップがあげられます。

ソーシャルエンジニアリング

　人間の心理的な盲点や行動のミスを突いた手口で重要情報を入手することを**ソーシャルエンジニアリング**といいます。電話で機密情報の問い合わせがあった場合は、相手がサポートセンターや顧客担当者を名乗ってもすぐに信用せず、所属と名前を確認したうえで、さらに公式な情報を確認する（手元にある書類や公式サイトで公開されている連絡先に連絡する）など慎重に対応する必要があります。

■ソーシャルエンジニアリングの手口と対策例

手口	対策例
入力の様子や画面を盗み見る	スクリーンフィルターを画面に貼る
電話などで他人になりすまして情報を聞き出す	即答しない
ゴミ（メモ、書類、HDD、メディアなど）から重要情報を盗み取る	シュレッダーで断裁する、データを完全消去する

　通常のファイル削除操作やフォーマットではHDDやフラッシュメモリの管理領域にあるファイルを削除するだけで、データ領域の内容までは消去しません。データの完全消去を行うためには、専用のソフトウェアなどを用いるか、専門事業者に依頼します。

ネットワークの分離による安全性確保

　ルーターなどを使ってLANを複数のネットワークに分離し、重要な情報を取り扱うネットワークを、それ以外の安全性が低いネットワークからアクセスできないようにするセキュリティ対策があります。安全性が低いネットワーク内のコンピューターが不正アクセスの被害にあっても、重要な情報を取り扱うネットワーク内のコンピューターが連鎖的に被害にあう危険性を低下させることができます。一例としてあげられるのが無線LANと有線LANの分離です。有線LANの入口に家庭用ルーターを設置し、重要な情報は有線LAN内で取り扱い、無線LANから有線LANへの通信は制限し、有線LANから無線LANへの通信は家庭用ルーターでブロックします。

家庭用ルーターのセキュリティ機能の利用

　家庭内LANで利用されるルーターには、セキュリティ機能を含むさまざまな機能が備わっています。LANを安全に保つためにはこれらの機能を適切に設定する必要があります。

■家庭用ルーターにおけるセキュリティ

・NAPTを簡易的なファイアウォールとして機能させることができるが、安全性を考えるとSPI機能の利用が望ましい。

・SPI(Stateful Packet Inspection)は、LAN内部からLAN外部へ送信されたパケットの情報を記録しておき、内部から送信されたパケットへの応答パケットと推定できるものだけを内部に通過させる機能。パケットフィルタリング機能の一種で、攻撃検知機能を備えるSPIもある。SPIを有効にすると安全性が向上する。

・ネットワークの構成において、外部ネットワークからも内部ネットワークからも分離されたセグメント（非武装地帯）であるDMZ (Demilitarized Zone) を作り、公開するサーバーを設置することがある。家庭用ルーターにはフィルタリングにより、外部からのアクセスを内部の特定のコンピューターに転送する簡易DMZ機能がある。「独立したネットワークセグメント」ではないので、本来のDMZと異なりセキュリティ面で問題がある。

・家庭用ルーターの管理パスワードは適切に管理する。DNSサーバーが返すIPアドレスを巧妙に変化させて内部にアクセスしようとするDNS Rebinding攻撃などによって、ルーターの管理画面へアクセスされることがある。ルーターの管理パスワードが単純なものだと簡単に侵入されてしまうので、管理パスワードを適切に設定して攻撃をブロックする必要がある。

・第三者による不正なアクセスを防ぐためにポートの管理を適切に行い、外部に開放する必要のないポートは閉じる。自宅のホストにグローバルIPv6アドレスを設定してIPv6インターネットを利用する場合は、インターネット側から不正にアクセスされないように、外部からのアクセスを許可するサービスに対応するポート番号のみを開放するようにする。

盗聴やなりすましによる危険

インターネットでは、盗聴やなりすましによるさまざまな危険が潜んでいます。

■盗聴やなりすましによる危険

盗聴やなりすましによる危険	盗聴により通信パケットを解析し、接続の確立に必要な情報を奪取することで、第三者が通信を乗っ取る。
なりすましメール	From欄やReceived欄などの情報を偽装し、他人になりすましてメールを送信する。ビジネスメール詐欺（BEC：Business E-Mail Compromise）というなりすましメールによる詐欺の手口もある。ビジネスメール詐欺では、取引先や経営者などを騙って偽のメールを組織や企業に送り、金銭や情報の詐取を試みる。
フィッシング	偽の案内メールなどから偽装サイトに誘導する。偽装サイトへの誘導に短縮URLを利用するフィッシングもある。短縮URLは、短縮したURLと元のURLを関連付けるサーバーが、短縮URLへのアクセスを元のURLへリダイレクト（転送）する仕組みで、見ただけでは本来のURLがわからないことからフィッシングの手口に利用されることがある。
ファーミング	DNSキャッシュポイズニングやhostsファイル情報の書き換えによって不正な情報に基づく名前解決を行わせ、正しいURLから偽装サイトに誘導する。DNSキャッシュポイズニングは、攻撃者のDNSサーバーなどから不正な情報を送り込み、DNSサーバーのキャッシュの情報を不正に書き換える攻撃。
ワンクリック詐欺	何も注文していないのにあたかも注文処理が完了したかのように錯覚させて不正な請求を行う。ユーザーがWebサイトを訪問しただけで料金支払を請求するポップアップなどを表示させ、ユーザーに支払い義務が発生したと錯覚させるゼロクリック詐欺という手法もある。
リプレイ攻撃	ログインの際にネットワークに流れた認証データを盗聴して利用し、不正にログインを行う。

踏み台化のリスク

サーバーに過剰な負荷をかけることでサービス不能状態を意図的に引き起こす攻撃手法をDoS（Denial of Service）攻撃といい、多数のコンピューターが同様の攻撃を特定のサーバーに行うものをDDoS（Distributed DoS）攻撃といいます。DDoS攻撃では、クラッカー（不正行為者）が多数のコンピューターを乗っ取り、これらを攻撃元として利用します。クラッカーが司令塔となってボットに感染した多数のコンピューターとボットネットを構成し、攻撃を行うこともあります。➡★★280ページ

クラッカーに乗っ取られて、攻撃元として悪用されるコンピューターのことを踏み台といいます。踏み台にされて意図しない攻撃に加担させられた場合、攻撃者の手により痕跡を消されると、自身の端末が攻撃元であるという事実のみが残り、無実を証明することが困難になります。

ICTの活用と法律

1 情報検索

★

公式テキスト445〜450ページ対応

　検索サービスは、インターネット上に蓄積された膨大な情報から、必要な情報を見つけ出す検索機能を提供するものです。代表的な検索サービスに、GoogleやBingがあります。検索サービスにおいて検索機能を提供するシステムが検索エンジンです。

例題 1　Google検索の結果として、www.ntt.comのWebサイト内にある「ドットコムマスター」の記述を含むWebページだけを得たい場合の検索語として適当なものを1つ選びなさい。

a　"www.ntt.com ドットコムマスター"

b　www.ntt.com define:ドットコムマスター

c　site:www.ntt.com ドットコムマスター

d　www.ntt.com OR ドットコムマスター

例題 2　エンドユーザーが位置情報を知るシステムに関する説明として、不適当なものを1つ選びなさい。

a　GNSSは米国が提供する位置情報測位システムである。

b　日本の衛星測位システムとして、「みちびき」がある。

c　GPSでは複数ある衛星を利用し、受信機で位置を把握する。

d　Apple社が提供するFind Myは、インターネットに直接接続していないApple製品を見つける仕組みを備えている。

e　ジオロケーション技術では、位置情報の特定にIPアドレスも利用されている。

例題の解説　　　解答は**183**ページ

例題 1

　Googleの検索では、求める情報により近い検索結果を得られるようにするために、2つ以上のキーワードと検索演算子を組み合わせて情報を絞り込んだり、検索の範囲を広げたりする仕組みを提供しています。なお、使用できる検索演算子は検索エンジンにより異なり、以下に示す検索を行っても解説のとおりの検索結果とならない場合があります。

a 複数の単語で構成される句（フレーズ）がそのまま含まれる文書を検索する方法をフレーズ検索といいます。Googleの検索では、選択肢のようにフレーズをダブルクォーテーションマーク（"）で囲むとフレーズ検索を行うことができます。選択肢の検索語の場合、「www.ntt.com ドットコムマスター」が含まれる文書を検索し、問題で求められている検索は行いません。

b Googleの検索では、検索したいキーワードの前に「define:」を付加すると、キーワードの定義が書かれたWebページを検索します。選択肢の検索語の場合、「www.ntt.com」をキーワードにした検索と「ドットコムマスター」の定義が書かれたWebページの検索のAND検索を行いますが、問題で求められている検索は行いません。

c Googleの検索では、WebサイトのURLの前に「site:」を付加し、半角スペースを挟んで検索キーワードを指定すると、指定したWebサイト内で指定した検索キーワードが含まれるWebページを検索します。選択肢の検索語により、問題が求める検索を行うことができます（正解）。

d 複数のキーワードを「A OR B」のように「OR」でつなぐと、AまたはBのどちらかのキーワードに合致する情報が検索結果として表示されます。選択肢の検索語の場合、「www.ntt.com」または「ドットコムマスター」で検索を行い、問題で求められている検索は行いません。

例題 2

位置情報とはユーザーの現在地を示す情報のことです。位置情報を使うサービスに地図情報サービスがあり、現在地を地図上に示したり周辺情報を提供したりするのに使われます。位置情報を取得するために利用されるものの1つが人工衛星を利用する衛星測位システムです。端末に搭載された受信機が人工衛星からの電波を受信し、現在位置の緯度・経度情報を割り出します。

a GNSS (Global Navigation Satellite System) は、全地球型の衛星測位システムの総称です。GNSSの1つが米国が提供するGPS (Global Positioning System) です（正解）。

b GNSSの1つに日本のQZSS (Quasi-Zenith Satellite System：準天頂衛星) があり、「みちびき」という名前で呼ばれています。選択肢は、問題の説明として適当です。

c GNSSでは、複数の人工衛星からの電波を受信機がとらえて現在位置を割り出します。米国のGPSでは約30の衛星が上空約2万kmを周回しています。選択肢は、問題の説明として適当です。

d Apple社が提供するFind Myは、Apple製品の位置を知らせるための機能です。Find Myは、探しているApple製品が必ずしもインターネットに接続されていなくても利用できる仕組みを備えています。Bluetoothを使って近辺にあるApple製品とつながり、インターネットに接続しているApple製品までたどることで位置情報を伝えることができるようになります。なお、位置情報のデータは暗号化されているので、経由するApple製品の所有者がその情報を知ることはできません。選択肢は、問題の説明として適当です。

e ジオロケーションは、ユーザーが地球上のどの位置にいるかといった情報を扱う技術です。GNSSの位置情報や電子コンパスによる方位情報のほかに、端末が利用している携帯事業者の基地局や無線LANアクセスポイント、IPアドレスから得られる情報が利用されることもあります。選択肢は、問題の説明として適当です。

検索サービス

検索サービスは、インターネット上に膨大にあるWebサイトの情報をデータベース化して検索する機能を提供します。検索サービスを実現するシステムが検索エンジンです。過去はディレクトリ（カテゴリ）型が主流でしたが、現在はGoogleに代表されるように、クローラーやスパイダーなどと呼ばれるプログラムがインターネット上を巡回して情報を収集するロボット型が中心です。

検索サービスでは、ユーザーの目的に沿うように、さまざまな検索方法を提供しています。たとえば、Googleでは、通常のテキスト検索以外に、検索対象をニュース、画像、動画、地図、ショッピング、書籍、フライト、ファイナンスといったジャンルや、言語や期間で絞り込むことができます。また、ユーザーの位置情報や嗜好を検索結果に反映するパーソナライズド検索、テキスト、写真、動画、ニュースなどさまざまな種類の検索結果を分類して1画面に表示する**ユニバーサル検索（ブレンド検索）**、検索語の代わりに画像あるいは画像のURLを使用した検索、音声入力による検索なども提供されています。

パーソナライズド検索

GoogleやBingでは、自社サービスのアカウントにログインしたユーザーに対して、そのユーザーの位置情報やWebページ閲覧履歴をもとに解析した嗜好や関心から、ユーザー個人の生活圏や嗜好に合わせてチューニングした検索結果を提供します。これを**パーソナライズド検索**といいます。Googleのサイトにログインしていないユーザーに対しても、Cookieで得られる情報を一定の期間蓄積して個人の行動パターンを分析し、パーソナライズされた検索結果を表示します。なお、Webブラウザーをプライバシーモードで利用するとパーソナライズド検索を回避できますが、端末から得られる位置情報などが検索結果に反映されることがあります。個人情報を収集しない検索サービスもあります。

検索キーワードの組み合わせ

主な検索エンジンでは、より精度の高い検索結果が得られるように、OR、NOTなどの論理演算子やダブルクォーテーションマ

検索エンジン
インターネット上の情報を検索するためのシステムのこと。

ディレクトリ（カテゴリ）型
Webサイトをカテゴリによって階層的に分類した検索サービス。

検索サービスの関連用語
リッチスニペット
検索結果のタイトルやURLの下に表示されるWebページの要約文をスニペットという。要約文だけでなく画像なども用いて検索結果を豊か（リッチ）に表示するものをリッチスニペット（Googleではリッチリザルト）という。

ーク（"）などの検索演算子を使った検索を可能にしています。

検索エンジンで利用できる検索方法のいくつかを以下に示します。

■検索エンジンで利用できる検索方法

検索方法	説明
論理演算子などを使用した検索	例 イヌ ネコ イヌとネコの両方のキーワードを含む（半角スペースでつなぐ）。
	例 イヌ OR ネコ イヌまたはネコのいずれかのキーワードを含む。
	例 -ネコ キーワード「ネコ」を除外。「NOT ネコ」とする検索エンジンもある。
フレーズ検索	例 "イヌになつくネコ" ダブルクォーテーションマーク（"）で囲んだ複数の単語で構成される句（フレーズ）をそのまま検索。
その他の検索演算子（一部）を使用した検索	filetype（ファイル形式の指定）、inurl（URLが検索対象）、allinurl（URLが検索対象で検索語が複数）、related（関連のあるWebサイトを検索）、site（特定Webサイト内に絞った検索）などが使用可能。 例 site:www.nttpub.co.jp ドットコムマスター Webサイトwww.nttpub.co.jp内で「ドットコムマスター」を検索。

検索サービスでは、「ウェブ」「ウエブ」といった表記のゆれはどちらも検索結果に含める、タイプミスに対して正しいキーワードや予想されるキーワードを候補として表示するなど柔軟に検索できる仕組みも用意されています。

位置検索

Google マップなどの地図・位置情報サービスでは、特定エリアの地図の表示機能、住所や郵便番号、GNSS情報などをもとに、地図上の位置やその場所に関する各種情報を提供しています。ユーザーの現在地を割り出すためには、GNSSの位置情報や電子コンパスによる方位情報を利用します。このように、ユーザーが地球上のどの位置にいるかといった情報を扱う技術をジオロケーションといいます。Apple社では、インターネットに直接接続していないApple製品でも位置を知らせることができるFind Myという機能を提供しています。

GNSS
Global Navigation Satellite System
全地球型の衛星測位システムの総称。衛星測位システムは、人工衛星を使って現在位置の緯度・経度情報を取得するシステム。米国のGPS（Global Positioning System）、日本の「みちびき」（準天頂衛星QZSS：Quasi-Zenith Satellite System）などがある。

電子コンパス
地磁気を検知し、方角を測定する電子的な方位計。

ジオロケーション
位置を割り出すために、携帯電話事業者の基地局や無線LANアクセスポイント、IPアドレスなどの情報が活用されることもある。

Find My
Bluetoothで近くのApple製品とつながり、インターネットに接続しているApple製品までたどることで位置情報を伝える機能。位置情報データは暗号化されている。

インターネット上には、映像や音声を利用できるサービスやビジネスなどに利用できるサービスなどさまざまなサービスが提供されています。

例題 1 OTTの説明として、<u>適当なものを1つ選びなさい。</u>

a 通信事業者やインターネットサービスプロバイダーではない事業者が、インターネット上で動画や音声などを提供するような大量のデータを流すサービス、あるいはそのようなサービスを提供する事業者

b 映画やTVドラマ、アニメ、スポーツ競技などの映像コンテンツをオンデマンドで配信し、ユーザーが見たいときに見られるようにするサービス、あるいはそのようなサービスを提供する事業者

c インターネット上にある膨大なWebサイトの情報をデータベース化し、検索する機能を提供するサービス、あるいはそのようなサービスを提供する事業者

d WebサイトのURLをブックマークとして登録できるようにし、登録したブックマークをインターネット上で公開し共有できるようにするサービス、あるいはそのようなサービスを提供する事業者

e 他社が提供するコンテンツを収集し特定のテーマやユーザーの好みに沿って整理しユーザーに提供するサービス、あるいはそのようなサービスを提供する事業者

例題 2 XMLベースのフォーマットで、HTMLやCSSとの親和性が高い、IDPFが策定した電子書籍の<u>フォーマットを1つ選びなさい。</u>

a AZW

b DAISY

c ebi.j

d EPUB

e PDF

例題 1

a OTT (Over-the-top) の説明として適当です（正解）。

b VOD (Video on demand) サービス、あるいはVODサービス提供事業者の説明です。VODサービスには、Netflix、Amazon Prime Video、DMM動画、Huluなどがあります。なお、VODサービスを提供する事業者は、OTTの1つです。

c 検索サービス、あるいは検索サービスを提供する事業者の説明です。

d ソーシャルブックマークサービス、あるいはソーシャルブックマークサービスを提供する事業者の説明です。

e キュレーションサービス、あるいはキュレーションサービスを提供する事業者の説明です。

例題 2

電子書籍のフォーマットには、EPUB、AZW、ebi.j、DAISY、PDFなどが採用されています。

a Amazon社の電子書籍端末Kindle用のフォーマットです。

b 視聴覚障がい者向けの国際規格で、DAISYコンソーシアムが開発しています。

c イーブックイニシアティブジャパンが開発したフォーマットで、eBookJapanという商用サービスで採用されていました。

d 問題が示すフォーマットはEPUBです（正解）。EPUBは、米国の電子書籍標準化団体IDPF (International Digital Publishing Forum) が策定したXMLをベースとするマークアップ言語で、HTMLやCSSとの親和性が高いことが特徴です。2011年に仕様が完成したEPUB 3.0から、縦書きやルビ、圏点といった日本語書籍向けの要素を扱えるようになりました。

e PDFは、電子文書フォーマットです。電子書籍のフォーマットとしても広く利用されています。

映像・音声の利用

インターネット上では動画や音声などの利用が広がり、これらのコンテンツの配信では、CDNというネットワークが活用され、OTTと呼ばれる事業者が大きな役割を果たしています。**OTT**とは、通信事業者やISPではない事業者で、インターネット上で動画や音声など大量のデータを流すサービスを提供する事業者、あるいはそのようなサービスのことです。

■映像・音声の利用にかかわるサービス

動画共有サービス	動画をアップロードして他者と共有するサービス。YouTube、Dailymotion、Vimeo、ニコニコ動画などがある。YouTubeには、動画広告によりコンテンツ提供者が収益を得る仕組みがあり、これを利用して生計を立てる者はYouTuberとも呼ばれる。動画共有サービスには、テレビ放送のように映像のリアルタイム配信ができる機能もある。YouTubeではライブ配信中に視聴者同士がチャットできる機能があり、視聴者は匿名での参加も可能。
VOD、ダウンロード販売	動画や音声などのデジタルコンテンツをコンテンツプロバイダーが視聴者に配信するサービスでは、ストリーミング形式やダウンロード形式でコンテンツが提供されている。映画やTVドラマ、アニメ、スポーツ競技などの映像コンテンツの配信サービスにはVODが多い。代表的なVODサービスには、Netflix、Amazon Prime Video、国内ではDMM動画、Huluなどがある。音声や動画コンテンツの配信には、Podcastと呼ばれる仕組みも普及している。有料の配信サービスでは、**DRM**という技術を用いて配信コンテンツの複製を制御・制限し、著作権を保護している。 楽曲などの配信サービスにも、ストリーミング形式とダウンロード形式がある。ストリーミング形式のサービスには、Spotify、Apple Music、Amazon Music Prime（Primeユーザー向け）およびAmazon Music Unlimited（定額制で曲数が多い）、YouTube Musicなどがある。ダウンロード形式のサービスにはiTunes Storeなどがある。
放送サービス	テレビ放送やラジオ放送のサービスがインターネットでも提供されている。テレビ放送のサービスには、NHKのNHK+のように放送事業者によるサイマル放送のほか、AbemaTVのABEMA、DAZN、J SPORTSなどがある。ラジオ放送のサービスはradiko.jpやNHKなどが提供している。

CDN
Contents Delivery Network
Webコンテンツを配信するために最適化されたネットワーク。

OTT
Over-the-top

VOD
Video on demand
ユーザーが視聴したいときに配信するサービス。

DRM
Digital Rights Management

ビジネス・実用向けのサービス

ビジネスや生活の中で実際に役立つサービスも提供されています。

■ビジネス・実用向けのサービス

オンラインストレージ	記録装置（ストレージ）の記録領域をインターネット経由で提供するサービス。複数の端末間やユーザー間でデータを同期したり共有したりできる。Dropbox、Googleドライブ、OneDrive、iCloud Drive、Amazon Drive、Boxなどがある。
スケジュール管理	スケジュールやアドレス帳、ToDoリスト（やるべきことのリスト）などを管理するアプリケーションをPIMという。また、データをインターネット上のサーバーに保存し、複数の端末上でデータを同期させて管理できるサービスも提供されている。代表的なサービスはGoogleカレンダー。
オンラインオフィス	ワープロ、表計算、プレゼンテーションなどのオフィスアプリケーションをオンラインで使用できるサービス。Googleドキュメント、Office Onlineなどがある。
オンライン会議	リモートワークの広がりとともに利用が増えた。多人数での映像、音声、テキストでのコミュニケーションのほか、画面共有や会議の録音・録画などさまざまな機能が提供されている。Zoom、Microsoft Teams、Google Meet、Skype、Cisco Webex、Discordなどがある。
クラウド型電子署名	印鑑の利用に代わる仕組みとして電子署名による電子契約が利用されている。作業を効率化し、印刷や書類保管、印紙代などのコストを削減できる。電子署名法を満たす電子契約は法的に有効。DocuSignなどがある。
オンライン教育	教育分野でインターネットを活用する取り組みを支える技法あるいは技術をEdTechという。教材管理、成績管理、テスト問題管理・テスト実施、eラーニング授業提供、学生とのコミュニケーションなど教育に関するさまざまな処理を統合的に管理するシステムをLMSという。Moodle、Canvas、Blackboard、Sakaiなどがあり、これら異なるLMSを接続するための標準仕様にLTIがある。
	大学などの講義映像やその教材を、インターネットを介して無償で提供する活動をオープンコースウェア（OCW）という。教育コースそのものを提供するサービスもあり、MOOCsは、幅広い受講者を対象に提供される大規模オンライン教育コースである。
電子書籍	書籍や雑誌を電子化したもの。電子書籍のデータのフォーマットには、EPUB、AZW、ebi.j、DAISY、PDFなどがある。EPUBは、IDPFが推奨するXMLベースのフォーマットで、HTMLやCSSとの親和性が高い。

PIM
Personal Information Manager

LMS
Learning Management System

LTI
Learning Tools Interoperability

OCW
Open Course Ware

MOOCs
Massive Open Online Courses

IDPF
International Digital Publishing Forum
米国の電子書籍標準化団体。

3 個人情報の保護

★

コンピューターやインターネットの普及により、個人情報の重要性が増しています。

重要

例題 1 個人情報保護法における個人情報の説明として、<u>不適当なものを1つ選びなさい</u>

a 生存する個人に関する情報を指し、すでに死亡した個人に関する情報は含まれない。

b 単体では特定の個人を識別することができない情報も個人情報となり得る。

c 公開されている情報は、個人情報保護の対象とならない。

d 要配慮個人情報には、人種・病歴などが含まれる。

例題の解説 解答は **191** ページ

例題 1

　個人情報とは、「生きている個人に関する情報であって、『その人が誰なのかわかる』情報」（個人情報保護委員会のFAQより）のことです。「氏名」や「その人が誰なのかわかる映像」、他の情報と組み合わせると特定の個人が識別できるもの、個人識別符号（マイナンバーやパスポート番号など）などがあります。個人情報の有用性に配慮しながら、個人の権利や利益を守ることを目的に、個人情報保護法が制定、施行されています。

a 個人情報保護法第2条第1項において、個人情報について、「生存する個人に関する情報」と定義しています。つまり、すでに死亡した個人に関する情報は含まれません。

b 個人情報保護法第2条第1項において、個人情報について、「当該情報に含まれる氏名、生年月日その他の記述等により特定の個人を識別することができるもの」であって「他の情報と容易に照合することができ、それにより特定の個人を識別することができることとなるものを含む」と定義しています。つまり、住所や電話番号のように単体では特定の個人を識別することができない情報も、本人の氏名と組み合わせることで特定の個人を識別することができる情報は個人情報となり得ます。

c 個人情報保護法では、個人情報の範囲について非公開であることを条件としていません。たとえば官報やSNSなどで公開されていても、その個人情報を自由に利用できるわけではありません。選択肢は、個人情報保護法における個人情報の説明として不適当です（正解）。

d 個人情報の中には、公開されると本人が不当な差別や偏見などの不利益を被るため、その取り扱いについてとくに配慮すべき情報があります。これらを個人情報保護法では「要配慮個人情報」としています（第2条第3項）。要配慮個人情報には、人種、信条、社会的身分、病歴、犯罪の経歴などが含まれます。

個人情報と個人情報保護法

　自分自身も含めて家族や知人の**個人情報**が流出すると、迷惑行為や犯罪に利用されることがあり、慎重に取り扱う必要があります。**個人情報保護法**（個人情報の保護に関する法律）は、個人情報保護に関する国・地方自治体の責務や民間の個人情報取扱事業者の義務について規定しています。

■個人情報保護法における個人情報

- 生存する個人に関する情報
- 氏名・生年月日・住所・顔写真など個人を識別できる情報（単体では特定の個人を識別することができない情報でも氏名などと組み合わせて識別できるようになる情報も含む）
- 個人識別符号（マイナンバーやパスポート番号など）
- 要配慮個人情報（人種、信条、社会的身分、病歴、犯罪の経歴など公開されると本人が不当な差別や偏見などの不利益を被る情報）

■個人情報保護法における個人情報取扱事業者

- 個人情報データベースなど（コンピューター上のデータベースだけでなく紙媒体も含む）を事業の用に供している者
- 一般企業のほか、学校や小規模事業者も対象となる

　個人情報の取得、管理、第三者への提供、罰則などについて、個人情報保護法では、以下のような規定を義務付けています。

■個人情報保護法の規定（概要）

- 個人情報を取得する際には、利用目的を通知または公表する。
- 利用目的をできる限り特定し、利用目的の範囲を超えた利用は原則禁止する。
- 利用目的の達成に必要な範囲内で個人情報を正確かつ最新に保つとともに、不要な個人データを削除する。
- 本人の同意がないときは、個人情報の第三者提供は原則禁止。本人の求めに応じて第三者提供を停止することとしている場合で、一定の事項をあらかじめ本人に通知し、個人情報保護委員会に届け出たときは、第三者提供を可能とする。
- 本人からの求めに応じて保有する個人データの開示、訂正、利用停止などを行わなければならない。
- 事業者が義務規定（努力義務を除く）に違反した場合、個人情報保護委員会は勧告や命令を行うことができる。命令に違反したときなどには罰則が科せられる。

個人情報保護委員会
内閣府の外局として設置された独立性の高い機関。個人情報の有用性に配慮しつつ、個人の権利利益を保護するため、個人情報の適正な取り扱いの確保を図ることを任務とする。

個人情報の関連用語
プライバシーマーク制度
一般財団法人日本情報経済社会推進協会（JIPDEC）が実施する制度で、個人情報の取り扱いについて適切な保護措置体制を整備していると認定された民間事業者などにプライバシーマークのロゴの使用を認めるもの。有効期間は2年で使用の継続には更新が必要。

人間の知的創作活動である表現を保護する権利に、著作権があります。インターネットやIT関連業務にかかわる著作権について理解しましょう。

例題 1 著作権者に断ることなく行う場合、著作権法に抵触する可能性のある行為を2つ選びなさい。

a　自分のWebページから、第三者のWebページにリンクを張った。

b　録画したテレビ番組をYouTubeに投稿した。

c　別のサイトで公開されている画像を直リンクし、自身のWebページ上にインラインで表示させた。

d　自分で聴くために、コピーガードのないCDをリッピングして、自身の音楽プレーヤーに複製した。

e　自然の風景を撮影し、画像を編集してWebサイトで公開した。

例題 2 試用することは無料だが、それ以降も継続的に使用したい場合は代金を支払う必要があるソフトウェアとして、適当なものを1つ選びなさい。

a　PDS（Public Domain Software）

b　オープンソースソフトウェア

c　シェアウェア

d　フリーウェア

例題 3 著作者人格権についての説明として、正しいものをすべて選びなさい。

a　未公表の自分の著作物を公表するか否かを決定する権利

b　自分の著作物を展示する権利

c　著作者名（実名またはペンネームなど）を表示するか否かを決定する権利

d　自分の著作物を意に反して改変されない権利

e　自分の著作物を公衆に譲渡、貸与する権利

f　著作者の死亡によって消滅する権利

例題 1

　著作物を使用するには、一定の制限規定が適用される場合を除いて、著作権者から許諾を得る必要があります。

a　リンクを張るだけではリンク先のWebサイトの情報を自らが複製したり送信したりするわけではないので、一般には、著作権侵害とはならないと考えられています。

b　テレビ番組を録画し、あとで個人や家庭内で視聴するという行為は「私的使用のための複製」として認められていますが、これを著作権者や著作隣接権者に無断で動画共有サービスであるYouTubeに投稿する行為は、複製権や送信可能化権の侵害となります。選択肢は著作権法に抵触する可能性のある行為といえます（正解）。

c　直リンクとは、第三者のWebサイトで公開されている画像などのメディアファイルのURLを参照し、自分のWebサイト上にインラインで表示させることです。直リンク自体は複製や自動公衆送信には当たらないとされていますが、画像などの一部を切り取って利用する場合や、異なる意味にとられるような利用の場合には、著作者人格権を侵害する可能性があります。選択肢は著作権法に抵触する可能性のある行為といえます（正解）。

d　コピーガードとは無断複製ができないように技術的に処理を施すこと、リッピングとはCDやDVDなどからデジタルコンテンツを複製することです。コピーガードのあるCDをリッピングする行為は著作権法に抵触しますが、コピーガードのないCDを私的使用の範囲内でリッピングする行為は著作権法には抵触しません。

e　自然の風景は誰の著作物でもなく、撮影した画像は撮影者に帰属します。撮影者自身がその画像を編集し、自らのWebサイトで公開することは他人の著作権を侵害することにはなりません。

例題 2

　著作権法においては、コンピュータープログラムやデータベースについても著作物のカテゴリとして認められています。市販されているソフトウェア製品は、著作権者（ソフトウェアのメーカー）とのライセンス（使用許諾契約）に基づいて使用します。インターネット上などで流通しているソフトウェアの中には、無料で使用することが認められているものもありますが、著作者がそのソフトウェアの著作権についてどのような扱いを求めているかがソフトウェアによって異なるので、ライセンスに基づいて適切に扱わなければ著作権の侵害になる場合があります。

a　PDSは、著作権を放棄、あるいは放棄の宣言をしたソフトウェアで、誰でも無料で自由に使用することができます。

b　オープンソースソフトウェアとは、一般に、米国のOSIという団体が定義した要件を満たすライセンスに基づいて配布される、プログラムのソースコード（プログラミング言語で書かれたプログラム）を公開したソフトウェアのことです。無料で利用できるものがほとんどです。

c　問題の説明に該当するソフトウェアとして適当です（正解）。

d　一般にフリーウェアというと、無料で使用できるソフトウェアのことを指します。

例題 3

　著作権には著作者人格権と著作財産権の2つの側面があります。著作者人格権には公表権（**a**が該当）、氏名表示権（**c**が該当）、同一性保持権（**d**が該当）が含まれます（**a**、**c**、**d**は正解）。また、著作者の一身に専属し、譲渡することができないので、著作者が個人の場合、その死亡によって消滅します（**f**は正解）。著作財産権は著作物を財産としてとらえた権利で、**b**に示される展示権、**e**に示される譲渡権、貸与権は著作財産権に含まれます。

▶**188ページの解答**　例題1　**c**

5

インターネット利用に関する法律　**4**　著作権を保護する法律

著作権

著作権法における著作物とは、思想や感情を創作的に表現したものです。文芸、学術、美術、音楽の範囲に属する、小説、論文、詩、イラスト、写真、音楽、映画などが著作物に当たります。このような著作物をデジタル化したものを**デジタルコンテンツ**ということがあります。コンピュータープログラムやデータベースなども著作物のカテゴリとして認められています。著作物を創作する者は著作者といいます。

著作者の権利は、著作者人格権と著作財産権に分けられ、著作者人格権は著作者のみに専属する権利で譲渡や相続、放棄が不可能、著作財産権は第三者への譲渡や放棄が可能です。

■著作権（概要）

著作者人格権	著作財産権
①著作物の公表（形あるいは時期も含む）を決定する権利(公表権) ②著作者名の表示（どのような氏名を付すかも含む）を決定する権利（氏名表示権） ③著作物を意に反して改変されない権利（同一性保持権）	①著作物を複製する権利（複製権） ②著作物を公に（不特定／多数の人に直接見せる／聞かせることを目的として）上演、演奏、上映する権利（上演権、演奏権、上映権） ③著作物を公衆送信する権利（公衆送信権） ④公衆送信された著作物を公に伝達する権利（伝達権） ⑤著作物を公に口述する権利（口述権） ⑥著作物を公に展示する権利（展示権） ⑦映画の著作物をその複製物により頒布する権利（頒布権） ⑧著作物を譲渡、貸与により公衆に提供する権利（譲渡権、貸与権） ⑨著作物を翻訳、編曲、脚色、翻案などする権利（翻訳権、翻案権等） ⑩上記の権利によって定まる著作物の利用を許諾する権利（二次的著作物の利用に際しては、原著作物の著作者は二次的著作物の著作者と同じ権利を有する）

日本では、著作権は、取得のための出願や手続きが不要で、著作物の創作時に自動的に発生します。著作権の保護期間は、原則として著作者の生存期間およびその死後70年間です。

デジタルコンテンツ
一般に、デジタル化された情報をさして「デジタルコンテンツ」という名称が用いられている。著作権法からデジタルコンテンツを整理すると、客観的情報と著作物をデジタル化した情報に分類される。前者は著作権法で保護されず、後者は著作権法で保護され得る。なお、客観的情報とは、地理データ、気象データ、個人情報など人が創作した情報ではないもののこと。

著作財産権
法令上は著作財産権を「著作権」と呼んでいる。

著作者人格権
著作者が個人の場合、その死亡によって消滅する。ただし、著作物を公衆に提供または提示する者は、その著作物の著作者が存しなくなった（個人の場合は死亡した）後においても、著作者が存しているとしたならばその著作者人格権の侵害となるべき行為をしてはならないと定めて、著作者の死後もその著作者の人格的利益を保護している。

公衆送信
著作物を放送したり、インターネットなどで送信ないし送信可能な状態にしたりすること。

著作権の保護期間
2018年12月のTPP発効に合わせて、死後50年間から死後70年間へと改正された。

著作権の制限

第三者が著作物を利用するためには、著作権者に承諾を得る必要がありますが、著作物の公正な利用を図るため、著作権法では、著作権（著作財産権）の制限について定めています。

■著作権の制限における規定（概要）

- 私的使用のための複製：
音楽CDを個人や家庭内で聴くために他の媒体にコピーするといった行為など。ただし、私的使用のための複製であっても、違法アップロードされたコンテンツであることを知っていてダウンロードし、録音・録画を行うことは著作権の侵害となる（違法ダウンロード）。

- 何らかの対象を複製・伝達する際に付随して写り込んだ著作物の利用：
写真撮影・録音・録画の際の、メインの被写体から分離困難な著作物の写り込み（たまたま流れていた音楽が入った、被写体の衣服にキャラクターが描かれていたなど）は著作権侵害とはならない。2020年著作権法改正により対象範囲が拡大し、写真撮影・録音・録画行為のみならず複製（または複製を伴わない）伝達行為全般が対象とされ、インターネットでの生配信、スマートフォンのスクリーンショットなども含まれるようになった。また、メインの被写体に付随する著作物であれば、分離困難でないものも対象となり、子どもにキャラクターのぬいぐるみを抱かせて撮った写真のSNSへの投稿などが許容されるようになった。

- 公表された著作物の引用：
出版されている書籍の一部を批評のために使用するといった行為など。報道、批評、研究など引用の目的上正当な範囲で利用している、自分の著作物部分との区別を明瞭にする、主従関係（自分の著作物部分が主で引用部分が従）を明確にする、出所を明示する、といった要件を満たす必要がある。

- 学校その他の教育機関において、教育を担当する者および授業を受ける者が行う、授業の過程で利用するための著作物の複製や公衆送信など：
対面授業で使用する資料として印刷・配布することや、対面授業で使用した資料や講義映像を同時中継の遠隔合同授業などで他の会場に送信することが無許諾・無償で行うことができる。2018年著作権法改正により、授業目的公衆送信補償金制度が開始し、同時中継の遠隔合同授業以外のその他の公衆送信による教育においては無許諾・有償（教育機関の設置者が一定の補償金を支払う）で著作物を利用できるようになった。

- 入学試験や検定の問題としての複製や公衆送信

- 転載禁止の表示がない時事問題に関する論説を、他の新聞紙上などで掲載することやインターネットで送信すること

- プログラムの著作物の複製物の所有者が、自らコンピューターで利用するために必要と認められる限度における複製

私的使用のための複製

デジタルコンテンツにコピーコントロール（コピーを技術的に制限すること、コピーガードともいう）やアクセスコントロール（コンテンツの再生を暗号化技術などで制限すること）といった複製防止のための技術的保護手段が施されている場合は、これを回避してリッピング（CDやDVDなどからデジタルコンテンツを複製すること）する行為は私的使用のための複製であっても違法である。

➡★★264ページ

違法ダウンロード

2021年1月施行の著作権法改正により、違法ダウンロードの対象が音楽・映像分野（録音・録画行為）に加えて漫画、書籍、写真、プログラムなどすべての著作物に拡大された。ただし、①漫画の1コマ～数コマなど「軽微なもの」、②二次創作・パロディ、③「著作権者の利益を不当に害しないと認められる特別な事情がある場合」については規制対象外とされた。

著作権法の関連用語

リーチサイト規制

2020年10月1日施行の改正著作権法により、違法にアップロードされた著作物へのリンク情報を集約した「リーチサイト」対策として、リーチサイト・リーチアプリによるリンク提供行為およびリーチサイト運営者・リーチアプリ提供者がリンク提供を放置する行為が規制されることとなった。なお、リーチサイト・リーチアプリは、公衆を侵害コンテンツにことさらに誘導するものであると認められるWebサイトやアプリ、または、主として公衆による侵害コンテンツの利用のために用いられるものであると認められるWebサイトやアプリと定義されている。

Webサイト公開に関する著作権など

　画像、音楽、映像、アニメーションなどをWebサイトで公開する場合、その内容が他人の著作権などの権利を侵害することがあります。写真、漫画のキャラクター、文章、音楽などの著作物を無断でデジタル化して自分のコンピューターやWebサーバーに保存することは**複製権**（著作権法）の侵害になり（私的使用などの場合は除く）、デジタル化した著作物を公衆に対してインターネットで送信すること、サーバーにアップロードして送信できる状態にすることは**公衆送信権**の侵害になります。

■Webサイトに公開する場合の留意点

写真	雑誌や書籍に掲載された写真をスキャンしてWebサイトに公開すると、出版社やカメラマンに対する著作権侵害になる。美術品などを撮影して公開する場合も被写体となる美術品の著作権を侵害する可能性がある。なお、人物写真の場合は、肖像権やパブリシティ権の侵害にも留意する（206ページ参照）。
テキスト・画像・動画	テレビの映像や画面をキャプチャーしたり、新聞をスキャナーで読み込んだりした画像や動画を許諾なしで公開すると著作権侵害になる。
イラストや絵	漫画やアニメのキャラクターは、個々の作品とは別にキャラクターそのものに著作権が認められる（作品内に描かれていない表情や姿でも、作品の表現をもとにしていると翻案となる）。実在する人物の似顔絵も、描かれた本人の許諾なしに使用すればパブリシティ権または肖像権侵害となる可能性がある。
音楽や歌	音楽データや歌詞をWebサイトで使用したり配信したりすることは、著作権法上の複製権や公衆送信権に抵触する可能性があるので、著作権者に許諾を得る必要がある。市販の音楽CDや放送の録音などを公開する際には、CD製作者、実演家、放送事業者などの利用許諾も必要である。P2Pのファイル交換ソフトウェアを使用して、無許諾でコピーされた音楽データなどの入手や配布は著作権法上違法である。
他のWebサイトへのリンク	他のWebサイトへのリンクを張る行為は、リンク先のWebサイトの情報を自らが複製したり、送信したりするわけではないので、一般には著作権法に抵触しない（ただし、「無断リンク厳禁」などとWebサイト上に表記している場合もある）。他のWebサイトで公開されている画像などのメディアファイルを、直リンクして自分のWebページ上にインライン表示させることも、著作権法上の複製や自動公衆送信には当たらないとされている。ただし、画像の一部を切り取って利用する場合やリンク先で使用している意味とは異なる意味で使用している場合は、著作者人格権の侵害となる可能性がある。

著作権の関連用語

著作隣接権
著作物を公衆に伝達する実演家（歌手、俳優など）、レコード製作者、放送事業者、有線放送事業者に対して認められている権利。著作隣接権者は、複製権や送信可能化権を持つ。

送信可能化権
インターネットで送信する前のサーバーへの蓄積や回線の接続などを可能にする権利。音楽CDなどの音声、実演などを無断でインターネット上で送信する行為は著作隣接権者の権利も侵害すことになる。

「無断リンク厳禁」
Webサイトの中には「無断リンク厳禁」などと表記しているものもあり、これらのWebサイトへのリンクを張る行為については、さまざまな紛争が生じているのでリンクを張る際には注意が必要である。

自動公衆送信
公衆に著作物を提供する方法には、放送や有線放送を介して同時に同一内容のものを提供する方法と、利用者に随時提供する自動公衆送信がある。インターネット上のコンテンツをユーザーからの要求に応じてサーバーからユーザーの端末に対して自動的に送信することは、自動公衆送信に該当する。著作権を持たない人物が、著作物に対し自動公衆送信を行うことは著作権法に抵触する。

ソフトウェアの著作権とライセンス

　市販されているソフトウェア製品は、著作権者（ソフトウェアのメーカー）とのライセンス（使用許諾契約）に基づいて使用します。ライセンスで許されている台数を超えたコンピューターにインストールすると著作権の侵害となります。

　インターネットや雑誌の付録で無料配布されるソフトウェアは、著作者が著作物についてどのような扱いを求めているかにより以下に分類されます。

■インターネットなどで配布されるソフトウェア

OSI
Open Source Intiative

GPL
GNU General Public
License

オープンソースソフトウェア	一般的には、ソースコードが公開された、米国のOSIという団体が定義した要件を満たすライセンスに基づいて配布されるソフトウェアを指す。代表的なものにLinuxがある。ほとんどが無料で利用でき、ソフトウェアの改変や再配布も可能である。GPLというライセンスに基づいて配布されるフリーソフトウェアもオープンソースソフトウェアに該当する。
フリーウェア	無料で使用できるソフトウェアのこと。フリーソフトともいう。ソースコードが公開されていないことが多く、改変や再配布などの規約もソフトウェアごとに異なる。
シェアウェア	試用期間は無料で、それ以降、継続的に利用したい場合は代金を支払うソフトウェア。

　ソースコードが公開され、改変や再配布も可能としているオープンソースソフトウェアなどを除くと、他人のプログラムのソースコードをそのまま利用してプログラムを開発することは、複製権の侵害に当たります。加えて、ソースコードを書き換えて利用すると、複製権に加えて翻案権の侵害にもなることがあります。一方で、気象データなどの客観的情報は、著作権法で保護されていません。

5 電子商取引

インターネット上の電子商取引が拡大するとともに、さまざまな法律が整備されています。

例題 1 資金決済に関する法律で定められる暗号資産の説明として、**不適当な**
ものを1つ選びなさい。

a 以前は仮想通貨と呼ばれていた。

b 物品購入に際し、代価の弁済のために不特定の者に対して使用できる。

c その価値は電子情報処理組織を用いて移転できる。

d 不特定の者を相手方として、購入および売却できる。

e 日本銀行からCBDCというものが発行されている。

例題の解説　　　　　　　　　　　　　　　　　　　　　　　解答は **199** ページ

例題 1

　暗号資産とは、インターネット上で不特定の相手と電子的にやりとりできる財産的価値であり、ビットコインやイーサリアムなどがあります。暗号資産の取引については、資金決済に関する法律（資金決済法）において2017年から規制されています。

a 従前は「仮想通貨」と呼称されていましたが、2019年の資金決済法改正により、「暗号資産」と変更されました。

b 資金決済法では、暗号資産について、「物品を購入し、若しくは借り受け、又は役務の提供を受ける場合に、これらの代価の弁済のために不特定の者に対して使用することができ」る財産的価値と定義しています。

c 資金決済法では、暗号資産について、「電子情報処理組織を用いて移転することができるもの」と定義しています。電子情報処理組織とは、コンピューターとコンピューターをインターネットなどの電気通信回線で接続したものをさします。

d 資金決済法では、暗号資産について、「不特定の者を相手方として購入及び売却を行うことができる財産的価値」と定義しています。

e CBDC (Central Bank Digital Currency) は、各国の中央銀行が発行するデジタル通貨のことです。わが国においては、日本銀行はCBDCを発行していません。選択肢は、資金決済に関する法律で定められる暗号資産の説明として不適当です（正解）。

オンラインショッピングで利用されている決済方法

オンラインショッピングの代金決済手段には、クレジットカード決済、電子マネー決済、オンラインバンキング決済、コンビニエンスストアカウンターでの支払い、銀行・郵便局の窓口・ATMでの支払い、商品配達時の代金引換、回収代行サービス（通信料金・プロバイダー利用料金への上乗せ）による決済、暗号資産（仮想通貨）による支払いなどが利用できます。

なお、オンライン決済時の消費税は、従来、サービスの提供場所が日本国内かどうかで消費税を課すかどうかが決められていましたが、2015年10月からサービスの提供場所にかかわらず、サービスの提供を受ける者の住所が日本国内であれば消費税を課されることになりました。

実際の店舗での決済手段として、モバイル決済への対応が進んでいます。モバイル決済には、FeliCaという技術に基づく非接触ICを使う決済と、バーコードやQRコードを利用したコード決済が普及しています。

暗号資産と資金決済法

ビットコインなどで知られる暗号資産は、資金決済に関する法律（資金決済法）において次のように定義されています。

■暗号資産の定義

> 一　物品を購入し、若しくは借り受け、又は役務の提供を受ける場合に、これらの代価の弁済のために不特定の者に対して使用することができ、かつ、不特定の者を相手方として購入及び売却を行うことができる財産的価値（電子機器その他の物に電子的方法により記録されているものに限り、本邦通貨及び外国通貨並びに通貨建資産を除く。次号において同じ。）であって、電子情報処理組織を用いて移転することができるもの
>
> 二　不特定の者を相手方として前号に掲げるものと相互に交換を行うことができる財産的価値であって、電子情報処理組織を用いて移転することができるもの

なお、デジタル通貨としては、各国の中央銀行が発行するCBDCというものも実用化されつつあります。

暗号資産
資金決済法が2019年に改正される前までは仮想通貨と呼ばれていた。

CBDC
Central Bank Digital Currency
日本銀行ではCBDCの要件を、デジタル化されていること、円などの法定通貨建であること、中央銀行の債務として発行されること、これら3つを満たすものとしている。2022年10月現在、日本銀行がCBDCを発行する計画はない。

特定商取引法

　特定商取引法（特定商取引に関する法律）は、オンラインショッピングにおける被害から消費者を守るための法律の1つです。

　特定商取引法では、Webサイト上でオンラインショップに以下の情報の公開を義務付けています。

■特定商取引法によりオンラインショップで公開が義務付けられている情報

- 販売価格（サービスの対価）と商品の送料
- 代金の支払い時期と方法
- 商品の引き渡し時期（権利の移転時期、サービスの提供時期）
- 売買契約の申し込みの撤回または解除に関する事項
- 事業者の氏名（名称）・住所・電話番号・代表者名（または責任者名）
- 申し込み有効期限があるときはその期限
- 商品の種類または品質に関して契約の内容に適合しない場合の事業者の責任について（定があるとき）
- 商品の販売数量の制限など特別な販売（サービスの提供）条件（定があるとき）

オンラインショッピングにおける契約

　電子消費者契約法は、一般の商取引とは異なる面を持つオンラインショッピングの利用者を保護するために、オンラインショップの事業者と消費者の間の取引において民法の特例を定めた法律です。電子消費者契約法では、消費者に操作ミスという重過失（著しい不注意）があったとしても、原則としてその意思表示の取り消しをすることができるとしています（民法では原則として意思表示を取り消すことはできない）。ただし、事業者が操作ミスを防止する対策を講じている場合や、消費者自らが確認措置が不要である意思を表明した場合には、操作ミスによる注文であっても無効にはできません。

　また、契約の成立時期について、民法では2020年の改正により発信主義から到達主義とされました。オンラインショッピングの契約成立時点については、次の時点で契約が成立します。
① 電子メールで意思表示を行う場合、消費者の注文を受け付けたオンラインショップが承諾の電子メールを発信し、その電子メールが消費者の利用する受信メールサーバーに到着した時点
② 承諾通知をWeb画面上に表示する場合、申込者のモニター画面上にオンラインショップの承諾通知が表示された時点

契約の成立時期
2020年の民法改正以前は、電子消費者契約法によりオンラインショッピングのみ特例で到達主義とされていた。

いずれの場合も、消費者がメールや画面を確認したかどうかは契約の成立には影響しません。

また、2020年の民法改正では、定型約款に関する規定も新設しています。

電子署名法

電子署名法（電子署名及び認証業務に関する法律）は、電子署名に署名や押印と同等の効力を持たせるための法律です。電子署名法により、インターネット経由で契約書を交わすといった電子商取引や役所への申請の電子化などを実現するための法的な基盤が整備されました。

電子署名法が認めるところの電子署名により、電磁的記録（電子データ、電子文書などのこと）に記録することができる情報において、作成者が本人であること、情報に改変が加えられていないことを確認することができます。

電磁的記録に本人による電子署名法に従った電子署名がされている場合は、その内容は電子署名をした本人の意思内容を表していると推定されます。これを「真正な成立の推定」といいます。

電子署名や認証技術として公開鍵暗号方式が主に利用されます。電子署名が本人によってなされたものであることを証明するには、認証局（CA）が発行する電子証明書が必要です。認証局は、電子証明書を管理、発行する機関で、電子署名法では、一定の基準を満たす認証業務（特定認証業務）は国の認定を受けることができるとしています。ただし、認定がなくても一般認証業務として認証事業を行うことはできます。

定型約款

事業者が消費者と画一的な条件で契約する際に用いる約款（オンラインショッピングやWebサービスの利用規約）は、インターネット通販や保険などの契約で広く用いられているが、消費者が約款をほとんど読まずに契約し、後でトラブルになるケースが多かった。2020年の民法改正において、事業者があらかじめ約款に基づく契約であることを示し、定型取引を行う旨の合意がされれば、消費者が個別の条項を理解していなくても、それらの個別の条項についても合意したとみなされるようになった。

6 不正アクセス、プロバイダーの責任にかかわる法律

公式テキスト512〜517ページ対応

インターネットやコンピューターの利用における不正行為を取り締まる法律や、他人の権利を侵害する情報が発信された場合のプロバイダーの責任を定めた法律が施行されています。

重要

例題 1 プロバイダ責任制限法に関する説明として、<u>不適当なものを1つ選び</u>なさい。

a 対象となるのはISPおよびWebサイトを運営する法人のみであり、個人は該当しない。

b プロバイダーは、自らが運営するサイト上に違法な情報を放置した場合、責任を負う場合がある。

c サイト上の書き込みによって権利侵害を受けたユーザーから、書き込みの削除依頼があった場合、定められた手続きを踏めばプロバイダーが削除しても免責される場合がある。

d サイト上の書き込みなどによって不当に権利侵害を受けたユーザーから書き込んだユーザーの氏名、住所などの情報を開示するよう求められた場合、情報を開示しても免責される。

例題の解説
解答は **203** ページ

例題 1

プロバイダ責任制限法は、インターネット上でプライバシーの侵害や著作権侵害などがあった場合の特定電気通信役務提供者（プロバイダーなど）の責任について規定している法律です。

a 選択肢の説明は不適当です（正解）。特定電気通信役務提供者は法人に限らず、Webサイトを運営する個人も含まれます。

b プロバイダ責任制限法に関する説明として適当です。他人の権利を侵害する違法な情報を放置すればプロバイダーが責任を負う場合があります。

c プロバイダ責任制限法に関する説明として適当です。被害者から侵害情報の送信防止措置の申出があったことを情報発信者に連絡するなどの一定の手続きを踏めば、プロバイダーが削除しても免責される場合があります。

d プロバイダ責任制限法に関する説明として適当です。プロバイダ責任制限法では、Webサイトへの書き込みによって自身の権利が侵害されたとする者が、損害賠償請求権の行使などのために必要となる発信者情報の開示の要件について定めています。開示のための正当な手続きやそのための要件を満たす場合、プロバイダーは発信者情報を開示できます。

不正アクセス禁止法

不正アクセス禁止法は、アクセス権限を持たないユーザーが、インターネットなどを介してアクセス権限のないネットワークシステムにアクセスする行為や、それを助長する行為を禁止する法律です。他人のIDやパスワードを無断で使用し、インターネットサービスを利用する行為などが処罰の対象となります。

■**不正アクセス禁止法が規制する不正アクセス行為の例**

- オンラインゲーム上で他人のIDやパスワードでログインする行為
- 不正アクセスを行う目的で他人のIDとパスワードを不正に入手し、他人になりすましてオークションにログインする行為
- アクセス管理者または利用権者の承諾を得ていない場合に、自分で推測したIDやパスワードでログインする行為
- ファイアウォールやソフトウェアによるアクセス制御機能を無力化する情報または指令を入力することによる不正アクセス行為
- 他人のIDやパスワードをアクセス管理者や当該ID・パスワードの利用権者本人以外に教える行為
- いわゆるフィッシング行為（フィッシングサイトの公開や電子メールによるIDやパスワードの詐取）

プロバイダ責任制限法

プロバイダ責任制限法は、インターネット上でプライバシーの侵害や著作権侵害などがあった場合のプロバイダーの責任の範囲を定めた法律です。プロバイダーは、一定の条件を満たす場合は、被害者や情報発信者に対する損害賠償責任を負いません。

■**プロバイダ責任制限法におけるプロバイダーの責任（概要）**

- 権利侵害を受けた被害者の依頼に応じて、一定の手続きを経て情報を削除しても免責されることがある。
- 違法な情報を放置した場合には責任を負うことがある。
- 被害者が正当な理由をもって情報発信者の住所、氏名、IPアドレスなどの情報開示を求めた場合、情報を開示しても免責される。

2021年のプロバイダ責任制限法改正に伴い（2022年10月1日施行）、円滑に被害者救済を図るべく、発信者情報の開示を1つの手続きで行うことを可能とする「新たな裁判手続（非訟手続）」の創設、必要とされる通信記録の保全のための措置の追加、発信者情報の開示対象の拡大（発信者の電話番号を追加）などが行われました。

プロバイダ責任制限法
特定電気通信役務提供者の損害賠償責任の制限及び発信者情報の開示に関する法律の略称。特定電気通信役務提供者とは、サービスプロバイダ(ISP)、サーバーの管理・運営者などのこと。BBSなどを提供しているWebサイトを運営する個人も含まれる。

インターネットなどの情報ネットワークは、政府や自治体にかかわるさまざまな活動にも利用されています。

 1 公職選挙法違反となる<u>恐れのない行為</u>を<u>3つ</u>選びなさい。

a　選挙運動期間中、候補者自身がインターネット上で有料のバナー広告を利用する。

b　選挙運動期間中、一般有権者が特定の候補への投票を依頼する電子メールをSMTPを利用して知人宛てに送信する。

c　選挙運動期間中、一般有権者が特定の候補への投票を依頼するメッセージをLINEで知人宛てに送信する。

d　選挙運動期間中、一般有権者が特定の候補への投票を依頼するブログ記事を公開する。

e　投票日当日、Twitterで特定の候補者への投票を依頼する書き込みを行う。

f　選挙期日後、候補者自身が当選または落選に関する挨拶の電子メールを有権者宛てに送信する。

例題 2 電子公証サービスにおいて、電子文書に対する証明対象とは<u>ならないもの</u>を<u>すべて</u>選びなさい。

a　電子文書の作成者

b　電子文書が作成された場所

c　電子文書が作成された日

d　電子文書が改ざんされていないこと

例題 3 e-Taxに関する説明として、<u>正しいもの</u>を<u>2つ</u>選びなさい。

a　法人のみが利用できるサービスである。

b　利用には電子証明書が必要である。

c　オンラインで所得税の確定申告を行うことができる。

d　e-Tax専用にインターネット回線を用意する必要がある。

例題　1

　公職選挙法の一部が改正され、2013年からインターネットなどを利用する方法による選挙運動が解禁となり、Webサイトなど（ホームページ、ブログ、SNS、動画共有サービス、動画中継サイトなど）を選挙運動に利用できるようになりました。

a　候補者が、選挙運動期間中にインターネット上で有料のバナー広告を利用することは禁止されています。

b　選挙運動期間中、特定の候補への投票を依頼する電子メールをSMTPを利用して送信できるのは候補者・政党などです。一般有権者がこれを行うことは禁止されています。

c、d　公職選挙法で認められている行為です（正解）。選挙運動期間中、一般有権者は電子メールを利用する方法を除いた、インターネットなどを利用する方法で選挙運動を行うことができます。Twitter、Facebook、LINEなどのSNS、ブログはこれに含まれます。

e　投票日は選挙運動期間ではありません。選挙運動期間外に選挙運動を行うことは禁止されています。

f　公職選挙法で認められている行為です（正解）。選挙期日後、インターネットなどを利用する方法により当選または落選に関する挨拶をすることができます。これには電子メールも含まれます。

例題　2

　電子公証制度は、従来の公証制度において紙の文書に対してのみ行われていた公証制度を、電子文書についても行うことができるようにした制度で、これを提供するサービスが電子公証サービスです。

a　選択肢は電子文書に対する証明対象となります。公証人が私署証書を認証した電子文書は、文書への署名または記名押印が作成名義人（文書作成者）によって正当にされたことを公証人が証明しています。

b　電子公証サービスでは、電子文書が作成された場所を証明することはありません（正解）。

c　選択肢は電子文書に対する証明対象となります。公証人が確定日付を付与した電子文書は、確定日（作成された日など）に存在していたことを公証人が保証しています。

d　選択肢は電子文書に対する証明対象となります。電子公証サービスでは、電子文書で改ざんされていないことを証明します。

例題　3

　e-Taxは、国税電子申告・納税システムです。行政内部、行政と国民・事業者との間で、書類ベース、対面ベースで行われている業務をオンライン化して行う電子政府におけるサービスの1つです。

a　税法に規定されている申請・届出などの手続きを行う納税者が利用できます。納税者には、法人以外の個人も含まれます。

b　e-Taxに関する正しい説明です（正解）。利用には、電子署名用の電子証明書の保有が必要です。

c　e-Taxに関する正しい説明です（正解）。e-Taxでは、オンラインで所得税の申告、すべての税目の納税、青色申告の承認申請、納税地の異動届、電子納税証明書の交付請求、税務に関する申請や届出の提出といった手続きが可能です。

d　e-Taxは、インターネットを利用できる環境を有することで利用可能です。専用のインターネット回線の用意は不要です。

▶**200ページの解答**　例題1　a

電子政府

電子政府とは、行政内部や行政と国民・事業者との間で書類ベース、対面ベースで行われている業務をオンライン化し、情報ネットワークを通じて省庁横断的、国・地方一体的に情報を瞬時に共有・活用する新たな行政を実現するものです。電子政府を推進する取り組みとして、2001年施行のIT基本法に基づいて行政の情報化が進められ、電子政府の総合窓口（e-Gov、イーガブ）の整備や各府省における申請・届出などをオンラインで受け付けるシステムの整備が図られました。2021年には、行政システムの標準化を進め効率化を図る目的でデジタル庁が設置されています。

IT基本法
高度情報通信ネットワーク社会形成基本法
IT基本法に変わる新法となるデジタル社会形成基本法の制定（2021年）に伴い廃止された。

電子公証制度

電子公証制度は、従来の公証制度において紙の文書に対してのみ行われていた「確定日付の付与」、「私署証書の認証」または「会社の定款の認証」などを電子文書についても行うことができるようにした制度です。電子公証制度では、公証人が確定日付を付与した電子文書は、「確定日付」のある文書として扱われます。電子文書に付加された電子署名に対して公証人が認証を与えることで、私署証書として扱われます。また、電子公証の業務は、公証人のうち法務大臣から指定された公証人（指定公証人）が行います。

確定日付の付与
特定の内容の文書が確定日付日に存在していたことを公証人が証明すること。

私署証書の認証・定款の認証
文書への署名または記名押印が作成名義人によって正当にされたことを公証人が証明すること。

住基ネット

住民基本台帳ネットワークシステム（通称：住基ネット）は、住民基本台帳の情報をネットワーク化し、氏名・生年月日・性別・住所・住民票コード（およびこれらの変更情報）といった本人確認情報を全国どこからでも確認できるようにしたシステムです。

住民基本台帳
住民票を編成したもので、市区町村における住民に関する事務処理の基礎となるもの。

e-Tax

電子政府におけるサービスの1つが、国税電子申告・納税システムの「**e-Tax**」（イータックス）です。e-Taxでは、所得税など各種税の申告、税務に関する申請や届出などの提出といった手続きが可能です。e-Taxの利用は、税法に規定されている申請・届出などの手続きを行う納税者であれば、個人・法人に限らず可能です。e-Taxを利用するには、インターネットを利用できる環境

と電子署名用の電子証明書を保有していることが前提になります。e-Taxにおける本人確認の手段として、マイナンバーカードを使った公的個人認証サービスを利用することができます。

公職選挙におけるインターネットの利用

2013年に**公職選挙法**の一部が改正され、インターネットなどを利用する方法（Webサイト、ブログ、SNS、動画共有サービス、動画中継サイト、電子メールなど）による選挙運動が解禁されました。なお、選挙運動とは、選挙運動期間に限って行うことができます。

■インターネット選挙運動解禁（公職選挙法の一部を改正する法律）の概要

①Webサイトなどを利用する方法による選挙運動用文書図画の頒布の解禁

何人も、Webサイトなどを利用する方法により、選挙運動を行うことができる。Webサイトなどを利用する方法とは、インターネットなどを利用する方法のうち、電子メールを利用する方法を除いたもの。Webサイトなどには電子メールアドレスなどの連絡先を表示することが義務付けられている。

②電子メールを利用する方法による選挙運動用文書図画の頒布の解禁

電子メールを利用する方法（SMTP通信による方式と電話番号による方式）による選挙運動用文書図画については、候補者・政党等に限って頒布することができる。なお、一般有権者が電子メールを利用して選挙運動を行うことはできない。電子メールを利用する場合、送信者の氏名、電子メールアドレスなどの表示が義務付けられている。

③選挙運動用有料インターネット広告の禁止

選挙運動のための有料インターネット広告については禁止されている。候補者本人であっても広告を出すことはできない。ただし、政党等に限って、選挙運動期間中に、当該政党等の選挙運動用Webサイトなどに直接リンクする政治活動用有料インターネット広告を掲載できる。

④インターネットなどを利用した選挙期日後の挨拶行為の解禁

選挙期日後、インターネットなどを利用する方法により、当選または落選に関して選挙人に挨拶をすることができる。たとえば、自身のホームページや電子メールを利用して挨拶をすることができる。

インターネットなどを利用する選挙運動において、公職選挙法では、年齢満18歳未満の者の選挙運動、Webサイトや電子メールなどを印刷して頒布する行為、選挙運動期間外の選挙運動や、候補者に対する誹謗中傷・なりすましなどの行為は禁止されています。

公的個人認証サービス
オンラインによる安全・確実な行政手続きを行うための本人確認の手段として提供されている。「電子証明書」と呼ばれるデータを、外部から読み取られる恐れのないマイナンバーカードなどのICカードに記録することで利用が可能となる。

選挙運動期間
選挙の公示・告示日から選挙期日の前日。

ICTの活用と法律の関連事項

肖像権、プライバシー権、パブリシティ権

　Web上に人物の写った写真やビデオを掲載する場合は、肖像権やプライバシー権、パブリシティ権の侵害に留意する必要があります。

　肖像権とは、個人の容姿や容貌などを無断で写真やビデオに撮られたり、それを無断で公開されたりしない権利のことです。**プライバシー権**は、個人の尊厳を保ち、幸福の追求を保障するために私生活をみだりに公開されないという権利です。

　パブリシティ権は著名人を対象としたもので、著名人の肖像や氏名には顧客吸引力（著名人肖像や氏名などが持つ、それらを付した商品などの販売を促進する力）があり、このような経済的価値を排他的に利用できる権利のことです。なお、有名であっても人物ではない「物」にはパブリシティ権が認められていません。

商標権

　商標権とは、商品やサービスに付けられるマーク（商標という）に対して与えられる権利です。

　商標権は、特許庁に対し商標登録出願を行い、登録査定を受け、さらに設定登録を受けて得ることができます。また、登録を受けるためには、その商標に、他の商品やサービスと識別できるような機能（自他識別能力）が必要であり、他人の商品やサービスと混同を生じる恐れがある商標は登録を受けることはできません。2014年の商標法改正により、動き商標や音商標など新しいタイプの商標（新商標）の保護制度が導入されています。動き商標は文字や図形などが時間の経過に伴って変化する商標、音商標は音楽、音声、自然音などからなり、聴覚で認識される商標です。

　登録商標（あるいはその商標に類似している商標）が許可なく他者の製品（商標の指定する商品およびこれに類似する商品）に付けられた場合は、商標権に基づきその販売、輸入、譲渡などの差し止めや、それによって生じた損害の賠償を請求することができます。

　サービスマークは、商品とは違ってそれ自体は形のないサービスに関連して用いられるマークのことです。商標登録されたサービスマークについては、次のような使い方に対して商標権の保護の対象となります。

・サービスの提供の際に顧客に渡すものや顧客が利用するものにサービスマークを付ける。
・サービスの提供の際に利用するものにサービスマークを付けて展示する。
・サービスの広告、価格表、取引書類にサービスマークを付けて展示／配布する。

　なお、ドメイン名は、自他の商品・サービスの識別のために使用される「商標」とは異なりますが、ドメイン名は人間に覚えやすい形式であるため、商標やサービスマークと同じように、そのWebサーバーで運営されているビジネスを表すマークとしての価値を持つようになりました。そのため、WebのURLで用いられるドメイン名については、商標権の保護の対象となることがあります。

意匠権

　量産可能な物品の形、色、模様といったデザインを意匠といい、**意匠権**はそれらを模倣されない権利です。以前は物品に限られていた意匠権の保護対象が、2020年4月の意匠法改正により、画像（物品に記録・表示されていない画像そのもの）や建築物、内装などのデザインまで拡充され、権利期間が出願の日から最長25年となりました。

マイナンバー法

　2013年に成立した**マイナンバー法**（行政手続における特定の個人を識別するための番号の利用等に関する法律）により、社会保障や税、災害対策の分野において、住民票を有する国民一人ひとりに12桁の番号を割り当て、1つの番号で管理する社会保障・税番号制度（マイナンバー制度）が始まりました。マイナンバー制度は、行政を効率化し、行政手続きが簡素化されるなど国民の利便性を高め、公平・公正な社会を実現する社会基盤となるもので、個人（個人番号）だけでなく法人（法人番号）も対象としています。

　マイナンバー（個人番号）は一生使うものであり、番号が漏洩し、不正に使われる恐れがある場合を除き、変更されることはありません。2016年1月から交付が始まった**マイナンバーカード**には、氏名、住所、マイナンバー、電子証明書などが記録されますが、所得などのプライバシー性の高い情報は記録されません。マイナンバーカードは顔写真とICチップを備えており、本人確認のための身分証明書としても使え、また、ICチップに搭載された電子証明書を用いた本人確認に利用することができます。健康保険証としての機能も付加され、2024年には運転免許証との一体化が予定されています。

PART2 ダブルスター対策

1 IPv4とIPv6

★★

IPv4ヘッダーとIPv6ヘッダーの違いやDHCPv6の仕組み、IPを補完するICMPやICMPv6の動作について理解しましょう。

重要

例題 1 IPv4ヘッダーとIPv6ヘッダーの違いの説明として、<u>適当なものを1つ選びなさい</u>。

a ヘッダー長は、IPv4では固定でIPv6では可変である。

b チェックサムを用いた誤り検出は、IPv4では行われずIPv6では行われる。

c フローラベルというフィールドは、IPv4にはあるがIPv6にはない。

d IPv4のTTLに相当するフィールドとして、IPv6ヘッダーにはホップ制限というフィールドがある。

例題 2 IPv6アドレス2001:db8::2004に対して、<u>ロンゲストマッチになるものを1つ選びなさい</u>。

a 2001:db8::2000 **b** 2001:db8::2003 **c** 2001:db8::2007

d 2001:db8::2014 **e** 2001:db8::3004

例題 3 IPv6アドレスを持たないホストがDHCPv6サーバーに問い合わせを行う際の動作として、<u>正しいものを2つ選びなさい</u>。

a ホストはブロードキャストアドレスを宛先にして、DHCPv6サーバーを探すための要求を行う。

b ホストはマルチキャストアドレスを宛先にして、DHCPv6サーバーを探すための要求を行う。

c ホストは自分のIPアドレスとして、一時的に::1/128を使用する。

d ホストは自分のIPアドレスとして、一時的にリンクローカルアドレスを使用する。

例題の解説 解答は **213** ページ

例題 1

IPv4アドレスの枯渇対策として1994年に標準化されたIPv6では、ヘッダーの仕様も変更されています。

a IPv4のヘッダーにはオプション情報を書き込む可変長部分があります。IPv6のヘッダーは基本ヘッダーと拡張ヘッダーがあり、基本ヘッダー長は固定で、オプション情報がある場合は拡張ヘッダーに定義します。

b IPv4には、通信中のデータ誤りを検出するためにヘッダー中にチェックサムフィールドがあります。IPv6では、IP層のチェックサムが廃止されたので、チェックサムまたは同等のデータはヘッダー中に格納されません。

c フローラベルは、IPv6で新たに追加されたフィールドです。フローラベルは、一連のパケットを同じように取り扱うようルーターに指示するための番号です。フローラベルまたは同等の情報は、IPv4のヘッダーにはありません。

d IPv4のTTLは、ネットワーク上でのパケットの生存時間を示すフィールドです。IPv6ヘッダーでは同様の情報がホップ制限フィールドに格納されます。選択肢は、IPv4とIPv6のヘッダーの違いの説明として適当です（正解）。

例題 2

IPv6では、1つのネットワークインターフェイスに複数のIPv6アドレスを設定することができます。複数のIPv6アドレスを持つネットワークインターフェイスからパケットを送信する際に、どのIPv6アドレスを使用するか、さまざまなルールが定義されていますが、その1つがロンゲストマッチで、宛先のアドレスと先頭から比べて一致する部分が最も長いIPv6アドレスを使用します。

問題と選択肢のIPv6アドレスを16進法表記から2進法表記にして先頭から順に比較します。なお、16進法表記の上位7ブロック（最下位ブロック以外）の「2001:db8::」値はすべて同じですから省略します。

		最下位ブロック		
		16進法表記		2進法表記
問題のアドレス	2001:db8::2004	2004	→	0010 0000 0000 0100
a のアドレス	2001:db8::2000	2000	→	0010 0000 0000 0000
b のアドレス	2001:db8::2003	2003	→	0010 0000 0000 0011
c のアドレス	2001:db8::2007	2007	→	0010 0000 0000 0111
d のアドレス	2001:db8::2014	2014	→	0010 0000 0001 0100
e のアドレス	2001:db8::3004	3004	→	0011 0000 0000 0100

この中で問題のアドレスとロンゲストマッチするのは、16進法表記で最下位ブロックが2007のアドレス2001:db8::2007（**c** が正解）です。

例題 3

DHCPv6は、アドレスを持たないホストに自動的にIPv6アドレスを割り当てる仕組みの1つで、DHCPv6サーバーが問い合わせのあったホストに対してIPv6アドレスを貸与します。

a IPv6には、ブロードキャストアドレスはありません。代わりにマルチキャストアドレスで実現します。

b マルチキャストアドレスを宛先にしてパケットを送信すると、同一アドレスに参加しているノード、ルーターなどはこれを受信します。IPv6アドレスを持たないホストがDHCPv6サーバーに問い合わせを行う際、ホストはマルチキャストアドレス宛のパケットに発信します（正解）。

c ::1/128は、ホスト自身を仮想的に表すために使用されるループバックアドレスで、DHCPv6サーバーへの問い合わせには使用されません。

d リンクローカルアドレスは、同一リンク内のホスト間で直接通信を行うためのアドレスです。IPv6アドレス自動設定などに用います（正解）。

IPv4ヘッダーとIPv6ヘッダー

IPパケットの**ヘッダー**には、送信元IPアドレス、宛先IPアドレスをはじめとした情報が記載されます。IPv4のIPv4ヘッダー、IPv6のIPv6ヘッダーはフォーマットが異なります。

■IPv4ヘッダー

( )内はビット数

バージョン(4)	ヘッダー長(4)	サービスタイプ(8)	パケット長(16)	
識別子(16)			フラグ(3)	フラグメントオフセット(13)
TTL(8)		プロトコル番号(8)	ヘッダーチェックサム(16)	
送信元IPアドレス(32)				
宛先IPアドレス(32)				
オプション				

TTLフィールドはパケットの生存時間を示します。ルーターの経由といった処理ごとにTTLは1ずつ減り、0になるとパケットは廃棄され、パケットがどこにも到達できないままネットワークを流れ続けることを防ぎます。IPv6でTTLに相当するのはホップ制限フィールドです。IPv4にあるフィールドのうち、ヘッダー長(ヘッダー長を示す)、識別子・フラグ・フラグメントオフセット(以上3つはフラグメントに使用する)、ヘッダーチェックサム(チェックサムに使用する)はIPv6では廃止されました(267ページ参照)。

■IPv6ヘッダー (基本ヘッダー)

( )内はビット数

バージョン(4)	トラフィッククラス(8)	フローラベル(20)		
ペイロード長(16)		次ヘッダー(8)	ホップ制限(8)	
送信元IPアドレス(128)				
宛先IPアドレス(128)				

IPv6は、IPv4ヘッダーよりシンプルで効率的に設計されました。IPv6パケットに必須の情報は**基本ヘッダー**に定義し、オプション情報がある場合は**拡張ヘッダー**を付加して定義します。基本ヘッダーは固定長の40オクテット(1オクテットは8ビット)、拡張ヘッダーは可変長です。トラフィッククラスはIPv4のサービスタイプ、ペイロード長はIPv4のパケット長、次ヘッダーはIPv4のプロトコル番号に相当します。

ヘッダー長
32ビット単位で変わるオプションヘッダーの長さを含めたヘッダーの長さが記載される。最小値は「5」。

サービスタイプ
TOS (Type Of Service)
優先度、遅延、信頼性、スループット、金銭的コストからなるサービス品質を要求するために使用される。

TTL
Time To Live

プロトコル番号
TCPやUDP、ICMPなど、IPの上位層で使われているプロトコルの種類が番号で指定される。

チェックサム
通信中のデータ誤りを検出するための仕組み。

フローラベル
一連のパケットを同じように取り扱うようルーターに指示するための番号が入る。通信経路の選択や通信品質に関する制御に使用する。IPv6で新たに追加された。

ペイロード長
ヘッダーに続くデータ部分の長さ。拡張ヘッダーを使用する場合は拡張ヘッダー＋データの長さ。

拡張ヘッダー
IPv6基本ヘッダーに追加機能を与えるときに指定されるヘッダー。経路制御ヘッダー、フラグメントヘッダー、認証と暗号化のプロトコルであるIPsecのためのヘッダーなどが指定できる。

DHCPv6

IPv6アドレスの自動設定を行うためのプロトコルである**DHCPv6**には、ステートフルDHCPv6やそのサブセットである簡易なステートレスDHCPv6があります。ホストはルーターが配布するICMPv6メッセージのRA（ルーター広告）を受け取り、RAに含まれるMフラグの情報（1の場合はDHCPv6が利用可能）を見て、IPv6アドレスをどこから取得するかを決定します。

■ DHCPv6

ステートフル DHCPv6	RAのMフラグのビット値が1のとき、ホストはDHCPv6サーバーからIPv6アドレスを取得する。あらかじめDHCPv6サーバーにプールされたアドレスがDHCPv6要求に応じて割り当てられる。DHCPv6サーバーは、割り当てたIPv6アドレスの状態の管理を行い、DNSサーバーなどの情報を通知することもできる。IPv6アドレスではなくプレフィックスを割り当てるDHCPv6-PDという方式もある。
ステートレス DHCPv6	RAのMフラグのビット値が0のとき、RAからの情報をもとにホスト自身でIPv6アドレスを生成する。DHCPv6サーバーはIPv6アドレスの割り当ては行わない。RAに含まれるOフラグのビット値が1の場合は、DHCPv6サーバーはDNSなどの情報を通知する。

DHCPv6要求
IPv6アドレスを持たないホストがDHCPv6サーバーに問い合わせを行う際、ホストはマルチキャストアドレスを宛先にして、DHCPv6サーバーを探すための要求を行う。このとき、ホストは自分のIPアドレスとして、一時的にリンクローカルアドレスを使用する。

ICMP、ICMPv6の利用

ICMPは、ネットワークの状態を調べるためのプログラムであるping（目的のコンピューターまでの接続の状態を確認する）やtracert（目的のコンピューターまでの経路を確認する）にも使われます。pingやtracertの実行では、送信元のホストがICMPメッセージのエコー要求を目的のコンピューター宛に送信し、その応答内容から状態を調べます。

IPv6ではルーターでのフラグメントを禁止していることから、**ICMPv6**を使用して、送信元から宛先との間において通過できるパケットサイズ（パスMTUの値）を調べます。この機能を**パスMTU探索**といいます。パスMTU探索では、送信元ホストからのパケットを受け取った経路上のルーターが、パケットのMTUより自身のMTUが小さい場合にICMPv6のPacket Too BigメッセージをMTU情報とともに送信元ホストに送り返します（パケットは廃棄）。送信元ホストは送り返された情報をもとにパケットサイズを調整して再送信、これを宛先ホストにたどり着くまで繰り返してパスMTUの値を発見します。

ICMP、ICMPv6
86ページも参照。

ping、tracert
117ページを参照。

フラグメント
267ページを参照。

MTU
Maximum Transfer Unit
267ページを参照。

2 TCP

★★

IPの上位プロトコルであるTCPは、信頼性のある通信を実現します。TCPによる通信の仕組みについて理解しましょう。

例題 1　**TCPとUDPについての説明として、適当なものを2つ選びなさい。**

a　TCPでは、3ウェイハンドシェイクを用いてコネクションを確立する。

b　UDPヘッダーには、受信側のウィンドウサイズを示すフィールドが用意されている。

c　UDPはTCPとは異なり、パケットの到着順序の入れ替わりが発生すると、受信側で正しい順序に並び替えることはできない。

d　パケットのヘッダーサイズは、TCPよりUDPのほうが大きい。

e　IPv6でTCPは使用されるが、UDPは使用されない。

例題 2　**TCP通信についての説明として、誤っているものを1つ選びなさい。**

a　コネクションを要求する側が最初に送信するのはACKビットがセットされたパケットである。

b　やりとりされているデータパケットの順番の特定にはTCPヘッダーのシーケンス番号が使われる。

c　送信したデータパケットに対し、一定時間ACKビットがセットされたパケットが返ってこない場合、再送が行われる。

d　コネクションを終了するにはFINビットがセットされたパケットを送信する。

例題の解説　　　　　　　　　　　　　　　　　　　　　　　**解答は 217 ページ**

例題 1

IPの上位プロトコルであるTCPとUDPは、TCPが信頼性の高い通信を実現するのに対して、UDPは確実性よりも送信処理の速さを重視します。

a TCPについての説明として適当です（正解）。TCPは、送信元と宛先との間でコネクション確立要求（SYN）と確認応答（ACK）のやりとりを3段階で行ってから通信を行います（例題2の解説①参照）。

b ウィンドウサイズはTCPヘッダーにおけるフィールドで、UDPヘッダーにはありません。ウィンドウサイズは、その時点で受信側が連続して受信可能なデータサイズをオクテット（1オクテットは8ビット）単位で示したものです。送信側はこのオクテット数までは受信側からの確認応答（ACK）を待たずに送信できます。

c UDPについての説明として適当です（正解）。UDPは、TCPと比べてシンプルなプロトコルです。パケットの到着順序の入れ替わりが発生した場合、TCPはヘッダーのシーケンス番号をもとに正しい順序に並べ替えますが、UDPのヘッダーにシーケンス番号はなく、正しい順序に並べ替えることができません。

d TCPとUDPを比較して、パケットのヘッダーサイズが大きいのはUDPではなくTCPです。TCPは、信頼性の高い通信を実現するためにヘッダーに用意されているフィールドの数がUDPより多く、UDPのヘッダーが8オクテットであるのに対してTCPのヘッダーは20オクテット（オプションを除く）です。

e TCPとUDPはIPの上位プロトコルであり、IPv6ではTCPと同様にUDPも使用されます。

例題 2

TCPでは次のような手順で通信を行います（クライアントがサーバーに接続を要求する場合を示す）。なお、SYNはコネクション確立要求、ACKは確認応答、FINはコネクション切断要求の意味で、パケットのTCPヘッダーの中の該当するビットを1とする（ビットをセットする）ことで宛先に送られます。

① コネクションの確立（3ウェイハンドシェイク）

　①-1　クライアント→ SYN →サーバー

　①-2　サーバー→ ACK + SYN →クライアント

　①-3　クライアント→ ACK →サーバー

② データの送受

　②-1　サーバー→データ（シーケンス番号を含む）→クライアント

　②-2　クライアント→ ACK →サーバー

　　　　ACK がサーバーに届かない場合、サーバーは②-1のデータを再送

　②-3　② -1、② -2を繰り返す

③ コネクションの切断

　③-1　サーバー→ FIN →クライアント

　③-2　クライアント→ ACK + FIN→サーバー

　③-3　サーバー→ ACK →クライアント

a コネクションを要求する側が最初に送信するのはTCPヘッダーのSYNが1であるパケット（上記の①-1）です（正解）。

b データパケットにはシーケンス番号が付され、受信後にその番号によってパケットを元の順番どおりに並べます。

c 一定時間を経てもACKが返らない場合は、データが紛失したと判断して再送を行います。

d 要求されたデータをすべて転送したら、サーバーはTCPパケットのFINビットが1であるパケットを送信し、コネクションの切断を要求します（上記の③ -1）。

TCP

　TCPでは、信頼性の高い通信を実現するために、次のような再送付き肯定確認応答（PAR）という仕組みでデータを送信します。

TCP
Transmission Control Protocol

PAR
Positive Acknowledgement with Retransmission

■TCPにおけるデータ送信の仕組み

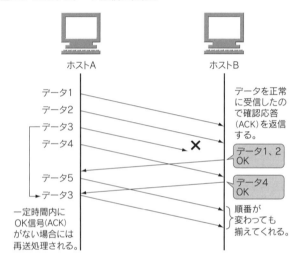

・データを受信したホストは、受信したデータが正しければ送信元ホストに確認応答（**ACK**）を返送。

・データを送信したホストは、一定時間経っても確認応答が届かない場合、途中でデータが消失したと判断して同じデータを再送。

　TCPには、**コネクション型通信**（データを送る前に通信相手との間の通信経路を確保する）、**バイトストリーム指向**（任意の長さのバイト単位のデータを転送できる）、**全二重通信**（送信と受信を同時に行うことができる）といった特徴があります。

　TCPでは、コネクションを確立するために、通信を行う2つのホストが互いに**コネクション確立要求**（**SYN**）と確認応答（ACK）を送信します。たとえば、ホストAがSYNをホストBに送信すると、ホストBではこれに対しACKと、ホストBからホストAに対するSYNを送信します。ホストAからACKが返信されるとコネクションが確立されます。3つの段階を経ることから、これを**3ウェイ**

ハンドシェイクといいます。

　最後の転送データを送る際には、コネクション終了を示す**コネクション切断要求（FIN）**を送信します。FINを受信したらそれに対する確認応答（ACK）と一緒にFINを送信します。これに対するACKが返送された時点でコネクションが終了します。

TCPヘッダー

　TCPの通信に必要な情報はヘッダーの各フィールドに記載されます。

　コネクション確立要求を表すSYN、確認応答を表すACK、コネクション切断要求を表すFINはそれぞれ、TCPヘッダーに用意された各フィールドのビットを1に設定して送信することで通知します。

　シーケンス番号には、コネクションごとのデータの順番を表す32ビットの番号を設定します。送信するデータはシーケンス番号でパケットの順番を管理し、受信データの抜けや重複を検出します。

　ウィンドウサイズには、その時点で宛先（受信側）が連続して受信可能なデータサイズを示すバッファサイズを、オクテット（1オクテットは8ビット）単位で表記します。パケット送信のたびに宛先からの確認応答を待つと転送に時間がかかるので、ウィンドウサイズを通知することで高速化を図ります。送信元は宛先から通知されたウィンドウサイズの範囲内で複数のパケットを連続して送ることができます。

UDP

　トランスポート層では、通信先のホスト内の特定のアプリケーションにデータを送達するためのポート番号などの情報を付加します。多くのアプリケーションは確実なデータ転送を行うためにトランスポート層のプロトコルとしてTCPを利用しますが、ストリーミング配信やDNSなどは、確実性よりも送信処理の速さが重視されるので多くは**UDP**を利用します。

UDP
User Datagram Protocol

　UDPのヘッダーに記載されるのは、送信元のポート番号、宛先のポート番号、パケット長、UDPチェックサムで、TCPのヘッダーと比べてシンプルです。

▶214ページの解答　例題1　a　c　　例題2　a

3 LANで利用される技術

★★ 　　　　　　　　　　　　　　　　　公式テキスト46〜53ページ対応

LANの構築に利用されるイーサネットやVLANの技術について理解しましょう。

重要

例題 1　CSMA/CDの説明として、**適当なものを2つ選びなさい。**

a ホストがコリジョンを検出した場合、待ち時間の後にデータを送信する。

b ホストがコリジョンを検出した場合、フレームを小さく分割して再送信する。

c 複数のホストが同一経路上で同時にフレームを送受信できる。

d 無線LANにおける通信プロトコルである。

e 100Gビットのイーサネットでは使用されない。

例題の解説　　　　　　　　　　　　　　　　　　　　　　　　解答は **221** ページ

例題 1

イーサネットでは、複数台のホストが同一の通信路を共有して通信を行います。2台以上のホストが同時にフレームを送出するとコリジョン（フレームの衝突）が生じ、ホストはフレームの送出を一定時間待つことになり、通信効率が低下します。これを避けるために、通信路が専有されていないことを確認したうえでフレームを送出するCSMA/CDという方式が採用されています。

a CSMA/CDの説明として適当です（正解）。CSMA/CDでは、コリジョンを検出した場合、ランダムな長さの時間を置いてからフレームを送出します。

b CSMA/CDでは、フレームの分割は行いません。

c CSMA/CDは、複数のホストが同一経路上で同時にフレームを送受信することを防ぐための方式です。

d CSMA/CDは、有線LANのイーサネットで採用される方式です。無線LANにおいて、コリジョンを避けるための同様の仕組みとして、CSMA/CA方式が採用されています。

e 100ギガビットを含む各種ギガビットイーサネットの規格では、従来のイーサネット規格より速度を高速化し、さらに半二重通信やCSMA/CD方式を使用しない全二重通信のみでの通信実行といった機能を備えています。選択肢は、CSMA/CDの説明として適当です（正解）。

CSMA/CD

　イーサネットにおけるフレームは、複数台のホストが接続されたネットワーク全体に送出されるため、同時に2台以上のホストからフレームが送出されると、コリジョン（フレームの衝突）が発生します。これを避けるために、**CSMA/CD**という方式を使用します。CSMA/CDでは、各ホストのネットワークインターフェイスが、伝送路が専有されていないことを確認してからフレームを送出します。コリジョンを検知した場合は、ランダムな長さの待ち時間の後にフレームを送出します。

ギガビットイーサネット

　ネットワークに求められる通信速度が年々高速化する中、イーサネットでも高速化した**ギガビット**単位の規格が登場しています。100ギガビットの通信規格も存在し、各種ギガビットイーサネットの規格では、半二重通信やCSMA/CD方式を使用せず、全二重通信のみ、ジャンボフレームへの対応といった機能を取り入れています。

VLAN

　VLANは、スイッチ内部やスイッチ間で仮想的なLANセグメントを作る技術です。論理的にLANを構成することでブロードキャストドメインを分割します。IEEE 802.1Qで規格化されています。
　VLANの設定方法にはポートVLANとタグVLANの2種類があり、ポートVLANはスイッチの物理ポートごとにVLANを設定し、タグVLANはVLANタグによって1つの物理ポートに複数のVLANパケットを流します。1つのスイッチでもポートごとに設定を変えることでタグVLANとポートVLANを併用することができます。
　VLANは、複数の企業などがネットワークを共同利用できるように、物理的なLANを複数の論理的なLANに分割するためにも利用されます。IEEE 802.1Qでは12ビットのVLAN IDによってVLANを識別し、最大4,094個までVLANを割り当て可能です。さらに多くのLANを割り当てるため、VLANの拡張技術としてNVGREとVXLANというプロトコルが開発されました。いずれも識別子を24ビットとし、割り当て可能なLANを約1,667万個と増やしています。

イーサネット
イーサネットでは、各ホストのネットワークインターフェイスが伝送路の状態を監視し、自分のMACアドレスが宛先のイーサネットフレームを発見するとそれを取り込む。

CSMA/CD
Carrier Sense Multiple Access with Collision Detection
キャリアセンス型多重アクセス／衝突検出

イーサネットの関連用語

PoE
Power over Ethernet
ツイストペアケーブルを用いるイーサネットにおいて、データ伝送と並行して装置への給電を行う技術。IEEE 802.3afにて標準化されている。

VLAN
Virtual Local Area Network

スイッチ
スイッチングハブのこと。VLAN対応のスイッチをスマートスイッチという。

ブロードキャストドメイン
ブロードキャストが届く範囲。

NVGRE
Network Virtualization using Generic Routing Encapsulation
24ビットのTNIを用いる。

VXLAN
Virtual Extensible Local Area Network
24ビットのVXLAN IDを用いる。

4 ルーティング

★★

公式テキスト61～67ページ対応

　インターネット上の異なるネットワーク間でホスト同士が通信するためにルーティングが行われます。ルーティングの仕組みについて理解しましょう。

重要

例題 1 図のようなネットワークにおいて、PC Aからサーバー A宛の通信経路の説明として、適当なものを1つ選びなさい。

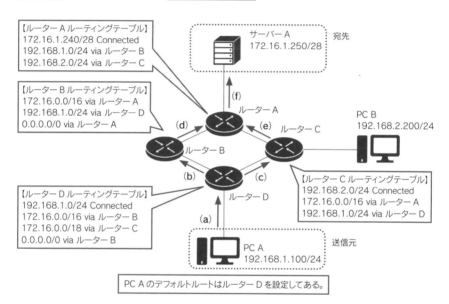

a (a)→(b)→(d)→(f)の順番で転送される。

b (a)→(c)→(e)→(f)の順番で転送される。

c 途中でルーティングループが生じ、パケットはサーバーAには到達しない。

d ルーティングテーブル中の情報が不十分であり、パケットは途中でドロップされる。

例題の解説

解答は **223 ページ**

例題 1

　複数のネットワーク間で相互に通信を行う場合に、ネットワーク間に存在するルーターが、目的とするコンピューターまでの経路を選択し、通信を中継します。ルーターにおける経路選択の手順をルーティングといいます。ルーターはルーティングテーブルを持ち、ルーティングはルーティングテーブルに格納されている情報をもとに行われます。

問題の図のネットワークは、ルーターで区切られ、IPv4の複数のサブネットワークに分割されています。各ルーターのルーティングテーブルには経路情報として、宛先ネットワークやネクストホップ（次の転送先となるルーター）が示されています。

問題に示された情報から、PC AからサーバーAまでの通信経路を検討します。

PC A（192.168.1.100/24）は192.168.1.0/24のネットワーク、宛先のサーバーA（172.16.1.250/28）は172.16.1.240/28のネットワークに属します。サーバーAは異なるネットワークにあるので、パケットはPC Aのデフォルトルートに設定されているルーターDに送信されます。以降はパケットを受け取ったルーターのルーティングテーブルを参照して経路を選択していきます（以下、ルーティングテーブルを表形式で示している）。

■ルーターDのルーティングテーブル

宛先ネットワーク	ネクストホップ（次の転送先）
192.168.1.0/24	Connected（直接つながっている）
172.16.0.0/16	ルーターB
172.16.0.0/18	ルーターC
0.0.0.0（デフォルトルート）	ルーターB

宛先IPアドレス172.16.1.250に該当する宛先ネットワークには172.16.0.0/16と172.16.0.0/18の2つがあります。宛先ネットワークが複数存在する場合は、ロンゲストマッチという規則に従い、サブネットマスクが最も長いものが選択されます。したがって、172.16.0.0/18が選択され、ルーターCに転送されます。

■ルーターCのルーティングテーブル

宛先ネットワーク	ネクストホップ（次の転送先）
192.168.2.0/24	Connected（直接つながっている）
172.16.0.0/16	ルーターA
192.168.1.0/24	ルーターD

宛先IPアドレス172.16.1.250に該当する宛先ネットワークは172.16.0.0/16です。したがって、ルーターAに転送されます。

■ルーターAのルーティングテーブル

宛先ネットワーク	ネクストホップ（次の転送先）
172.16.1.240/28	Connected（直接つながっている）
192.168.1.0/24	ルーターB
192.168.2.0/24	ルーターC

宛先IPアドレス172.16.1.250に該当する宛先ネットワークは172.16.1.240/28で、Connectedとあり、ルーターAと直接接続しているネットワークにサーバーAが存在するので、ルーターAはパケットをサーバーAへ直接送信します。

a、b パケットは、PC A → (a) → ルーターD → (c) → ルーターC → (e) → ルーターA → (f) → サーバーAの順番で転送されます。**b**が正解です。

c 経路上の障害やルーターの設定誤りにより、パケットが同じ経路をループ状に循環することをルーティングループといいます。ルーティングループが発生した場合、TTLを過ぎるとパケットは破棄されます。上述の検討により、ルーティングループが生じることはありません。

d ルーティングテーブルで指定されていない宛先を持つパケットは、デフォルトルート（0.0.0.0/0）に転送されます。デフォルトルートが指定されていない場合は、パケットはドロップ（破棄）されます。上述の検討により、パケットが途中でドロップされることはありません。

▶218ページの解答 例題1 a e

ルーティング

　イーサネットで構成されたネットワーク内のあるホスト（下図のホストA）が、異なるネットワークに存在するホスト（下図のホストE）を宛先にパケットを送信する場合、宛先IPアドレスはそ

■IPv4におけるルーティング手順（イーサネットLANの例）

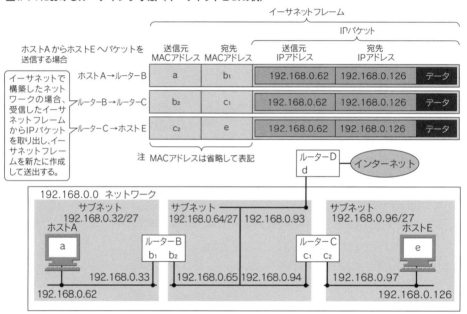

ルーターBのルーティングテーブル

宛先ネットワーク	ネクストホップ	
0.0.0.0/0	192.168.0.93	←デフォルトゲートウェイであるルーター Dに転送
192.168.0.32/27	—	←直接接続している宛先ホストに転送
192.168.0.64/27	—	←直接接続している宛先ホストに転送
192.168.0.96/27	192.168.0.94	←ルーター Cに転送

ルーターCのルーティングテーブル

宛先ネットワーク	ネクストホップ	
0.0.0.0/0	192.168.0.93	←デフォルトゲートウェイであるルーター Dに転送
192.168.0.32/27	192.168.0.65	←ルーター Bに転送
192.168.0.64/27	—	←直接接続している宛先ホストに転送
192.168.0.96/27	—	←直接接続している宛先ホストに転送

のままにして宛先MACアドレスを**デフォルトゲートウェイ**のルーター（左ページ図のルーターB）に指定してパケットを送出します。ルーターは**ルーティングテーブル**（**経路表**）を参照し、自身が管理するネットワーク内に宛先が存在する場合はそのMACアドレス宛にパケットを送出します。管理外のネットワークが宛先の場合は、ルーティングテーブルで指定された**ネクストホップ**に転送します。ルーティングテーブルで経路が指定されていなければ、**デフォルトルート**（「0.0.0.0/0」で指定）と呼ばれる特殊な経路に転送されます。

ルーティングは、IPv4とIPv6では同様の方法で行われます。

スタティックルーティングとダイナミックルーティング

ルーティングテーブルの更新作業をネットワーク管理者が手作業で行うのが**スタティックルーティング**（静的な経路制御）です。ルーターが必要な情報を自動的に集め、随時ルーティングテーブルを更新するのが**ダイナミックルーティング**（動的な経路制御）です。

スタティックルーティングは、小規模のネットワークで利用されます。ネットワーク構成の変更や経路途中のルーターの停止などが起きた場合にネットワーク管理者が直接ルーティングテーブルを更新する必要があります。

ダイナミックルーティングでは、ルーティングプロトコルによりルーター間で相互に情報を交換し、ルーティング情報を更新します。ルーターが管理する情報量が増えますが、ルーターの停止時に自動的に経路を切り替えるなど柔軟な対応ができます。

■代表的なルーティングプロトコル

IPv4	IPv6	特徴
RIP/RIP2	RIPng	ホップ数（経由するルーターの数）の情報をやりとりして最適経路を選択する。ホップ数が最少の経路が選択される。UDPのブロードキャストを利用。
OSPF	OSPFv3	リンクステート（リンクの状態）をやりとりし、ネットワーク構成を表すリンクステートデータベース（トポロジーデータベース）を作成、これをもとに最適経路を選択。IPマルチキャストを利用。
BGP4	BGP4+	IPアドレスとそれに付随するパス属性を利用して、ASのポリシーに従って最適経路が選択される。TCPコネクションを利用。

4 ルーティング

デフォルトゲートウェイ
パケットの宛先ホストが所属するネットワークにない（異なるネットワークに存在する）場合に、パケットを送信する出入口となるルーターのこと。

ルーティングテーブル
ルーティングテーブルには、IPv4の場合はルーティングの対象として宛先のネットワークアドレス（またはホストアドレス）とサブネットマスク（IPv6の場合はプレフィックス）、対応する経路情報としてネクストホップ（同一リンク内の通信の場合はルーターが送信に利用するインターフェイス）、ルートの生存期間などが記載されている。

ネクストホップ
パケットの転送で次の転送先となる、隣接しているルーターなど。

AS
Autonomous System
同じルーティングポリシー（ネットワークを管理する考え方）で運用されるネットワークの集合体。241ページも参照。

▶ 220ページの解答　例題1　b

5 DNSの仕組み

★★

公式テキスト81〜87ページ対応

DNSの仕組みについてより詳しく理解しましょう。

重要

例題 1 DNSサーバーのMXレコードで指定されるものを1つ選びなさい。

a ドメインの権威DNSサーバー
b ドメインのメールサーバー
c ホスト名の別名
d ホスト名に対応するIPv6アドレス
e ホスト名に対応するIPv4アドレス
f IPアドレスに対応するホスト名

例題 2 ある企業ではDNSサーバーとWebサーバーを運用してWebサービスを提供しているが、最近Webサーバーの負荷が高いため、複数台のWebサーバーを導入し、アクセスを分散させようと考えている。この場合に効果が期待される方法として、適切なものを2つ選びなさい。

a セカンダリDNSサーバーを設置する。
b DNSラウンドロビンを用いる。
c ロードバランサー装置を導入する。
d DNSSECを適用する。

ダブルスターレベル

例題 1

DNSサーバーではドメイン名に関する情報をリソースコードとして管理しています。リソースコードには複数の種類があり、クライアントから必要な種類のリソースレコードのリクエストを受けてDNSサーバーがこれを回答します。リソースコードのうちMX（Mail Exchanger）レコードは、メール配送におけるリソースコードです。

a　ドメインの権威DNSサーバーはNSレコードに登録されています。

b　ドメインのメールサーバーはMXレコードに登録されています（正解）。

c　ホスト名の別名に関する情報はCNAMEレコードに登録されています。

d　ホスト名に対応するIPv6アドレスはAAAAレコードに登録されています。

e　ホスト名に対応するIPv4アドレスはAレコードに登録されています。

f　IPアドレスに対応するホスト名はPTRレコードに登録されています。

例題 2

1台当たりのサーバーへの負荷が高いときに、複数台のサーバーを併用して運用することで負荷を均等に分散させるという仕組みが取り入れられます。問題では、DNSサーバーとWebサーバーを運用する環境で、Webサーバーの負荷を分散させる仕組みを考えます。

a　セカンダリDNSサーバーは、障害時のサービス継続や負荷分散のために設置されるサーバーです。プライマリDNSサーバーが管理するゾーン情報（名前解決の情報）のマスターデータベースのコピーを持ち、プライマリDNSサーバーと同じように動作します。セカンダリDNSサーバーの設置により、名前解決の処理にかかる負荷を分散させることはできますが、Webサーバーの負荷を分散させることはできません。

b　DNSラウンドロビンは、1つのドメイン名に複数のIPアドレスを対応させておき、名前解決の問い合わせがあるとIPアドレスを順番に応答していく仕組みです。複数のWebサーバーに異なるIPアドレスを割り当て、DNSラウンドロビンを用いることでWebサーバーの負荷を分散させることができます（正解）。

c　ロードバランサー装置は、特定のサーバーに負荷がかからないように、ユーザーやクライアントからの問い合わせを複数のサーバーに振り分ける装置です。ロードバランサー装置を導入することで、Webサーバーの負荷を分散させることができます（正解）。

d　DNSSECは、DNSの応答の正当性を保証するための拡張仕様で、負荷分散のための仕組みではありません。

5 DNSの仕組み

リソースレコード

DNSサーバーでは、管理する情報をリソースレコードに登録します。

■DNSの主なリソースレコード

種類	概要
SOAレコード	ゾーンの管理情報（DNSサーバー名、管理者、シリアル番号など）を登録。
NSレコード	ドメインの権威DNSサーバーを登録。
Aレコード	ホスト名に対応するIPv4アドレスを登録。
AAAAレコード	ホスト名に対応するIPv6アドレスを登録。
MXレコード	ドメインのメールサーバーを登録。
PTRレコード	IPアドレスに対応するホスト名を登録。
CNAMEレコード	ホスト名の別名に関する情報を登録。
TXTレコード	任意の文字情報を登録。

プライマリDNSサーバーとセカンダリDNSサーバー

DNSでは複数（2台以上の設置が推奨される）の権威DNSサーバーを設置することで、名前解決の負荷分散と故障時の機能停止の防止を実現しています。ゾーン情報のマスターデータベースを管理する権威DNSサーバーを**プライマリDNSサーバー**、そのコピーを管理する権威DNSサーバーを**セカンダリDNSサーバー**といいます。セカンダリDNSサーバーは、プライマリDNSサーバーとまったく同じ機能や役割を果たすので、同一のゾーン情報を保持する必要があります。セカンダリDNSサーバーがプライマリDNSサーバーのゾーン情報をコピーすることを**ゾーン転送**といい、TCP53番ポートを使用します。名前解決の問い合わせは、プライマリDNSサーバーとセカンダリDNSサーバーを区別せずに行います。

MXレコード
そのドメイン名宛のメールの配送先となるSMTPサーバーの情報が登録されている。SMTPサーバーは、クライアントからメールが送信されると、RCPT TO:コマンドで指定された宛先のメールアドレスのドメイン名をもとにDNSサーバーに問い合わせを行い、MXレコードを取得後、名前解決を行って宛先のサーバーにメールを転送する。MXレコードには、複数のSMTPサーバーを優先度とともに登録することができる。

PTRレコード
DNSの逆引きの際に利用される。逆引きはIPアドレスからドメイン名を得ること。

DNSSEC

DNSでは、応答の正当性を保証する仕組みがありません。悪意のある第三者が応答を改ざん・偽造することにより意図的に有害なサイトなどへ誘導されることを防ぐためのセキュリティ拡張技術が**DNSSEC**です。DNSSECでは、公開鍵暗号による電子署名を利用し、権威DNSサーバーから受け取ったデータ出自の認証と完全性を権威DNSサーバーで検証します。

JPドメインは、2011年よりDNSSECを導入しています。

DoT/DoH

DoTは、平文で通信を行うDNSにTLSの暗号化を用いて盗聴や改ざんリスクを低減させる仕組みです。また、同様の仕組みでTLSではなくHTTPSを用いるものを**DoH**といいます。

EDNS0

DNSの仕様では、UDPの1パケットに格納できるDNSパケットのデータサイズを512バイトまでと制限しています。512バイトを超える応答の場合は、TCPフォールバックという手法を用いて、UDPによる通信の後にTCPによる通信を再度行うことで対応します。

しかし、TCPフォールバックはコネクション型のTCPを使用するためDNSサーバーへの負荷が大きく、一方で、IPv4の32ビットより長い128ビットのアドレスを使うIPv6や電子署名などを使用するDNSSECでは、UDPのメッセージサイズが大きくなります。このため、より大きなDNSのデータのやりとりを可能とする、DNSの拡張技術である**EDNS0**が定義されました。EDNS0では、問い合わせを行うクライアントが受信可能なデータサイズ（MTU）を通知することで、通信負荷の低いUDPで65,535バイトまでのDNSパケットの送信を可能にしています。

DNSSEC
Domain Name System Security Extensions

DoT
DNS over TLS

DoH
DNS over HTTPS

TCPフォールバック
DNSサーバーが返す応答が512バイトを超える場合、切り詰めたデータとその旨をクライアントに通知する。クライアントはこの通知を受け取るとTCP53番ポートで同じ問い合わせを再度行って超過したデータを受け取る。この仕組みをTCPフォールバックという。

EDNS0
Extension mechanism for DNS

▶**224ページの解答**　例題1　b　　例題2　b　c

5
DNSの仕組み

6 メールの配送

メールの配送では、SMTPというプロトコルを使用します。SMTPの挙動について理解しましょう。

例題 1 メール配送技術に関する説明として、**適当なものを2つ選びなさい。**

a MTAによって振り分けられたメールはMDAによって各ユーザーのメールスプールに書き込まれる。これをローカル配送と呼ぶ。

b SMTPサーバーは、DATAコマンドで指定された宛先のメールアドレスをもとに、DNSへ問い合わせを行い、そのドメインのMXレコードに指定されたメールサーバー名を取得する。

c SMTPで使われるEHLOコマンドはSMTPセッションの終了を示す。

d SMTPではコマンドに対する成功応答として250というコードを返す。

例題の解説 解答は **231** ページ

例題 1

SMTPではSMTPクライアントがEHLOやDATAコマンドで処理要求を送り、それを受けたSMTPサーバーが処理を行った結果を応答コードとともに返すという形で処理を進めます。

a 選択肢はメール配送におけるローカル配送の説明として適当です（正解）。MTA（Mail Transfer Agent：メール転送エージェント）は受け取ったメールを宛先ごとに振り分け、MDA（Mail Delivery Agent：メール配送エージェント）はMTAによって振り分けられた電子メールを各ユーザ用のメールスプールに書き込みます。

b 宛先のメールアドレスを指定するのはDATAコマンドではなくRCPT TO:コマンドです。なお、DATAコマンドはメールの内容の送信を示すコマンドです。

c SMTPセッションの終了を示すのはEHLOコマンドではなくQUITコマンドです。なお、EHLOコマンドはSMTPセッションの開始を示します。

d 選択肢はメール配送におけるSMTPの説明として適当です（正解）。コマンドによって要求された処理が完了したときSMTPサーバーは応答コード250を返します。

SMTPにおけるクライアントとサーバーのやりとり

SMTPでは基本的に、SMTPクライアントがコマンドで処理要求を通知し、それに対してSMTPサーバーが処理を行った結果を応答（処理結果を数値で示した応答コードが含まれる）として返すという処理を繰り返します。

■SMTPSの暗号化通信によるメール送信の例

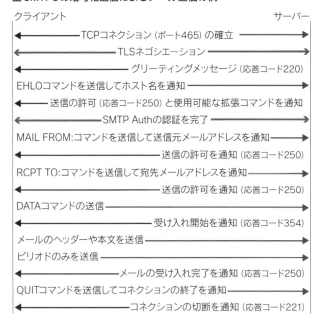

クライアント　　　　　　　　　　　　　　　　　サーバー

- TCPコネクション（ポート465）の確立
- TLSネゴシエーション
- グリーティングメッセージ（応答コード220）
- EHLOコマンドを送信してホスト名を通知
- 送信の許可（応答コード250）と使用可能な拡張コマンドを通知
- SMTP Authの認証を完了
- MAIL FROM:コマンドを送信して送信元メールアドレスを通知
- 送信の許可を通知（応答コード250）
- RCPT TO:コマンドを送信して宛先メールアドレスを通知
- 送信の許可を通知（応答コード250）
- DATAコマンドの送信
- 受け入れ開始を通知（応答コード354）
- メールのヘッダーや本文を送信
- ピリオドのみを送信
- メールの受け入れ完了を通知（応答コード250）
- QUITコマンドを送信してコネクションの終了を通知
- コネクションの切断を通知（応答コード221）

■SMTPで使われる主なコマンド

コマンド	説明
EHLO/HELO	SMTPセッションの開始を通知する。
MAIL FROM:	メールの送信元を送ることにより、メール転送処理の開始を通知する。
RCPT TO:	メールの宛先を通知する。複数の指定が可能。
DATA	メールの実際の内容を送ることを通知する。DATA以降はSubject:、From:、To:などのヘッダーの後に空行を挟んで本文を送る。最後にピリオドだけの行を送り、メールの内容の送信終了を通知する。
QUIT	セッションの終了を通知する。OKを示す応答がサーバーから返されたらコネクションを閉じる。
RSET	SMTPセッションの中断要求を通知する。

メールの関連用語

ローカル配送とリモート配送

MTA（メール転送エージェント）は、メールクライアントから送られてきたメールや他のメールサーバーから転送されたメールを受け取ると、宛先ごとに振り分けを行う。振り分けられたメールは、MDA（メール配送エージェント）が各ユーザー用のメールスプールに書き込むか、他のホストへメールを転送する。前者をローカル配送、後者をリモート配送という。

応答コード

SMTPでは、220（SMTPサービスの準備が整ったことを通知）、221（コネクションを閉じることを通知）、250（コマンドによって要求された処理が実行可能で、完了したことを通知）、354（メールの内容の受け入れ開始を通知する。ピリオドだけの行を受け取ったら、応答コード250を返してメールの受け入れが完了したことを通知）、421（SMTPサービスを利用できないため、コネクションを閉じることを通知）、451（コマンドによって要求された処理でエラーが発生し、中断したことを通知）などが使用される。

HELO

古い仕様に準拠したサーバーに対応するためにサポートされ、通常は使用しない。

ダブルスターレベル

6 メールの配送

7 HTTPの挙動

★★

HTTPでは、WebブラウザーからWebサーバーに対してコンテンツの閲覧をリクエストし、リクエストを受け取ったWebサーバーが要求されたコンテンツを返送します。HTTPの挙動について理解しましょう。

重要

例題 1 HTTPに関する説明として、<u>適当なものをすべて</u>選びなさい。

a HTTPヘッダーは、リクエストヘッダー、レスポンスヘッダー、エンティティヘッダー、一般ヘッダーの4つに分類される。

b MIMEタイプは一般ヘッダーに指定される。

c ステータスコードのうち500〜599はクライアントのリクエストに起因するエラーに使用される。

d ユーザーエージェント情報は、サーバーにアクセスしてきたクライアントがどのような端末なのか、サーバー側で判別するために利用される。

例題 2 あるWebサーバーのリソースに対してHTTPリクエストを送信した際、ステータスコード304が返された。この理由として<u>考えられるものを1つ</u>選びなさい。

a リクエストヘッダーで指定したユーザー名とパスワードでは認証できなかった。

b リクエストヘッダーで指定した日時以降に更新がなかった。

c リクエストしたURLが長大すぎた。

d リクエストしたファイルがサーバー上に存在しなかった。

例題　1

HTTPは、WebブラウザーとWebサーバー間の通信プロトコルです。

a　HTTPヘッダーはリソース（BODYと呼ぶ）とは別にWebブラウザーとWebサーバー間でやりとりされる各種情報です。選択肢のとおり、HTTPヘッダーはリクエストヘッダー、レスポンスヘッダー、エンティティヘッダー、一般ヘッダーの4つに分類できます（正解）。

b　WebブラウザーとWebサーバー間でやりとりするリソースのメディアタイプをMIMEタイプといいます。HTTPヘッダーのうちリソースに関する情報の通知にはエンティティヘッダーが使用されます。一般ヘッダーは、通信に関する情報を通知するために使用されます。MIMEタイプは一般ヘッダーではなくエンティティヘッダーに指定されます。なお、MIMEタイプは、「Content-Type:text/html」（HTML形式で記述されたテキストファイル）のように「タイプ/サブタイプ」という形式で送信されます。

c　Webサーバーは、Webブラウザーから受け取ったリクエストを処理すると、その結果を3桁の数字のステータスコードにしてWebブラウザーに返します。ステータスコードのうち500～599はサーバーエラーに使用されます。クライアントのリクエストに起因するエラーのステータスコードは400～499です。

d　PCとスマートフォンの画面の大きさの違いなどから、アクセスしてきたクライアントの端末によって同じWebサイトの見え方を変えることがあります。サーバー側でアクセスしてきたクライアントがどのような端末なのか判別する必要があり、そのために利用される情報の1つがリクエストヘッダーのユーザーエージェント情報（User-Agent）です（正解）。

例題　2

HTTP/1.1で定義されているステータスコードは、100～199が一時的なレスポンス、200～299が正常な処理、300～399はリダイレクト（転送）、400～499がクライアントエラー、500～599がサーバーエラーに使用されます。

a　リクエストヘッダーは、クライアント側がWebブラウザーやクライアントに関する情報をWebサーバー側に伝えるためのヘッダーです。リクエストヘッダーで指定したユーザー名とパスワードでは認証できなかった場合は、ステータスコード401が返されます。

b　ステータスコード300番台はリダイレクト関連に使用されますが、304はリクエストされたリソースが更新されていなかったために、キャッシュされたリソースへリダイレクトされたことを意味しています（正解）。

c　リクエストされたURL（URI）が処理可能な長さを超えている場合は、ステータスコード414が返されます。

d　リクエストされたファイルがサーバー上に存在しない場合は、ステータスコード404が返されます。

HTTPヘッダー

WebブラウザーとWebサーバーの間では、Webブラウザーか らWebサーバーへ、WebサーバーからWebブラウザーへ、各種 情報が含まれる**HTTPヘッダー**がやりとりされます。HTTPヘッ ダーには、**リクエストヘッダー、レスポンスヘッダー、エンティ ティヘッダー、一般ヘッダー**の4種類があり、各ヘッダーはフィ ールド名と値で構成されます。Webブラウザーからのリクエス トにはリクエストヘッダーが、Webサーバーからのレスポンス にはレスポンスヘッダーが送信されます。エンティティヘッダー にはContent-Typeなどのリソースに関する情報、一般ヘッダ ーには通信に関する情報が含まれます。

■Webブラウザーからwebサーバーへのリクエスト

リクエストメソッド

リクエスト行 GET /business/ HTTP/1.1

ヘッダー
```
Host: www.example.co.jp
User-Agent: Mozilla/5.0 (Windows NT 6.1; rv:7.0.1) Gecko/20100101 Firefox/7.0.1
Accept:text/html,application/xhtml+xml,application/xml;q=0.9,*/*;q=0.8
Accept-Language: ja,en-us;q=0.7,en;q=0.3
Accept-Encoding: gzip, deflate
Accept-Charset: Shift_JIS,utf-8;q=0.7,*;q=0.7
Connection: keep-alive
```

■Webサーバーからwebブラウザーへのレスポンス

ステータスコード

ステータス行 HTTP/1.1 200 OK

ヘッダー
```
Date: Mon, 14 Nov 2011 00:50:26 GMT
Server: Apache
Last-Modified: Sun, 13 Nov 2011 16:42:08 GMT
Etag: "62f3d-33-4b1a06f61039f"
Accept-Ranges: bytes
Content-Length: 1351
Connection: close
Content-Type: text/html; charset=UTF-8
```

ステータスコード

WebサーバーがWebブラウザーから受け取ったリクエストを 処理した結果は、**ステータスコード**（3桁の数字）としてクライア ントに返されます。

リクエストヘッダー
Accept(利用可能なアプリケーシ ョン・メディアタイプ)、Accept- Charset(利用可能な文字セット)、 Accept-Encoding(利用可能な エンコーディング形式)、Accept- Language(利用可能な言語コー ド)、Authorization (ユーザー 名とパスワードのようにログインに 必要な認証情報)、Host(リクエスト 先サーバー名)、If-Modified-Since (日時を指定。クライアントがキャ ッシュを持っている場合に、指定し た日時以降のリソースの更新の有 無を確認するために使用される)、 Referer (リンク元のURL)、 User-Agent(Webブラウザーの 固有情報やOSの種別など) など。

レスポンスヘッダー
Location (リダイレクト先の URL)、Server (HTTPサーバ ーアプリケーション名)、WWW -Authenticate (認証方法と認 証の領域名を示す固有値) など。

エンティティヘッダー
Content-Encoding(リソース・ コンテンツのエンコード方法)、 Content-Language(リソース・ コンテンツが使用する言語コー ド)、Content-Length(リソース・ コンテンツのサイズ)、Content- Type(リソース・コンテンツのアプ リケーション・メディアタイプ)、 Last-Modified(リソース・コン テンツの最終更新時刻) など。

一般ヘッダー
Connection(接続の持続性情報)、 Date (日付情報)、Transfer -Encoding (利用されている転 送エンコーディング形式)、Via (経由したプロキシなどの情報) など。

Content-Type
71ページを参照。

■ステータスコード

コード	説明 / 主なステータスコード
100番台	一時的なレスポンス。
200番台	リクエストの処理は正常に完了した。
	200 (OK)：リクエストが正常に処理された。
300番台	リダイレクト関連 (リクエストの処理には追加動作が必要)。通常はリダイレクト先を指示するLocation:ヘッダーとともに送信される。
	304 (Not Modifed)：リクエストされたリソースが更新されていなかった。
400番台	クライアントエラー (クライアントのリクエストに不備があり、サーバーが処理できなかった)。
	403 (Forbidden)：リクエストされたリソースへのアクセスが拒否された、404 (Not Found)：リクエストされたリソースはサーバー上に存在しなかった。
500番台	サーバーエラー (サーバーに不備があり、CGIプログラムなどのリクエストの処理に失敗した)。
	500 (Internal Server Error)：リソースの実行時にエラーが発生した、503 (Service Unavailable)：現在リクエストが処理不可能である。

ステータスコード304
リクエストされたリソースが更新されていないと、キャッシュされたリソースへリダイレクトされる。この場合、Location:ヘッダーは送信されない。

Referer
HTTPのリクエストヘッダーの1つで、Webブラウザーで直前に閲覧していたリンク元のページのURLをWebサーバー側に知らせる。

クエリ文字列によるセッション管理

ステートレスなHTTPでセッションを管理するために、**クエリ文字列**を利用することがあります。CGIなどが利用され、CookieではなくURLのクエリ文字列に「session_key= abcdefg123456」という形式でセッションIDを埋め込みます。

クエリ文字列によるセッション管理は、Cookieに対応していないWebブラウザーからのアクセスが多いWebサイトでは有効ですが、Referer (リファラ) によりセッションIDが意図しないWebサーバーに送信される危険性もあります。CGIによって作成されたページに他のWebサイトのリンクがあった場合、そのリンクをクリックするとセッションIDが含まれたHTTPヘッダーのRefererヘッダーの情報が他のWebサイトに送信されます。第三者がこの情報を悪用してなりすましを行うことがあります。

8 プログラミングとシステム開発方法論

★★　　　　　　　　　　　　　　　　　公式テキスト141、150〜160ページ対応

コンピューターを動かすために必要となるのがプログラムで、プログラムを作成することをプログラミングといいます。

例題 1 インタープリター方式のプログラミング言語として、不適当なものを1つ選びなさい。

a　C++
b　Perl
c　Python
d　PHP
e　Ruby

例題 2 代表的なアジャイル手法であるスクラムの説明として、適当なものを2つ選びなさい。

a　設計・開発・テストの工程を短期間に反復する。
b　1つのスクラムチームは複数のプロダクトを同時に担当する。
c　スクラムマスターはプロダクトのオーナーとしてゴールの策定を実施する。
d　ステークホルダーからのフィードバックは、プロダクトバックログに反映される。
e　スプリント期間は可変であり、作業量に応じて変更される。

例題の解説　　　　　　　　　　　　　　　　　　　　　解答は **237** ページ

例題 1

　プログラミングに利用されるプログラミング言語の多くはコンピューターが理解できない高水準言語です。作成されたプログラムは、コンピューターが理解できる（命令を実行できる）マシン語に変換したうえで実行されます。この方式にはコンパイル方式（コンパイラ方式）とインタープリター方式があり、プログラミング言語によって方式が異なります。

a　C++は、1972年に登場したC言語を発展させたプログラミング言語で、1983年に登場しました。C言語の、OSのような実行速度が速く省リソースが求められるプログラムの作成に適している性質を受け継いでいます。C言語、C++ともにコンパイル方式です。選択肢は、インタープリター方式のプログラミング言語として不適当です（正解）。

b Perlは、1987年に登場したインタープリター方式のプログラミング言語です。汎用的で実用的、開発効率の高い言語として長い間Webアプリケーション開発で圧倒的な人気を得ていました。

c Pythonは、1991年に登場したインタープリター方式のプログラミング言語です。Perl同様汎用的で実用的、開発効率の高い言語であり、開発者ごとのコードのばらつきを抑え、可読性に重きを置かれた設計が行われています。データ処理や統計解析、システムのユーティリティスクリプト、Webアプリケーション（サーバー側）開発などの分野で広く使われています。

d PHPは、1995年に登場したインタープリター方式のプログラミング言語です。サーバーサイドで動作するWebアプリケーションの開発を目的とした言語で、Webアプリケーションに特化した標準関数が多数用意されています。動的にHTMLコンテンツを生成することができ、PHPスクリプトをHTMLファイルやテキストファイルに埋め込んで使うことが前提となっています。

e Rubyは、1995年に登場したインタープリター方式のプログラミング言語です。シンプルな文法を持つオブジェクト指向言語で、Webアプリケーションの開発言語として広く利用されています。Rubyは、日本で誕生し世界中に広まっている数少ないプログラミング言語であり、2004年にWebアプリケーションを開発するためのフレームワークであるRails（Ruby on Rails、RoRとも呼ばれる）が登場してからは、この分野で非常に大きな人気を得ています。

例題 2

大規模なシステムの場合、システム開発はチームを組んだ分業体制で、数か月から数年の期間をかけて行われます。システム開発を効率よく進め、最終的に成功へと導くため、さまざまなシステム開発方法論が考案されてきました。その1つにアジャイルという手法を取り入れた方法があります。軽量なプログラムをユーザーに使ってもらいながらフィードバックを受けて改善や次の開発に進むという反復型のプロセスで開発を進めていきます。代表的なアジャイル手法の1つがスクラムです。

a アジャイル手法に共通する特徴が設計・開発・テストの工程を短期間に反復することであり、スクラムではこの期間をスプリントと呼んでいます。選択肢は、スクラムの説明として適当です（正解）。

b スクラムの基本単位となるのがスクラムチームで、1つのスクラムチームは1つのプロダクトに集中します。1つのスクラムチームが複数のプロダクトを同時に担当することはありません。

c スクラムチームは、プロダクトオーナー1人、スクラムマスター1人、開発者数名で構成されます。ゴールの策定は、製品の総責任者であるプロダクトオーナーの役割です。スクラムマスターはスクラムガイドに定義されているスクラムを確立させることに関する責任を担います。

d スクラムにおけるステークホルダーとは、スクラムチームメンバー以外の利害関係者のことで、スポンサー、ユーザー、上司などです。スクラムでは、ステークホルダーからのフィードバックをプロダクトバックログに反映させます。プロダクトバックログとは、プロダクトの改善に必要なものの一覧です。選択肢は、スクラムの説明として適当です（正解）。

e スクラムではスプリント期間は一定の長さ（最長で1か月）に設定し、その終わりにステークホルダーがレビューできる成果物（インクリメント）を作成し、インクリメントを積み上げて理想のプロダクトを実現していきます。一定期間で行うことがスクラムの特徴でもあるため、スプリント期間は固定で、作業量に応じて変更されるということはありません。

プログラム

PCやスマートフォンなどの端末、ルーターなどのネットワーク機器、自動車や家電、工場の製造装置など、さまざまなものにコンピューターは組み込まれています。コンピューターに行わせるさまざまな処理（実際はCPUなどの装置が処理を行う）を記述したものがプログラムで、プログラムを作成することを**プログラミング**、プログラミングを行うための言語をプログラミング言語といいます。

プログラミング言語

プログラミングに広く使われているプログラミング言語は高水準言語です。主要なものは次のとおりであり、このうちC言語、C++は実行方式がコンパイル方式、Javaはコンパイル方式とインタープリター方式を併用、それ以外はインタープリター方式です。

■主なプログラミング言語

C言語、C++	C言語は1972年に登場したコンパイル型言語。高速に動作し、OS、ドライバー、ファームウェア、サーバーソフトウェア、共通言語ランタイムなど、実行速度と省リソースが求められるソフトウェア開発の主要言語として使われている。C++はC言語から派生して1983年に登場、オブジェクト指向などの考え方を取り入れられた。
Perl	1987年に登場。汎用的で実用的、開発効率の高い言語として長年Webアプリケーション開発で圧倒的な人気を得ていた。
Python	1991年に登場。Perl同様汎用的で実用的、開発効率の高い言語であり、開発者ごとのコードのばらつきを抑え、可読性に重きを置かれた設計が行われている。データ処理や統計解析、システムのユーティリティスクリプト、Webアプリケーション（サーバー側）開発などの分野で広く使われている。
Java	1996年に登場。Sun Microsystems社が開発、現在は同社を買収したOracle社がJavaの開発環境であるJDK（Java Development Kit）を提供している。ほかに、オープンソースであるOpenJDKも広く使われている。コンパイル方式とインタープリター方式の併用によりプラットフォーム非依存を実現、現在はサーバーサイドJavaとして主に利用されている。
JavaScript	1995年に登場。Webブラウザー上で動作するスクリプト言語。現在、Webブラウザー上で動くアプリケーション開発で使用される言語は、HTMLとJavaScriptの組み合わせがデファクトスタンダードとなっている。近年のJavaScriptの広がりに伴い、サーバーサイドでのJavaScriptを実装したNode.jsなど、JavaScriptはサーバー側でも用いられている。
Ruby	1995年に登場。日本発のシンプルな文法を持つオブジェクト指向言語で、Webアプリケーションの開発言語として広く利用されている。2004年にはWebアプリケーションを開発するためのフレームワークであるRails（Ruby on Rails、RoRとも呼ばれる）が登場している。

コンパイル方式
プログラミング言語で記述されたソースコード全体を事前にマシン語に変換してから実行する方式。272ページも参照。

インタープリター方式
ソースコードの命令を1つずつ解釈して実行する方式。272ページも参照。

サーバーサイドJava
Webサーバー上で動くJavaのプログラム。Java Servletや JSPなどがある。

PHP	1995年に登場。サーバーサイドで動作するWebアプリケーションの開発を目的とした言語で、Webアプリケーションに特化した標準関数が多数用意されている。動的にHTMLコンテンツを生成することができ、PHPスクリプトをHTMLファイルやテキストファイルに埋め込んで使うことが前提となっている。
R言語	1993年に登場。用途を統計解析に特化し、Excelのような表形式のデータを高速かつ省リソースで処理することが得意。

ステークホルダー
スクラムにおけるステークホルダーとは、スクラムチームメンバー以外の利害関係者のことで、スポンサー、ユーザー、上司など。

プロダクトバックログ
プロダクトの改善に必要なものの一覧のこと。

システム開発方法論

　システム開発を効率よく進め、最終的に成功へと導くために、さまざまなシステム開発方法論が採用されています。代表的なシステム開発方法には、ウォーターフォール、アジャイルソフトウェア開発、DevOpsがあります。

■主なシステム開発方法

ウォーターフォールモデル	システム開発の工程をいくつかに分けて、基本計画→外部設計→内部設計→プログラム設計→プログラミング→テストと、上流工程（設計段階）から下流工程（テスト段階）へ順に進めていく開発手法。設計段階の各工程では前工程のアウトプット（成果物）がインプットとなる。基本的に後戻りや反復はしない。	
	基本計画	システムで解決すべき課題、実現すべき業務機能、処理または保持すべき情報（データ）などを洗い出す。成果物は要求仕様書など。
	外部設計	インターフェイスなど外部から見た仕様を決定する。成果物は外部設計書。
	内部設計	コンピューター処理の観点から、実際に利用するハードウェア、ソフトウェア、言語など、より詳細な実現方法を検討する。成果物は内部設計書。
	プログラム設計	モジュールの分割やモジュール構成の定義など、プログラム内部の実装を検討する。成果物はプログラム設計書。
	プログラミング	モジュール内部の設計やコーディングなどを行う。成果物は、モジュール設計書、コード、実行ファイル。
	テスト	単体テスト（モジュール単位）、結合テスト（モジュールを結合してできるプログラムの動作）、システムテスト（プログラム全体）、運用テスト（利用部門側の確認）の順で行われる。
アジャイルソフトウェア開発	軽量なプログラムをユーザーに使ってもらいながらフィードバックを受けて改善や次の開発に進むという反復型のプロセスで開発を進める手法。設計・開発・テストの工程を短期間に反復することが特徴で、代表的な手法にスクラムがある。	
	スクラム	設計からテストまでの期間をスプリントといい、スプリントの最後にステークホルダーがレビューできる成果物（インクリメント）を作成し、ステークホルダーからのフィードバックをプロダクトバックログに反映させながらインクリメントを積み上げ、理想のプロダクトにしていく。スプリントは同じ長さ（最長で1か月）に設定される。プロダクトオーナー1人、スクラムマスター1人、開発者数名で構成されるスクラムチームを基本単位とし、1つのスクラムチームは1つのプロダクトに集中する。プロダクトオーナーはプロダクトのオーナーとしてゴールの策定を行い、スクラムマスターはスクラムガイドに定義されているスクラムの確立に責任を持つ。
DevOps	デブオプスと読む。開発（Dev）チームと運用（Ops）チームが協力し、プロダクトの作成にとどまらず、本番環境へのデプロイまでを高速で高頻度に行う。ユーザー要求がプロダクトバックログに登録されてからユーザーに提供されるまでのデプロイリードタイムを重視する。	

右側縦書き：ダブルスターレベル

8　プログラミングとシステム開発方法論

9 RAID

★★　　　　　　　　　　　　　　　　　　　公式テキスト170〜172ページ対応

　RAIDは、ファイルサーバー専用機のNASなどでも利用されている、データの信頼性向上のための技術です。

重要

例題 1　**RAID 5 の説明として<u>適当なものをすべて</u>選びなさい。**

a　ミラーリングと呼ばれ、複数台のハードディスクに同時に同じデータを記録する。

b　ストライピングと呼ばれ、データを分割して複数台のハードディスクに記録する。

c　3台以上のハードディスクにデータとパリティ情報を分散して記録する。

d　2台のハードディスクが同時に故障した場合でもデータを復元できる。

e　人為的なミスによって消去されたデータを復元できる。

例題の解説　　　　　　　　　　　　　　　　　　　　　**解答は 241 ページ**

例題 1

　RAIDは、複数のハードディスクを使用することで、保存データの高信頼性や高速動作を可能にする方式で、NASなどで利用されています。ハードディスクドライブの構成とデータの記録方式によってRAIDのレベルが定められており、RAID 0（ストライピング）、RAID 1（ミラーリング）、RAID 10（ストライピングとミラーリングの組み合わせ）、RAID 5（パリティ情報を分散）、RAID 6（パリティ情報を二重に記録）などが使われています。

a　ミラーリングと呼ばれ、複数台のハードディスクに同時に同じデータを記録するのはRAID 1です。

b　ストライピングと呼ばれ、データを分割して複数台のハードディスクに記録するのはRAID 0です。

c　複数（3台以上）のハードディスクにデータとパリティ情報を分散して記録するのはRAID 5です（正解）。

d　RAID 5では、1台のハードディスクが故障した場合は冗長記録によりデータの復元が可能ですが、2台以上が同時に故障するとデータの復元は不可能です。

e　複数のハードディスクに分散することで、ハードディスクの故障時に冗長記録されていたデータは復元できます。しかし、人為的なミスでデータが消去された場合は、冗長記録の分も同様に消去されるので、RAIDでは復元できません。

RAID

RAIDは、複数のハードディスクを使用することで、保存データの高信頼性や高速動作を可能にした方式です。RAIDには次表のような種類があり、それぞれドライブの構成方法や記録方法が異なります。実現方法には、ハードウェアRAIDとソフトウェアRAIDがあります。

RAIDの目的は、入出力を高速化すること、ドライブが故障してもデータを読み出せるようにすること、システム全体を停止させないことです。ディスクの故障時に備えてホットスワップ対応ドライブを導入することで、サービスを継続しながらディスク交換を行うことができます。ホットスワップとは、電源を切らずに機器を抜き差しできる機能です。

■RAIDの種類

レベル	特徴
RAID 0	1つのデータを分割して複数のハードディスクに同時記録する(ストライピング)。読み書きの速度が向上する。ただし、1台のハードディスクが故障するとデータが失われる。 RAID 0 — A B / C D
RAID 1	1つのデータを複数のハードディスクに記録する(ミラーリング)。1台のハードディスクが故障してもデータは失われない。 RAID 1 — A A / B B
RAID 10	RAID 1のグループをRAID 0構成にしたもの。読み書きの速度が向上するとともに、1台のハードディスクが故障してもデータは失われない。 RAID 10 — A A B B / C C D D
RAID 5	1つのデータを分割して、データのパリティ情報を生成し、各々を別のハードディスクへ分散して書き込む。書き込みの際にパリティ情報生成処理を行うので高速化はあまり期待できないが、読み出しは高速化できる。また、1台のハードディスクが故障しても、残りのデータとパリティ情報によりデータを復元できる。 RAID 5 — A B C P(A,B,C) / D E P(D,E,F) F / G P(G,H,I) H I / P(J,K,L) J K L
RAID 6	RAID 5に対し、2種類のパリティ情報を生成し、それぞれ別のハードディスクに格納する。同時に2台が故障しても復元できる。 RAID 6 — A B P(A,B) Q(A,B) / C P(C,D) Q(C,D) D / P(E,F) Q(E,F) E F / Q(G,H) G H P(G,H)

P、Qはパリティを表す。たとえばP(A,B,C)はデータAとBとCのパリティの意味。

RAID
Redundant Arrays of Inexpensive(または Independent) Disks
データを障害から守る(冗長化により障害があってもデータが失われない)という意味で考えるとRAIDはバックアップ(157ページ参照)と同じだが、人為的なミスによるデータの消去や不正プログラムへの感染といったトラブルが起きるとRAIDのデータも変更されるので、バックアップのように復元することはできない。

ハードウェアRAID
RAIDコントローラーなどの専用のハードウェアに複数のディスクを接続する。

ソフトウェアRAID
OSがコンピューターに接続された複数のディスクをRAIDとして管理する。

ダブルスターレベル

9
RAID

10 ISP同士の接続

★★ 公式テキスト220ページ対応

ISPの役割は、エンドユーザーをインターネットに接続させることです。このほか、大規模な上位ISPは下位のISPに対してインターネット接続を提供するという役割も果たしています。

重要

例題 1 ISP間におけるトランジットの説明として、適当なものをすべて選びなさい。

a 同じTierのISP同士が必要な経路情報を交換し、無償で相互接続することは、一般にトランジットと呼ばれる。

b 上位のISPが下位のISPに対して提供するインターネットへの有償での接続は、一般にトランジットと呼ばれる。

c トランジットの条件は、ISPごとにインターネット上で公開されている。

d トランジットでの接続では、OSPFの利用が前提となる。

例題の解説 解答は **243** ページ

例題 1

ISPのネットワークは他のISPのネットワークに相互に接続されており、インターネットの一部を構成しています。基本的にISPは階層構造をとっており、上位のISPが下位のISPに対してインターネットへの接続を提供する形態をトランジットといいます。一般に、最上位に位置する大規模なISPをTier1、その下位に位置するISPを順にTier2、Tier3と呼んでいます。

a 同じTierのISP同士が互いに接続し、ISPの顧客同士を接続させるために必要な経路情報を交換する形態をピアといいます。ISP相互の利益が一致する場合、ピアが互いに無償で実施されることがあります。

b 上位のISPが下位のISPに対して提供するトランジットでは、下位のISPが上位のISPに対価を支払います。選択肢は、ISP間におけるトランジットの説明として適当です（正解）。

c トランジットの条件についてISPで取り決めがなされますが、一般にその条件は非公開となっています。

d OSPFは、ルーティングプロトコルの一種で、リンクステート型アルゴリズムを使用し、企業の社内ネットワークなどで利用されています。ISP同士はルーティングプロトコルにBGP4/BGP4+を用いて、AS（Autonomous System：自律システム）と呼ばれるネットワークの単位で経路情報の交換を行います。

ISP同士の接続

ISPは階層構造をとっており、最上位に位置する大規模なISPをTier1、その下位に位置するISPを順にTier2、Tier3と呼んでいます。Tier1とされるISPは世界で10社程度で、Lumen Technologies、Verizon Enterprise Solutions、NTT Communicationsなどがあります。

ISP同士を接続する形態には、トランジットとピア（ピアリング）があります。

■トランジットとピア

トランジット	上位のISPが下位のISPに対してインターネット接続を提供する形態をトランジットという。下位のISPが、上位のISPから接続を購入する形であり、トランジットを提供するISPのことをISP's ISP（ISPのためのISP）と呼ぶことがある。
ピア（ピアリング）	同じTierのISP同士が互いに接続し、ISPの顧客同士を接続させるために必要な経路情報を交換する形態をピア、ピアによってISP同士を接続することをピアリングという。ピアの場合はISP同士の契約により接続条件が異なり、相互の利益が一致してピアが互いに無償で実施されることもある。たとえば、ISP A社には多くのエンドユーザー、ISP B社には著名なコンテンツ配信事業者が多く顧客にいる場合は、ピアリングするとA社のユーザーは人気のあるコンテンツにアクセスしやすくなり、B社の顧客はA社の多くのユーザーにコンテンツを配信しやすくなるというメリットが互いに生まれることになる。

なお、一般にISP同士の接続条件は非公開です。

ISP同士はルーティングプロトコルにBGP4/BGP4+を用いて相互接続のための経路情報の交換を行っています。誤ったポリシーで経路交換が行われると大規模障害を引き起こす場合があります。

近年は、Google (Alphabet)、Apple、Facebook (現Meta)、Amazon、Microsoftなどのビッグ・テック（Big Tech）と呼ばれる巨大なIT企業が台頭し、ASでもあるこれらの企業と、階層構造にかかわりなく直接ピアで接続する形態が増えています。

BGP4/BGP4+

AS(Autonomous System：自律システム)と呼ばれるネットワーク同士がASごとのポリシーに従って経路制御を行うルーティングプロトコル。パスベクター型アルゴリズムを使用する。

ダブルスターレベル

10 ISP同士の接続

11 クラウドに関する知識

★★　　　　　　　　　　　　　　　　　公式テキスト296〜302ページ対応

クラウドコンピューティングを支える仮想化技術などについて学びます。

 例題 1 コンテナ型仮想化の説明として、<u>不適当なもの</u>を1つ選びなさい。

a　1つのホストOS上でコンテナエンジンを用い、アプリケーション実行環境であるコンテナを複数稼働させることができる。

b　コンテナはアプリケーションとアプリケーション実行に必要なライブラリを含み、ゲストOSを必要としない。

c　コンテナを稼働させるには、Type1（ベアメタル／ネイティブ型）のハイパーバイザーが必要となる。

d　仮想マシン間の分離に比べ、コンテナ間の分離レベルは低い。

 例題 2 ストレージ技術におけるシンプロビジョニングの説明として、<u>適当なもの</u>を1つ選びなさい。

a　物理ストレージ容量にかかわらず、仮想的にサーバーに容量を割り当てる。

b　ファイルデータをオブジェクトとして扱う。

c　SSDとHDDを組み合わせてリソースプールを構築する。

d　重複した部分を排除して、ファイルやデータを保存する。

e　論理ボリュームを固定長のブロックで管理し、FC、SCSIなどでサーバーと通信を行う。

例題の解説　　　　　　　　　　　　　　　　　　　　　解答は **245** ページ

例題 1

　クラウドコンピューティングを実現するために使われるのが仮想化技術です。アプリケーション実行環境の構築に利用される仮想化技術には、1台の物理サーバー上に複数の仮想サーバー（仮想マシン）を稼働させ、仮想マシンごとにゲストOSを起動するサーバー仮想化や、ゲストOSを起動することなく、コンテナエンジンというソフトウェアを用いて、コンテナと呼ばれるアプリケーション実行環境を複数稼働させるコンテナ型仮想化が使われています。コンテナ型仮想化には、仮想サーバーを稼働させるより起動と停止が高速で、物理サーバー1台当たりの収容数が

多いというメリットがあります。

a 選択肢はコンテナ型仮想化の説明として適当です。コンテナ型仮想化では、1つのホストOS上でコンテナエンジンを用いて複数のコンテナを稼働させます。

b 選択肢はコンテナ型仮想化の説明として適当です。コンテナにはアプリケーションとライブラリが含まれ、ゲストOSは使用しません。

c コンテナを稼働させるには、ハイパーバイザーではなくコンテナエンジンが必要です。選択肢の説明は不適当です（正解）。ハイパーバイザーはサーバー仮想化で使われるソフトウェアで、物理サーバーが持つCPUやメモリなどのハードウェアリソースを複数の仮想サーバーに効率的に分割します。ハイパーバイザーの実装方式にはType1（ネイティブ／ベアメタル）とType2（ホスト）があり、Type1のハイパーバイザーは、物理サーバーのハードウェアに直接導入されます。

d 選択肢はコンテナ型仮想化の説明として適当です。コンテナ型仮想化では、コンテナ間の分離レベルが低く、独立性の高い仮想サーバーに比べてセキュリティ面では劣ります。

例題 2

コンピューターの利用において、プログラムやデータを長期的に保存する記憶装置をストレージといいます。ストレージの例として、ハードディスクなどの磁気ディスク、フラッシュメモリを使用したSSD、Blu-ray DiscやDVDなどの光学メディア、磁気テープなどがあげられます。オンデマンドでコンピューティングリソースやサービスを提供するクラウドの構成要素としてもストレージは重要な役割を果たし、仮想化技術を利用してリソースを効率的に活用できるようにしています。

a シンプロビジョニングは、サーバーに割り当てるストレージ容量を名目上の物理ストレージ容量を超えて仮想的に設定し、ディスクを効率的に利用できるようにする技術です。使用状況に応じて物理的なストレージ容量を用意していきます。選択肢は、ストレージ技術におけるシンプロビジョニングの説明として適当です（正解）。

b クラウドに置かれるストレージは、アクセス方式の違いによって、ブロックストレージ（ブロックアクセス）、ファイルストレージ（ファイルアクセス）、オブジェクトストレージ（オブジェクトアクセス）に分類することができます。ファイルデータをオブジェクトとして扱うのはオブジェクトストレージです。選択肢は、シンプロビジョニングの説明ではありません。

c リソースプールは、仮想化において、複数の資源（リソース）をまとめて1つの資源（リソースプール）として管理する仕組みです。クラウド環境では、保存するデータのアクセス頻度によって保存先を使い分けて運用することがあり、たとえばアクセス頻度が高いデータはSSDに保存、アクセス頻度が低いデータはHDDに保存のように、異なるアクセス性能のディスクドライブを組み合わせて、ストレージのリソースプールを構築します。このようなストレージの運用をストレージ階層化といいます。選択肢は、シンプロビジョニングの説明ではありません。

d クラウド環境におけるストレージの利用において用いられる技術の1つとして、ファイルやデータの重複を排除して保存する重複排除があげられます。重複排除によりストレージの使用効率を高めることができます。選択肢は、シンプロビジョニングの説明ではありません。

e 選択肢 **b** で解説したストレージの分類のうち、論理ボリュームを固定長のブロックに分けて管理するのはブロックストレージ（ブロックアクセス）です。一般に、ブロックストレージはサーバーから切り離されて使用され、サーバーとのデータ転送はFC（Fibre Channel）、iSCSIなどのプロトコルで行います。選択肢は、シンプロビジョニングの説明ではありません。

▶240ページの解答　例題1　b

仮想化技術

　クラウド環境では、システムを構成するリソースを物理的構成によらず論理的に分離したり統合したりするためにさまざまな仮想化技術が使われています。

　サーバーで利用される仮想化技術には、サーバー仮想化、コンテナエンジン上にコンテナと呼ばれるアプリケーション実行環境を複数稼働させるコンテナ型仮想化があります。

■サーバー仮想化とコンテナ型仮想化

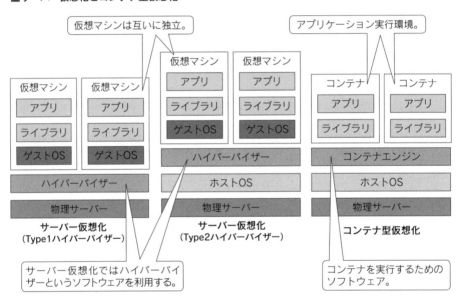

サーバー仮想化	ハイパーバイザーを用いて、物理サーバーが持つCPUやメモリなどのハードウェアリソースを複数の仮想サーバー(**仮想マシン**)に分割する。仮想マシンごとにゲストOSが稼働する。ハイパーバイザーはサーバー仮想化をサポートするためのソフトウェアで、その実装方式によって、物理サーバーのハードウェアに直接導入されるType1(ネイティブ/ベアメタル)と、物理サーバーにインストールされたホストOS上にアプリケーションとして導入されるType2(ホスト)に分類される。
コンテナ型仮想化	1つのホストOS上でコンテナエンジンを用いて**コンテナ**というアプリケーション実行環境を複数稼働させる。コンテナはアプリケーション実行に必要なライブラリのみを含み、ゲストOSを必要としない。仮想マシンと比較して、起動と停止が高速、物理サーバー1台当たりの収容数が多いというメリットの反面、コンテナ同士の分離レベルが低く、セキュリティ面で注意が必要というデメリットがある。

クラウド環境では、複数のストレージを1つのリソースプールとして活用しています。ストレージ仮想化のためにさまざまな技術が用いられています。

■ストレージ仮想化で用いられる技術

シンプロビジョニング	サーバーに割り当てるストレージ容量を名目上の物理ストレージ容量を超えて仮想的に設定する技術。使用状況に応じて物理的なストレージ容量を用意する。未使用のディスクを効率的に利用できる。
重複排除	ファイルやデータの重複を排除して保存する技術。ストレージの使用効率を高める。
ストレージ階層化	異なるアクセス性能のディスクドライブ（SSDとHDDなど）を組み合わせて、ストレージのリソースプールを構築し、データのアクセス頻度によって、保存先のドライブを使い分けて運用すること。

ストレージに置かれるデータは頻繁なアクセスを必要とするものからコンプライアンス対策で長期的に保存しておくなどさまざまです。取り扱うデータの容量と種類によって次の3つのアクセス方式が使い分けられます。

■クラウドでのストレージアクセス方式

ブロックストレージ （ブロックアクセス）	論理ボリュームを固定長のブロックに分けて管理する。OSやアプリケーションがデータを制御。サーバーとのデータ転送プロトコルにFC、iSCSIなどを使用。低遅延が求められるデータベースや仮想環境向け。
ファイルストレージ （ファイルアクセス）	ストレージの論理ボリュームの領域をディレクトリやフォルダーで階層化し可変長のファイルとして扱う（WindowsやmacOSなどに汎用的に採用されているファイルシステム）。ファイル共有機能を備え、プロトコルにSMB、NFSなどを使用。
オブジェクトストレージ （オブジェクトアクセス）	ファイルデータをオブジェクトとして扱う。オブジェクトは、データ、メタデータ、オブジェクトIDから構成される。オブジェクトIDはオブジェクトを一意に識別するためのもので、アプリケーションはオブジェクトIDを使ってアクセスするオブジェクトを指定する。変更頻度が少ないデータや膨大な数のデータを保管する事例向け。

リソースプール
仮想化において、複数の資源（リソース）をまとめて1つの資源（リソースプール）として管理する仕組み。

SMB、NFS
ファイル共有プロトコル。92ページを参照。

ストレージ仮想化の関連用語
IOPS
Input Output Per Second
ディスク性能の基準となる数値で、1秒当たりにディスクが処理できるIOアクセスの数。

---

12 さまざまな暗号技術

★★

公式テキスト331~336ページ対応

公開鍵技術をベースにしたPKIや、IP上の安全な通信を実現するIPsecの動作について学びます。

重要

例題 1 IPsecに関する説明として、<u>適当なものをすべて選びなさい</u>。

a AHの利用が必須である。

b ESPでは、IPヘッダーも含めた完全性が保証される。

c IKEでは、ESPでの暗号化における暗号鍵の交換を行う。

d トンネルモードとトランスポートモードの2つがある。

例題の解説

解答は **249** ページ

例題 1

IPsec (Security Architecture for the Internet Protocol) はIP上の安全な通信を実現するためのプロトコルで、通信相手との鍵交換、通信内容の暗号化、通信相手の認証や改ざん検知などの機能を提供します。IPsecは複数のプロトコルの組み合わせで構成されています。

a 認証や改ざん検知機能を提供するプロトコルにはAH (Authentication Header) とESP (Encapsulating Security Payload) があります。AHはIPヘッダーも含めたIPパケット全体を、ESPはIPペイロード部分（IPヘッダーは含まれない）を認証および改ざん検知します。暗号化の機能を持つのはESPのみでAHは持たないため、セキュリティ要件によって、ESPに暗号化と認証の両機能を担わせるパターン、ESPとAHを組み合わせてESPに暗号化機能、AHに認証機能を担わせるパターン、あるいはESPを使用せずAHのみを使用するパターンから選択します。IPsecではAHの利用は必須ではありません。

b 情報セキュリティにおける完全性とは、なりすましや改ざんがなく正確な情報が保持されている状態のことです。選択肢 **a** で解説したとおり、ESPはIPヘッダーの改ざん検知は行わないので、IPヘッダーも含めた完全性は保証されません。

c IKE (Internet Key Exchange) は、自動的に鍵交換を行うプロトコルです。IKEによって鍵交換を行ってから、ESPによる暗号化を行います。選択肢は、IPsecに関する説明として適当です（正解）。

d IPsecには、トンネルモード（元のIPパケット全体を暗号化したうえでペイロードの中に入れ込んで暗号化通信を行う）とトランスポートモード（IPペイロードのみを暗号化してホスト間で直接通信する）の2つのモードがあります。選択肢は、IPsecに関する説明として適当です（正解）。

要点解説 12 さまざまな暗号技術

PKI

公開鍵技術をベースにした電子署名と認証局が発行する証明書によるセキュリティ体系を**PKI**(公開鍵暗号基盤)といいます。PKIは、証明書の存在だけで信頼を担保するわけではなく、証明書の発行元(認証局)の信頼を共有することによって成り立ちます。信頼を検証するモデルには**認証局モデル**と**Web of Trustモデル**の2つがあります。PKIで利用される証明書には、サーバー証明書、クライアント証明書、ルートCA証明書、中間CA証明書などがあります。

IPsecの動作

IPsecは、IKE(自動鍵交換)、ESP(暗号ペイロード)、AH(認証ヘッダー)の3つのプロトコルを基本として構成されます。

■IPsecのプロトコル

IKE	通信相手との暗号鍵交換を自動的に行う。秘匿されていない通信路でも安全に鍵の交換を行うことができるDiffie-Hellman鍵共有方式(通称DHという鍵交換アルゴリズム)を使用している。
ESP	IPヘッダーを除いたIPペイロードの暗号化および認証・改ざん検知機能を持つ。ESPを認証・改ざん検知に用いる場合、IPヘッダーの改ざんは検知できない。
AH	IPパケット全体の認証・改ざん検知を行う。暗号化機能は持たない。

ESPとAHでは認証・改ざん検知の範囲が異なり、AHには暗号化機能がありません。実際の運用では、ESPに暗号化・認証機能を担わせる、ESPに暗号化、AHに認証機能を担わせるといった形式で利用されます。

NAPTによるヘッダー情報の書き換えや、フラグメント(IPパケットの分割)は、改ざんとして検知されてしまいます。NAPTを使用しているネットワークにIPsecを導入する場合は、ルーターのNATトラバーサル(NAT-T)機能やIPsecパススルー機能を使い、IPアドレスやポート番号といったIP・TCP/UDPのヘッダー情報の書き換えを回避します。フラグメントによるパケットの改ざん検知を防ぐには、IPパケットのフラグに分割不可ビット(Don't Fragmentビット、DFビット)を立てて送信するか、送信側で十分に小さいMTUサイズを指定します。

PKI
Public Key Infrastructure

認証局モデル
認証局の信頼によって検証する。証明書は認証局によって集中管理される。認証局モデルは、認証局、登録局、リポジトリなどで構成される。

Web of Trustモデル
二者間で互いの公開鍵に署名し合って双方向の信頼性を確立、直接信頼関係を築いていない者同士は、すでに存在する二者間の信頼関係をたどって検証する。PGPなどに見られる。

サーバー証明書
サーバーの実在性を証明するためのもの。

クライアント証明書
サーバーがクライアントを識別するためのもの。

ルートCA証明書
階層構造をなす認証局の最上位に位置する認証局が自身を証明するためのもの。

中間CA証明書
階層構造の最上位に位置しない認証局が自身より上位の認証局から発行してもらうもの。

IPsec
151、174ページも参照。

IKE
Internet Key Exchange

ESP
Encapsulating Security Payload

AH
Authentication Header

13 さまざまな認証技術

★★

公式テキスト346〜351、353ページ対応

正規の権限を持たないユーザーのシステムへのログインや不正利用を防ぐために用いられている認証技術や権限管理について学びます。

重要

例題 1 FIDO認証についての説明として、<u>不適当なもの</u>を1つ選びなさい。

a 指紋、虹彩パターンなどの認証用生体情報はFIDO認証サーバーに登録される。

b FIDO認証器に対する確認がFIDO認証サーバーから行われる。

c ユーザー端末とFIDO認証サーバー間の通信ではチャレンジ&レスポンス方式が使われる。

d PINコードや生体認証などの認証方式をFIDOクライアントにプラグイン方式で追加できる。

例題 2 Active Directory（AD）およびそれに対する攻撃とその対策に関する説明として、<u>不適当なもの</u>を1つ選びなさい。

a ADは、Windows 2000 Server以降のWindows Serverで利用できる。

b システム管理者はADを運用することで、たとえば、組織内のユーザーの認証情報やユーザーの役割に応じた各コンピューターへの操作権限などを一元的に管理できる。

c Pass-the-Ticket攻撃において攻撃者は偽造したNTLM認証情報を用いることで、ユーザーになりすます。

d ユーザーへ必要以上に端末管理権限を与えないことは、Pass-the-Hash攻撃への対策の1つである。

例題 1

　FIDOは、非営利の標準規格団体FIDO Allianceが定めた新しい認証方式で、スマートフォンなどのユーザー端末を認証器として、公開鍵認証方式を用いた本人認証を行います。

a　FIDO認証では、本人認証をFIDO認証器で行います。本人認証に利用される生体情報などはFIDO認証器に格納されます。選択肢は、FIDO認証についての説明として不適当です（正解）。

b　FIDO認証では、オンラインサービスへのログイン要求があると、FIDO認証サーバー側がユーザー端末（FIDO認証器）の認証を行い、ユーザー端末側では生体情報などを使用した本人認証を行います。

c　FIDO認証サーバーがユーザー端末（FIDO認証器）を認証する際、チャレンジ＆レスポンス方式が使われます。FIDO認証サーバーが送信したチャレンジ（乱数）に、FIDO認証器はユーザーの秘密鍵を使って署名し、これをFIDO認証サーバーに送信、FIDO認証サーバー側ではユーザーの公開鍵を使って署名を検証します。

d　FIDO認証器（FIDOクライアント）では本人認証に用いる手段としてさまざまな認証方式が選択可能であり、プラグイン方式で追加することができます。

例題 2

　Active Directoryは、ユーザーやコンピューターなどの情報を管理し、その情報を利用できるようにするディレクトリサービスです。Active Directoryで利用される認証方式にはNTLM認証やKerberos認証があり、NTLM認証ではパスワードから作成されるNTLMハッシュが、Kerberos認証では鍵配布センターが発行するチケットが用いられます。

a　選択肢はActive Directoryの説明として適当です。

b　選択肢はActive Directoryの説明として適当です。組織内のユーザーの認証情報やユーザーの役割に応じた各コンピューターへの操作権限などを一元的に管理することは、Active Directoryの機能と目的に沿った使用法です。

c　Pass-the-Ticket攻撃において攻撃者は窃取または偽造したKerberos認証チケットを用いることで、ユーザーになりすまします。NTLM認証情報（NTLMハッシュ）を用いてユーザーになりすます攻撃手法は、Pass-the-Hash攻撃です。選択肢はActive Directoryに対する攻撃に関する説明として不適当です（正解）。

d　NTLM認証に用いるNTLMハッシュは、PCに保存されます。保存されたNTLMハッシュにアクセスするには管理者権限が必要なので、ユーザーに必要最小限の端末管理権限しか与えないことで、Pass-the-Hash攻撃への対策とすることができます。選択肢はActive Directoryに対する攻撃に関する説明として適当です。

ダブルスターレベル

13
さまざまな認証技術

FIDO認証

FIDOは、標準規格団体のFIDO Allianceが定めた公開鍵認証の方式で、スマートフォンなどのユーザー端末を認証器として本人認証を行うことでパスワードレスを実現します。FIDO認証によるログインは、次のように行われます。

■FIDO認証の流れ

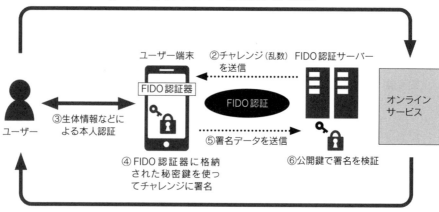

①ユーザーがオンラインサービスにログインを要求

ユーザー端末　②チャレンジ（乱数）　FIDO認証サーバー
を送信

FIDO認証器

FIDO認証

ユーザー
③生体情報などによる本人認証
④FIDO認証器に格納された秘密鍵を使ってチャレンジに署名

⑤署名データを送信
⑥公開鍵で署名を検証

オンラインサービス

⑦オンラインサービスへのログインを許可

本人認証に利用される指紋、虹彩パターンなどの認証用生体情報はFIDO認証器にセキュアに格納・管理されます。また、本人認証の方式にはPINコードや生体認証などを選択可能で、FIDO認証器にプラグイン方式で追加することができます。

Active Directory

Active Directory（AD）は、Windows 2000 Server以降のWindows Serverで利用できるディレクトリサービスで、企業などの社内システムで、ユーザーの認証情報やユーザーの役割に応じた各コンピューターへの操作権限（認可情報）などを一元的に管理するために利用されています。ADが管理する範囲をドメインといい、ドメインコントローラーがドメインの管理や認証を行います。認証方式には、NTLM認証やKerberos認証があり、現在はKerberos認証が主流です。ADは、Domain

Admin権限を取得することで、そのドメイン内のすべてのコンピューターにアクセスできるようになるので、組織を狙う標的型攻撃の対象とされやすく、Pass-the-Hash攻撃やPass-the-Ticket攻撃が報告されています。

ADで利用される認証方式とADに対する攻撃手法について表にまとめます。

■ADにおける認証方式と攻撃手法

認証方式	代表的な攻撃手法	
NTLM認証	**Pass-the-Hash攻撃**	対策例
Windowsにおけるチャレンジ-レスポンス認証方式の認証プロトコルで、パスワードの代わりに、パスワードをもとに作成されるNTLMハッシュを用いる。	窃取したNTLMハッシュをNTLM認証に用いることでユーザーになりすます攻撃手法。	ユーザーへ必要以上に端末管理権限を与えない。
Kerberos認証	**Pass-the-Ticket攻撃**	対策例
ネットワーク上の認証プロトコルで、認証のプロセスに暗号化された「チケット」というデータを利用することで、保護されていないオープンなネットワーク上でのユーザーを認証する。チケットにはTGTとサービスチケットの2種類があり、いずれもKDC（鍵配布センター）により発行される。複数のサーバーで共通に認証情報を利用することができ、SSO（シングルサインオン）を実現する。	窃取・偽造したKerberos認証のチケットを用いることで、パスワードなしにユーザーになりすます攻撃手法。攻撃者は長期的な潜伏を目的に、Golden TicketやSilver Ticketと呼ばれるチケットを作成する。	サーバー管理者を必要最低限に絞る。サーバー管理用端末を設置する。

クロスドメインID管理システム

クロスドメインID管理システム（SCIM）は、クラウドサービスとオンプレミスのシステムのように複数のシステムを連携して利用する場合に、ユーザーIDの整合性が図られるように管理するプロトコルです。IETFによって標準化されています。SCIMは、ユーザーIDのレコードの作成・削除、属性情報（スキーマ）、グループへのアクセス権を一元的に管理し、ユーザーIDが変更されても複数ドメインの関連情報を自動的に変更します。

TGT
Ticket Granting Ticket
アクセスしたいサービス群へのチケットを得るためのチケット。

サービスチケット
サービスへアクセスするためのセキュリティのチケット。

SSO（シングルサインオン）
一度の認証処理によって複数のサービスを利用可能とする仕組み。

Golden Ticket
攻撃者が不正に作成したTGT。

Silver Ticket
攻撃者が不正に作成したサービスチケット

SCIM
System for Cross-domain Identity Management

---

14 不正アクセスを防ぐ各種の技術

★★ 　　　　　　　　　　　　　　　公式テキスト383～385、390～395ページ対応

　外部からインターネット経由でLANへアクセスする場合など、通信を安全に行うためにさまざまな技術が利用されています。

例題 1 図のネットワークにおいて、ルーター1に次のアクセスリストを設定した場合に、可能となるものを選択肢から2つ選びなさい。なお、すべてのサービスはウェルノウンポートが使用され、機器およびサービスは正常に機能しており、解答に必要な情報はすべて図に記載されているものとする。

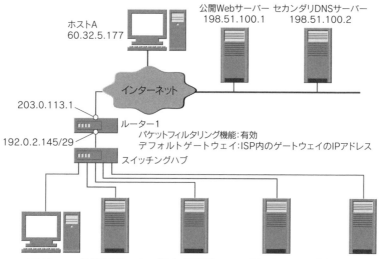

（注）ルーター1配下のサーバーやホストのデフォルトゲートウェイは、192.0.2.145である。

[ルーター1のWAN側インターフェイス（203.0.113.1）に設定するアクセスリスト]

インターフェイス	方向	送信元IPアドレス	送信元ポート番号	宛先IPアドレス	宛先ポート番号	プロトコル	TCPセッションの状態	制御
WAN	IN	ANY	ANY	192.0.2.144/29	1024以上	TCP	Established	許可
WAN	IN	60.32.5.177/32	1024以上	192.0.2.148/32	22	TCP	-	許可
WAN	IN	ANY	1024以上	192.0.2.147/32	53	TCP/UDP	-	許可
WAN	IN	ANY	53	192.0.2.149/32	1024以上	UDP	-	許可
WAN	IN	ANY	ANY	ANY	ANY	ALL	-	拒否

[ルーター1のLAN側インターフェイス（192.0.2.145）に設定するアクセスリスト]

インター フェイス	方向	送信元 IPアドレス	送信元 ポート番号	宛先 IPアドレス	宛先 ポート番号	プロトコル	TCPセッション の状態	制御
LAN	IN	192.0.2.144/29	1024以上	ANY	ANY	TCP	-	許可
LAN	IN	192.0.2.148/32	22	60.32.5.177/32	1024以上	TCP	-	許可
LAN	IN	192.0.2.147/32	53	ANY	1024以上	TCP/UDP	-	許可
LAN	IN	192.0.2.149/32	1024以上	ANY	53	UDP	-	許可
LAN	IN	ANY	ANY	ANY	ANY	ALL	-	拒否

※表内のルールは上に書かれているものから下に向かって優先的に適用されるものとする。

a　ホストAは直接SSHサーバーにアクセスできる。

b　ホストAは直接社内Webサーバーにアクセスできる。

c　ホストAは直接社内DNSキャッシュサーバーにアクセスできる。

d　ホストBは公開Webサーバーにアクセスできる。

例題 2　侵入検知システムの説明として、**不適当なもの**を1つ選びなさい。

a　検知した攻撃の種類やパケットをログに記録し、管理者に対して電子メール
　などで通知する。

b　不正な通知を検知するだけでなく、防御・遮断まで実行する。

c　シグネチャ検出型は、攻撃パターンが記述されたシグネチャと照合すること
　で攻撃を検知する。

d　アノマリー検出型は、攻撃ではない通常のパターンと乖離する通信を異常と
　検知することがある。

例題の解説　　　　　　　　　　　　　　　　　　　　　　解答は **255** ページ

例題 1

　[ルーター1のWAN側インターフェイス（203.0.113.1）に設定するアクセスリスト]のTCP
セッションの状態値である「Established」は、TCPのACKビットがセットされているパケット（ク
ライアントからのTCPセッションの戻り）はすべて通過させるという意味です。

a　[ルーター1のWAN側インターフェイス（203.0.113.1）に設定するアクセスリスト]の2行目
　では、ホストAのIPアドレス（60.32.5.177/32）から宛先IPアドレス192.0.2.148/32、宛先
　ポート番号22への通信を許可しています。[ルーター1のLAN側インターフェイス（192.0.2.145）
　に設定するアクセスリスト]の2行目では、送信元IPアドレス192.0.2.148/32のポート
　番号22から、宛先IPアドレス60.32.5.177/32への通信を許可しています。IPアドレス
　192.0.2.148/32はSSHサーバー、ポート番号22はSSHのウェルノウンポートです。したがっ
　て、ホストAはSSHサーバーに直接アクセスできます（正解）。

b ［ルーター1のWAN側インターフェイス（203.0.113.1）に設定するアクセスリスト］には、社内Webサーバー（IPアドレス192.0.2.146/29、ポート番号80）を宛先とした通信を許可する設定がありません。したがって、ホストAは直接社内Webサーバーにアクセスできません。

c ［ルーター1のWAN側インターフェイス（203.0.113.1）に設定するアクセスリスト］の4行目には、社内DNSキャッシュサーバー（192.0.2.149/32）の宛先ポート番号として53番（DNS）がありません。したがって、ホストAは直接社内DNSキャッシュサーバーにアクセスできません。

d ［ルーター1のLAN側インターフェイス（192.0.2.145）に設定するアクセスリスト］の1行目では、送信元IPアドレス192.0.2.144/29（ホストBのIPアドレス192.0.2.150/29が含まれるサブネット）、ポート番号1024以上からの任意の宛先への通信を許可しています。［ルーター1のWAN側インターフェイス（203.0.113.1）に設定するアクセスリスト］の1行目では、TCPセッションの状態値がEstablishedであり、LAN側から確立した通信に対する戻りのパケットはすべて通過許可しています。したがって、ホストBから公開Webサーバーへアクセスできます（正解）。

例題 2

侵入検知システム（IDS：Intrusion Detection System）は、ネットワークやシステムへの不正アクセス、ファイルの改ざんといった異常を検出するシステムです。

a 侵入検知システムの説明として適当です。侵入検知システムは、攻撃を検知すると、検知した攻撃の種類やパケットをログに記録し、管理者に対して電子メールなどでリアルタイムに通知します。

b 侵入検知システムは、攻撃の検知までを行い、防御や遮断までは行いません。IDSの機能を拡張し、危険度の高い不正アクセスを受けた場合にパケットやコネクションを遮断するシステムとして侵入防止システム（IPS）があります。選択肢は、侵入検知システムの説明として不適当です（正解）。

c シグネチャ検出型の侵入検知システムの説明として適当です。

d アノマリー検出型の侵入検知システムの説明として適当です。アノマリー検出型の侵入検知システムは、システムやネットワークの通常状態を記録しておき、それと比較することで異常を検出します。

要点解説 14 不正アクセスを防ぐ各種の技術

パケットフィルタリング型ファイアウォール

　家庭用ルーターなどに搭載される簡易ファイアウォール機能の多くは、パケットフィルタリング型です。**パケットフィルタリング型ファイアウォール**では、フィルタリング条件を**ACL**（**アクセスリスト**）に定義し、条件に従ってパケットの通過を許可・拒否します。アクセスリストは、ルーターのWAN側インターフェイス、LAN側インターフェイスのそれぞれにルールを定義し、外部から内部へ、内部から外部へのパケットの通信を制御します。

ACL
Access Control List

以下に、パケットフィルタリングの利用例と図中のアクセスリストの解析を示します。

■パケットフィルタリングの利用例

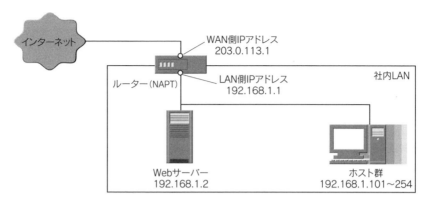

■ルーターのWAN側インターフェイス（203.0.113.1）に設定するアクセスリスト

インターフェイス	方向	送信元IPアドレス	送信元ポート番号	宛先IPアドレス	宛先ポート番号	プロトコル	TCPコネクションの状態	制御
WAN	IN	ANY	ANY	203.0.113.1/29	ANY	TCP	established	許可
WAN	IN	ANY	53	203.0.113.1/32	ANY	TCP/UDP	-	許可
WAN	IN	ANY	ANY	203.0.113.1/32	80	TCP	-	許可
WAN	IN	ANY	ANY	203.0.113.1/32	443	TCP	-	許可
WAN	IN	ANY	ANY	ANY	ANY	ALL	-	拒否

■ルーターのLAN側インターフェイス（192.168.1.1）に設定するアクセスリスト

インターフェイス	方向	送信元IPアドレス	送信元ポート番号	宛先IPアドレス	宛先ポート番号	プロトコル	TCPコネクションの状態	制御
LAN	IN	192.168.1.0/24	ANY	ANY	ANY	ALL	-	許可
LAN	IN	ANY	ANY	ANY	ANY	ALL	-	拒否

■アクセスリストの解析

	ルーターのWAN側インターフェイス（203.0.113.1）に設定するアクセスリスト
1行目	TCPコネクションの状態がestablishedなので、クライアントからのTCPコネクションの戻りに限りインターネット上のサーバーから社内LANのクライアントへの通信を許可する。
2行目	送信元ポート番号が53なので、名前解決に対する応答パケットの通過を許可する。
3行目	宛先ポート番号が80（HTTP）なので、インターネットから社内LANのWebサーバーへのHTTP通信を許可する。
4行目	宛先ポート番号が443（HTTPS）なので、インターネットから社内LANのWebサーバーへのHTTPS通信を許可する。
5行目	上記に当てはまらないインターネットからの通信を拒否する。

	ルーターのLAN側インターフェイス（192.168.1.1）に設定するアクセスリスト
1行目	送信元IPアドレスが192.168.1.0/24で、宛先ポート番号がANYなので、社内LANのクライアントからインターネット上の通信を許可する。
2行目	社内LANからのその他の通信を拒否する。

ダブルスターレベル

14 不正アクセスを防ぐ各種の技術

シンクライアント

　安全なリモートアクセスを実現する技術の1つに**シンクライアント**があります。シンクライアントは、ネットワーク上のサーバーにデータの保持や処理を行わせ、クライアント端末には必要最小限の処理として入力とサーバーの処理結果を受け取って表示する機能のみを持たせる形態、またはシンクライアントにおけるクライアント端末のことです。シンクライアントの実装方法には、仮想デスクトップ基盤（VDI）とリモートデスクトップ（RDS）があります。VDIでは、ユーザーごとに仮想マシン上にクライアントOSが用意されています。RDSでは、1つのサーバーOSを複数のユーザーが共有してアカウント単位で利用します。セキュリティパッチを適用する場合、通常、VDIでは仮想化環境とそれぞれのクライアントOSに、RDSではサーバーOSのみに適用します。

リモートアクセス
安全なリモートアクセスのために利用される技術にVPNがある。279ページを参照。

VDI
Virtual Desktop
Infrastructure

RDS
Remote Desktop System

■**VDIとRDS**

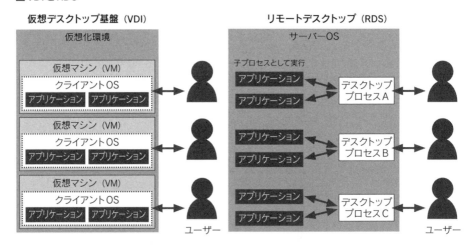

仮想デスクトップ基盤（VDI）　　　　　リモートデスクトップ（RDS）

各種のセキュリティを実現する技術

　ファイアウォールなどのセキュリティ機能のほかにも、LAN利用時の不正アクセスを防ぐためにさまざまな技術を利用することができます。

■各種の不正アクセスを防ぐ技術

IDS	IDS (侵入検知システム)	ネットワークやシステムへの不正アクセスやファイルの改ざんといった異常をリアルタイムに検出するシステム。攻撃を検知すると、攻撃の種類やパケットをログに記録し、管理者にリアルタイムで通知を行う。シグネチャという侵入・攻撃パターンを記録しておいて、これと照合して検知するシグネチャ検出型IDS、システムの通常状態を記録しておいて、記録と比較することで異常を検出するアノマリー検出型IDSがある。アノマリー検出型IDSでは未知の攻撃を検出できる反面、攻撃でなくても通常のパターンと乖離する通信を異常と検出することがある。
IDS Intrusion Detection System		
IPS Intrusion Prevention System	IPS (侵入防止システム)	IDSの機能を拡張し、不正アクセスを検知した時点でパケットやセッションの遮断、ネットワークの分離などを行うシステム。誤検知による通信への影響が大きいので、継続的なチューニングが必要。
	URLフィルタリング	特定のWebサイトへのアクセスをURLで規制するシステム。Webサイトの閲覧によるマルウェアの感染を防ぐこともできる。
UTM Unified Threat Management	UTM	ファイアウォールやIDSなどを統合し、一元管理すること、またはそのための機器。
	マルウェア解析サンドボックス	実行ファイルやデータファイルをサンドボックスという隔離環境内で実行し、動作を観測・分析することで脅威を発見するシステム。PC上で動作する製品やネットワーク上のパケットを収集する製品などがある。シグネチャでは検知できない未知の脅威・マルウェアを検知することができる。
WAF Web Application Firewall	WAF	Webアプリケーションを対象とした攻撃の検知・ブロックを行うファイアウォール。HTTPのペイロード情報に基づいて判別する。インターネットに公開しているWebサーバーなどを、Webアプリケーションの脆弱性を利用したSQLインジェクションなどの攻撃から守るために利用される。
NGFW Next-Generation Firewall	次世代ファイアウォール (NGFW)	一般的なファイアウォールがトランスポート層(レイヤー4)までの情報を利用して通信を制御するのに対し、次世代ファイアウォールはアプリケーション層(レイヤー7)のペイロード情報も利用して通信の制御を行う。アプリケーション層の情報に基づいて通信を行うユーザーや通信先サービスを識別し、各種アプリケーションの利用を検知・ブロックする。
UEBA User and Entity Behavior Analytics	UEBA	ユーザーおよびエンティティ(機器)の異常行動を識別することにより、リスクを早期に検知する技術。事前に通常行動を定義しておき、その差異で異常行動を判別する。
EDR Endpoint Detection and Response	EDR	PCやサーバーのようなネットワークの端点(エンドポイント)を常時監視することにより不審な挙動の検出・調査を可能にする技術。
NDR Network Detection and Response	NDR	ネットワークトラフィックを分析して異常な通信を検知する技術。クラウド、オンプレミス、IoTを対象とし、ネットワークを包括的に可視化する。

15 Webの安全な利用

★★

公式テキスト416〜422ページ対応

CSRFやXSS、SQLインジェクションなど、Webアプリケーションの脆弱性を利用した攻撃手法とその対策について学びます。

例題 1 クロスサイトスクリプティング（XSS）への対策として、**不適当なものを1つ選びなさい。**

a Webサーバーのプログラムに脆弱性がないかチェックし、あれば修正する。

b HTTPレスポンスヘッダーのContent-Typeフィールドに、出力として意図する文字コードを設定する。

c 入力された文字列を出力する際に、HTMLにおいて特別な意味を持つ「<」という記号文字を、HTMLのエンティティ「<」に変換するといったエスケープ処理を行う。

d ユーザーからの処理を実行する前に、確認画面において再度ユーザーのパスワードを入力させる。

例題の解説   解答は **261** ページ

例題 1

クロスサイトスクリプティング（XSS）は、動的にWebページを生成するWebサイトの脆弱性を悪用する攻撃です。

a XSSは、Webサーバーのプログラムに攻撃コードを実行するような脆弱性があることを利用して行われます。脆弱性の有無をチェックし、あれば修正することは、XSSの対策として有効です。

b エスケープ処理（**c**の解説参照）をしていても、攻撃内容によってはWebブラウザー側の文字コードの自動判定によってスクリプトのタグと解釈され、攻撃コードが実行されることがあります。選択肢は、この危険性を避けるための対策として有効です。

c HTMLを動的生成する際の出力文字要素にエスケープ処理（「<」は「<」、「>」は「>」に置き換える）を行うことはXSS脆弱性への対策として有効です。

d XSS脆弱性ではなく、CSRF脆弱性への対策です（正解）。

CSRFやXSS、SQLインジェクション対策

Webアプリケーションの脆弱性を利用したCSRF（クロスサイトリクエストフォージェリー）やXSS（クロスサイトスクリプティング）、SQLインジェクションなどの攻撃に対しては、脆弱性のあるサイト側で根本的な対策を講じる必要があります。

■Webアプリケーションの脆弱性を利用した攻撃への対策

攻撃	対策
CSRF	・ユーザーからの処理を実行する前に、確認画面においてユーザーにパスワードの再入力を求める。 ・処理実行前の確認画面において乱数で生成したhiddenパラメーターをユーザーに渡し、POSTメソッドでサーバーへ送信させる。 ・HTTP refererの中身を確認する。
XSS	・HTMLを動的生成する際の出力文字要素にエスケープ処理（「<」は「<」に、「>」は「>」に置き換えるなど）を行う。 ・HTMLの動的生成の際に、HTTPレスポンスヘッダーのContent-Typeフィールドに出力として意図する文字コードを必ず設定する。
SQLインジェクション	・SQL文にプレースホルダーを使用し、SQL文実行時に入力文字列を渡し、純粋なパラメーターとして処理する。

Webアプリケーションの脆弱性対応・診断

Webアプリケーションの脆弱性は、開発や運用の段階などにおいて適切な手法で診断し、できるだけ脆弱性が埋め込まれないようにします。開発段階ではSASTやDASTを使用します。

■開発段階における脆弱性診断

SAST	ソースコードや実行ファイルなどを動作させずに直接解析し、バグや脆弱性を診断する手法。ツールを使った自動診断と人の目で行う手動診断がある。
DAST	動作中のWebアプリケーションに攻撃コードを送り、そのレスポンスを解析することで脆弱性を発見する手法。SASTと同様自動診断と手動診断がある。

CSRF
172ページを参照。

XSS
172ページを参照。

SQLインジェクション
データベースへの問い合わせを含むWebアプリケーションにおける、SQL文の生成の脆弱性を利用し、データベースに対して不正なSQL文を実行し、データの操作（改ざん、消去）や閲覧を行う攻撃。

SAST
Static Application
Security Testing

DAST
Dynamic Application
Security Testing

16 リスクの動向

★★

公式テキスト438〜442ページ対応

インターネットを利用するうえでのセキュリティリスクは、新たな脅威や脆弱性の出現で大きく変わります。インターネットにおけるリスクの動向について紹介します。

重要

例題 1 任意のサービスで使用しているIDおよびパスワードが漏洩していることを確認するための参考となる情報を提供しているサービスを2つ選びなさい。

a　Censys
b　Google Password Checkup
c　Have I Been Pwned
d　SHODAN

例題の解説

解答は 263 ページ

例題 1

過去に漏洩が発覚した個人情報をデータベースとして保管し、自身の個人情報の漏洩の有無を確認できるようにしているサービスを、漏洩情報チェックサービスといいます。

a、d　インターネットからアクセス可能なIoT機器などの情報をデータベース化して、インターネット上に公開している検索サイトがあり、その例としてCensysとSHODANがあげられます。CensysとSHODANは、PC、オフィス機器、情報家電などインターネットに接続されている機器の情報を収集・蓄積して公開しています。IPアドレスやドメイン名、ポート番号、国名などを条件に検索し、該当する機器情報を閲覧することができます。

b　Google Password Checkupは、Google Chromeのバージョン79以降に備えられているパスワード漏洩チェック機能の旧称です。本機能では、定期的に漏洩情報データベースを検索してパスワード漏洩の有無を確認し、侵害されたパスワードによるログインが行われるとポップアップで通知します。選択肢は、問題が示すサービスとして適切です（正解）。

c　Have I Been Pwnedは、漏洩情報チェックサービスの1つで、情報漏洩を確認したいメールアドレス、電話番号、パスワードなどを入力すると、これらの漏洩があったか、どのサービスから漏洩したかを確認できます。選択肢は、問題が示すサービスとして適切です（正解）。

インターネットからアクセス可能なIoT機器

　IoTの発展に伴い、多種多様な機器がインターネットに接続されるようになりましたが、IDとパスワードを始め機器の設定を適切に行わないとインターネットからの不要なアクセスを許すことになります。

　インターネットからアクセス可能なIoT機器などの情報をデータベース化して、インターネット上に公開しているサイトがあります。SHODANやCensysは、PC、オフィス機器や情報家電、発電所の制御機器などインターネットに接続されている機器の情報を収集・蓄積した検索サイトです。Insecamは、インターネットに接続されている防犯カメラや監視カメラなどの定点カメラの映像をカメラの管理者の意図に関係なく閲覧できるようにしているWebサイトです。いずれも、サイバー攻撃や犯罪など不適切な用途に利用されることが懸念されています。

アンダーグラウンドWeb

　インターネットに存在する無数のWebページをその性質で分類するものに、サーフェスWeb、ディープWeb、ダークWebがあります。

漏洩情報チェックサービス

　過去に漏洩が発覚した個人情報をデータベースとして保管し、ユーザーが自分の個人情報の漏洩の有無を確認できるようにしているサービスを漏洩情報チェックサービスといいます。Have I Been Pwnedというサービスでは、メールアドレス、電話番号、パスワードなどで検索すると、これらの情報の漏洩の有無や、漏洩元のサービスを確認することができます。また、WebブラウザーのGoogle Chromeでは、パスワード漏洩チェック機能（旧称：Google Password Checkup）をバージョン79から備えており、定期的に漏洩情報データベースを検索してパスワード漏洩の有無を確認し、侵害されたパスワードによるログインが行われた場合はポップアップでユーザーへ通知します。

ダブルスターレベル

16 リスクの動向

サーフェス Web
検索エンジンによる検索で発見することが可能な、一般に公開されているWebページ。

ディープ Web
検索エンジンによる検索で発見することができず、認証情報が必要などの限られたユーザーがアクセスできるWebページ。プライベートなWebページもディープWebに含まれる。

ダーク Web
Torなどを用いることでアクセスができるようにした、高い匿名性を保持するWebページ。その匿名性の高さから、不正流出した個人情報や不正アクセスのための攻撃ツールといった違法な取引などに利用されている。

Tor
The Onion Router
アクセス元のIPアドレスを秘匿する通信を可能にするシステムやソフトウェアのこと。通常のメール送信やWebアクセスを行うとサーバーにアクセス元のIPアドレスが残るが、Torを利用すると残らない。

17 著作権、特許権

★★

公式テキスト482、486〜488、494〜496ページ対応

著作権や特許権は、人間の知的な創作活動などから生産されるものに対する権利として、法律によって保護されています。

例題 1 デジタルコンテンツの技術的保護についての説明として、__不適当なもの__を1つ選びなさい。

a CCCDでは、電子データに透かしを入れることで、コピー元がわかるようにしている。

b CSS (Content Scramble System) では、コンテンツの再生に必要な復号鍵がDVDの特定の記憶領域に配置される。

c DRMは、デジタルコンテンツの複製を制御・制限し、著作権を保護するための技術の総称である。

d SCMSでは、デジタルコンテンツにコピー可否を示すフラグが付加される。

例題 2 特許権の説明として、__適当なもの__を2つ選びなさい。

a 産業上利用することができる発明で、新規性や進歩性があるものに対して付与される。

b 付与されるためには、発明が必ずしも技術的な思想である必要はない。

c 発明を公開した後であっても、いつでも出願できる。

d 複数人が別々に同一の発明を行った場合は、発明者全員に与えられる。

e 存続期間があり、出願の日から20年間とされている。

例題 1

　デジタルコンテンツは、複製を繰り返しても劣化せず、またインターネットで容易に送信できるため、著作権の侵害が発生しやすいとされています。デジタルコンテンツの著作権者の権利を保護するために、さまざまな技術的保護手段が講じられています。技術的保護手段は、コンテンツのコピーを制限するコピーコントロールと、コンテンツへのアクセス（再生など）を技術的に制限するアクセスコントロールに大きく分けられます。

a　CCCD (Copy Control Compact Disc) は、コピーコントロール技術の1つです。通常は読み込み時に使われる誤り訂正符号を意図的に不正なものにしておくことで、正しくコピーできないようにします。電子透かしによってコピー元がわかるようにしたものではありません。選択肢は、デジタルコンテンツの技術的保護についての説明として不適当です（正解）。

b　選択肢は、デジタルコンテンツの技術的保護についての説明として適当です。CSS(Content Scramble System) は、アクセスコントロール技術の1つです。

c　選択肢は、デジタルコンテンツの技術的保護についての説明として適当です。DRMは、Digital Rights Management（デジタル著作権管理）の略称です。

d　選択肢は、デジタルコンテンツの技術的保護についての説明として適当です。SCMS(Serial Copy Management System) は、コピーコントロール技術の1つです。

例題 2

　特許権は、発明をした人、およびその承継人が取得し得る権利で、実用新案権、意匠権、商標権と並ぶ産業財産権の1つです。

a　特許権には、産業上利用できる、新規性がある、進歩性があるなどといった成立要件が必要です（正解）。

b　特許法では、発明を「自然法則を利用した技術的思想の創作のうち高度なもの」と定義しています。したがって、「技術的思想」であることが必要条件とされています。

c　特許の出願は、発明を公開する前に行う必要があります。すでに公開されている発明は公知のことであり、「新規性がない」と判断されます。ただしその発明が、学会での発表や博覧会へ出品された場合、特許を受ける権利を有する者の意に反して公開された場合などには、公開日から1年以内であれば例外的に新規性が失われないとされます。

d　複数の人が同様の発明を行った場合、最初に出願した人に特許権は付与されます（先願主義）。

e　日本では、特許権の存続期間は出願の日から20年間とされています（正解）。

デジタルコンテンツの技術的保護手段

デジタルコンテンツの著作権者の権利を保護するために、さまざまな技術的な保護手段が講じられています。技術的保護手段は、コピーコントロールとアクセスコントロールの2つに大別されます。なお、コピーコントロールやアクセスコントロールを回避するための装置やプログラムなどを公衆に提供する行為は著作権侵害とみなされます。

■デジタルコンテンツの技術的保護手段

分類	説明		技術の例
コピーコントロール	コンテンツのコピーを技術的に制限すること。たとえば、デジタルデータに特定の信号を付加することで、対応するデジタル機器にコピーを実行させないようにする。	SCMS	デジタルコンテンツにコピー可否を示すフラグを付加する。
		CCCD	データ読込時に使用される誤り訂正符号を不正なデータとすることで、デジタルコンテンツのコピーを正常に完了させない。
アクセスコントロール	コンテンツへのアクセス（再生など）を技術的に制限すること。たとえば、コンテンツを暗号化し、特定の復号鍵を使わなければコンテンツを復号できないようにする。	CSS	コンテンツの再生に必要な復号鍵をDVDの特定の記憶領域（リードイン領域）に配置することで、復号鍵のコピーを不可能にする。

SCMS
Serial Copy Management System

CCCD
Copy Control Compact Disc

CSS
Content Scramble System

インターネット送信障害の防止などのための複製

ISPやキャリアは、情報に頻繁にアクセスされる場合に効率よく対応するためや、情報を安定的に提供できるようにするために、ミラーサーバーやバックアップサーバー、キャッシュサーバーなどを設置し、情報の蓄積を行っています。インターネットなどを活用した著作物利用の円滑化・効率化を図るために、これらのサーバーにおける複製行為は、著作権を侵害しないと認められています。

検索サービスと著作権

　検索サービスを提供する目的のために、必要な限度内において著作物を利用することは、2018年著作権法改正以前に認められていました。改正法では新たに、アナログ情報も含めてこれをデータベース化したうえでの所在検索サービス、情報解析サービスが許容されることになりました。

特許権

　産業財産権の1つである**特許権**は、「産業上利用することができる発明」で、新規性と進歩性のあるものに対して与えられる権利です。この場合の「発明」とは、「自然法則を利用した技術的思想の創作のうち高度なもの」のことです。技術的な思想が必要なので、技術とは関係のない小説や絵画に特許権は与えられません。また、発明が公開されるなどして、新規性を失った場合（新規性の喪失）には、特許が受けられなくなります。ただし、発明の新規性の喪失の例外として、その発明が、学会での発表や博覧会への出品で公開された場合、特許を受ける権利を有する者の意に反して公開された場合などには、公開日から1年以内であれば、例外的に新規性が失われないとされています。

　特許権は、同じ発明を複数の人が行った場合には、一番早く出願した人に権利が与えられます。また、存続期間があり、出願の日から20年とされています。

　ソフトウェアに関する発明、およびソフトウェアを使用したビジネスモデルに関する発明についても、特許権が与えられることがあります。ソフトウェアによる情報処理がハードウェアを用いて具体的に実現されているものが対象となります。

所在検索サービス
広く公衆がアクセス可能な情報の所在を検索するとともに、その一部を検索結果と合わせて表示するサービス。たとえば書籍のタイトルや著者名などとともに、書籍の本文の一部などを表示するようなサービスなど。

情報解析サービス
広く公衆がアクセス可能な情報を収集して解析し、その解析結果を提供するサービス。たとえば論文について剽窃の有無を検証するサービスなど。

インターネットの仕組みと関連技術の関連事項

プロトコルスタック

OSI参照モデルのように階層構造で構成された通信プロトコル群を**プロトコルスタック**といいます。7階層で表すOSI参照モデルに対し、インターネットではTCP/IPの4階層で表します。

■プロトコルスタック

OSI参照モデル	TCP/IP 4階層モデル	プロトコル例	
アプリケーション層	アプリケーション層	SMTP、POP、FTP、HTTP	SNMP、DNS、DHCP
プレゼンテーション層			
セッション層			
トランスポート層	トランスポート層	TCP	UDP
ネットワーク層	インターネット層	IP	
データリンク層	ネットワークインターフェイス層	イーサネット	
物理層			

TCP/IP 4階層モデルのネットワークインターフェイス層はOSI参照モデルのデータリンク層と物理層に、インターネット層はOSI参照モデルのネットワーク層に、トランスポート層はOSI参照モデルのトランスポート層に、アプリケーション層はOSI参照モデルのアプリケーション層、プレゼンテーション層、セッション層に相当します。なお、インターネット層に位置するプロトコルにはIPがあり、このほかに制御メッセージを交換するプロトコルであるICMP（86ページ参照）も、IPパケットとして取り扱われることからインターネット層に位置します。

プロトコルスタックの各層を経るごとに、プロトコル間の連携に必要な、ヘッダー情報に関する処理が発生し、情報量が多くなります。このように付加される情報を処理することを、プロトコルのオーバーヘッドといいます。

フラグメント

　ネットワークにおいて、1回の転送で送信できるデータの最大値を示す転送単位を**MTU** (Maximum Transfer Unit)といいます。MTUの値は利用される回線や装置、プロトコルによって変わり、たとえばデータリンク層にあるイーサネットでは最大1,500バイト（オクテット）がIP通信に利用できます。

　TCPにおける転送可能なデータの最大値は**MSS** (Maximum Segment Size) といいます。IPv4では多くの場合、MTUの値から、IPの通信制御に用いられるヘッダーのサイズ(20バイト)とTCPの通信制御に用いられるヘッダーのサイズ (20バイト) を差し引いた値をMSSとします。

■**イーサネットにおけるMTUとMSSの関係（最大値の場合）**

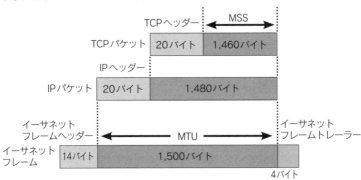

　通過するネットワークのMTUが送信元や宛先のMTUより小さい場合に、送信するパケットを経路のMTUの値に合わせて分割する**フラグメント**（断片化）を行います。IPでは、各パケットは必ずしも送信した順番で宛先に届くとは限りません。IPv4のヘッダーにはフラグメントに使用するフィールド（識別子、フラグ、フラグメントオフセット）があり、フラグメント化されたパケットは、これらの情報をもとに、宛先（受信側）で元の形に再構成されます。なお、IPv6ではルーターでのパケット分割を禁止しているので、パケットの送信前に送信元から宛先までの間で通過できるパケットサイズの確認を行い、送信元でフラグメント処理を行います（213ページ参照）。

　なお、フラグは、IPv4ヘッダーのフィールドの1つです。3ビットのうちDFビットを1にすることで、ルーターに対し、フラグメントの禁止を指定できます。MTUによる制限で転送できない場合は、ルーターは送信元にICMPパケットでその旨を通知します（送信元ではサイズを調整して再送する）。

Mobile IP

　TCPによる通信では、IPアドレスで通信相手を識別するため、接続中にノードが移動し、移動先の他のネットワークに接続するなどしてIPアドレスが変わると、接続が継続できなくなります。移動体通信ではIPアドレスが変わる可能性が高いことから、移動しながら同じIPアドレスによる接続を継続できるようにする**Mobile IP**という技術が利用されます。Mobile IPにはIPv4とIPv6のそれぞれに対応する仕様があります。

POP3の挙動

　POP3は基本的にメールをクライアント側で管理するプロトコルです。POP3におけるクライアントとサーバーのやりとりでは、クライアントがコマンドで処理要求を送り、それに対しPOP3サーバーが処理を行った結果を応答 (ステータスコード「+OK」または「-ERR」が含まれる) として返すという処理を繰り返します。

　ユーザーIDとパスワードによる認証の後、クライアントからの要求に応じてメールの一覧のチェックや個々のメールの受信、メールスプールからの削除などを行い、クライアントの処理終了後にメールスプールの内容を更新します。

　POP3で使われる主なコマンドを以下の表に示します。

■POPで使われる主なコマンド

USER	認証を行うためのユーザーID を通知する。必ず PASS より前に送る。
PASS	認証を行うためのパスワードを通知する。
STAT	メールスプール内の状態を要求する。OK であれば保存されているメールの数とメール全体のサイズが返される。
LIST	メール一覧を要求する。
RETR	メールの受信を要求する。受信するメールはメール番号で指定する。
DELE	メールの削除を要求する。削除するメールはメール番号で指定する。この時点ではサーバーで削除は実行されず、メールに削除のマークが付けられる。
QUIT	コネクションの終了を示す。この時点でサーバーは削除のマークが付けられたメールを実際に削除する。
UIDL	POP3サーバーがメールに割り振る一意のID (UIDL:Unique ID Listing) によるメール一覧を要求する。

レスポンシブデザイン

　レスポンシブデザインは、PCやスマートフォンなどデバイスの画面サイズに応じてデザインを可変にする手法です。レスポンシブデザインの実現には、Viewport設定、リキッドレイアウト、Media Queriesを適宜組み合わせることが必要です。

■**レスポンシブデザインのための手法**

Viewport 設定	Webページ表示の横幅を指定する属性で、HTMLの<meta>タグを使って設定する。
リキッドレイアウト	画面内に収められたコンテンツの大きさを画面に対する相対サイズで指定し、画面の大きさによる見え方の差を吸収する。
Media Queries	メディアタイプなどを条件として、スタイルシートを変更する。コンテンツの大きさや表示・非表示、レイアウトも自由に指定できる。

　デバイスの種類に応じて適切なコンテンツを提供するためのデザイン手法としてレスポンシブデザインのほかに、動的配信、アダプティブデザインがあります。動的配信は、デバイスごとにサーバー側で適切なHTMLファイルやCSSを組み立ててデザインを提供します。アダプティブデザインは、デバイスの種類だけではなく、コンテキストに応じて、デバイスに最適なデザインで環境や目的を考慮したコンテンツを表示します。いずれも表示速度は早くなりますが設計や運用でコストがかかります。

ロングポーリング

　ロングポーリングは、サーバーからクライアントに対してデータを送るプッシュを実現するための技術の1つです。クライアント側から定期的に問い合わせを行い、サーバー側ではリクエストに対してすぐにレスポンスせず、タイムアウトしないくらいの長さでHTTP接続を維持します。ロングポーリングでは、多数の同時接続があるとサーバーのリソースを大量消費するので、サーバー側では保留中の接続があっても問題なく動作できるように実装する必要があります。

Web API

Web APIは、Webサービスが提供する機能やデータをクライアントから呼び出し、他の
WebサービスやWebアプリで利用するための仕組みです。HTTPやHTTPSのリクエストに
対するレスポンスとして受け取ります。Web APIの利用例にGoogle社が提供するGoogle
Maps APIがあります。

一般的なWeb APIは、通信プロトコルとして策定されたSOAP（Simple Object Access
Protocol）とWebサービスを実現するための考え方であるREST（Representational State
Transfer）の2つに分類することができ、このうちRESTが広く普及しています。RESTの考
え方に従って実装されているシステムのことを、RESTfulといいます。RESTful APIでは、
基本的にHTTPのGET、POST、PUT、DELETEというメソッドを用いてリクエストを送
信し、レスポンスをXML、JSON、テキスト、HTMLといった形式で受け取ります。現在は
RESTを使用してJSON形式のデータを取得する方法がWeb APIの主流です。

SNMP

ルーターやサーバー、クライアントコンピューターなどネットワーク上の機器の状態を、
ネットワーク経由で監視・制御するための管理プロトコルが、**SNMP**（Simple Network
Management Protocol）です。SNMPでは、管理する側をマネージャー、管理される対象を
エージェントといいます。エージェントは**MIB**（Management Information Base）というデー
タベースに自分の持つ管理情報をオブジェクトとして保持し、マネージャーからの問い合わせ
に対して情報を共通フォーマットで返します。また、エージェントが監視している機器でイベ
ントが発生した場合には、エージェント側からマネージャーへ通知することができます。

MIBでは、オブジェクトに一意のOID（オブジェクト識別子）を割り当て、「1.3.6.1.2.1.1.4」
のようにピリオド（.）で区切ったツリー構造で管理します。OIDツリーのどの階層にどの情
報を割り当てるかは、標準MIBとしてRFCで規定されています。各機器メーカーが独自に規
定することもでき、これをプライベートMIBといいます。プライベートMIBはOIDの5桁目が4
となっています。なお、IPv6関連のMIBは、IPv4関連のMIBとは別に存在します。

最新のSNMPバージョンとしてSNMP version 3が登場しており、SNMPパケットの認証
や暗号化、MIBに対するアクセス権限機能が追加されています。また、SNMP version 3で
は、SNMPエージェントとSNMPマネージャーのことをSNMPエンティティ（1つのSNMPエン
ジンと1つ以上のSNMPアプリケーションで構成される）と総称するよう変更されました。

ソフトウェアの種類

コンピューター上で処理や機能を実現するのに必要となるプログラムやデータ（設定ファイルなど）、リソース（画像ファイルなど）をまとめたものがソフトウェアであり、ソフトウェアにはさまざまな種類があります。

■ソフトウェアの種類

OS	基本ソフトウェア。PC用、スマートフォンやタブレットといったスマートデバイス用、サーバー用のOSなどがある。たとえばPC上では、ハードウェア制御と基本的なユーザーインターフェイスを提供する。
アプリケーション	OS上で動くソフトウェア。ワープロ、表計算、プレゼンテーションソフトなどのオフィススイート、Webブラウザーやメーラーなどのインターネットクライアント、SNSなどの専用クライアントなど多くの種類があげられる。特定のOS上で直接実行されるアプリケーションをネイティブアプリケーションという。Webブラウザー上で動くアプリケーションもある。機能の大半がネットワーク接続なしで動作するものはスタンドアロンアプリケーション、インターネットクライアントや専用クライアントなどはネットワークアプリケーションのように分類されることもある。
ドライバー	デバイスドライバー。ディスプレイ、プリンター、ネットワークカードやその他の周辺機器など、PCに接続して利用する装置や機器を制御するソフトウェア。
ファームウェア	OSとハードウェアの間（OSの下）で動き、ハードウェアを制御するソフトウェア。PCの電源を入れたとき、ストレージからOSを読み出して起動するBIOSやUEFIは、ファームウェアの一種。SSDやHDD、NICなど電子機器の多くもその機器内のハードウェア制御を行うファームウェアを持つ。
サーバーソフトウェア	サーバーのOS上に常駐し、主にネットワーク経由で各種機能を提供するソフトウェア。HTML文書やファイルを配信するHTTPサーバー、データベースを提供するDBMS（データベースマネジメントシステム）、メールの送受信を行うPOP/SMTP/IMAPサーバーなどがある。サーバーには多数のユーザーが同時に接続して利用できる並行処理能力、ハードウェアのリソースの範囲内で効率的にさばく省リソース、安定性が求められる。
Webアプリケーション	Webの仕組みを利用するアプリケーション。Webブラウザーからの通信をHTTPサーバーが受け付け、アプリケーション機能を実現しているプログラムを実行し、そのレスポンスをWebブラウザーに返す。
ミドルウェア	サーバーのOS上に常駐し、OSとアプリケーションの間で動いてサービスを提供するソフトウェア。主にシステムの動作や運用監視に役立つ機能を提供する。
RTOS	リアルタイムOS。組み込み機器でよく用いられる。割り込み発生から対応するタスクが処理を開始するまでの最悪応答時間が保証され（応答までの時間を見積もることが可能）、リアルタイム処理を実行可能という特徴を持つ。

プログラム開発

　プログラム開発の工程に、コーディング、コンパイル、ビルド、リリースがあります。

■プログラム開発の工程

コーディング	コード（ソースコード）を記述していく作業。コードとは、コンピューターに実行させる処理を命令リストの形で記述したもの。	
コンパイル	コンピューターは、数字（2進法）の並びであるマシン語によって動作し、マシン語は人間にとって扱いにくいため、より理解しやすく、記述しやすいプログラミング言語（高水準言語、高級言語という）でプログラムを記述する。高水準言語で書かれたソースコードはマシン語に変換してからコンピューターに実行させる。ソースコードをマシン語に変換して実行する方式には、コンパイル方式（またはコンパイラ方式）とインタープリター方式がある。	
	コンパイル方式	事前にソースコード全体をマシン語で構成されたバイトコードに変換し、バイナリ（2進数）ファイルとして書き出す。コンピューターではバイナリファイルをそのまま実行する。変換処理を**コンパイル**、コンパイルを行うプログラムを**コンパイラ**という。コンパイル方式で作成されたバイナリファイルは直接コンピューター（CPU）が実行できるので処理速度が速く、またコンピューターを動かすだけのプログラム内容なので省リソースとなる。
	インタープリター方式	実行時にソースコードの命令を1つずつ読み込んではマシン語の命令群に置き換え、実行することを繰り返す。これを行うプログラムをインタープリターという。事前のコンパイルが不要で、異なる環境で同一のコードを実行できるというメリットがある一方、実行時に変換を行う分、実行速度が低下し、メモリ使用量も増加する。
ビルド	開発された複数のソースコードやバイナリファイルを、最終的にユーザーへの配布と利用者環境での展開が容易なリリースファイルにまとめる工程。	
リリース	リリースファイルをユーザーに届けるための工程で、提供者側のサーバーで動作するプログラムの場合は本番環境サーバー上へのデプロイ（配備）を行い、ユーザーの端末上などで動作するプログラムの場合はユーザーがインストールできるようリリースファイルを配布する。	

インターネット接続の設定とトラブル対処の関連事項

光ファイバー

　光ファイバーは、メタルケーブル（銅線）に比べて長い距離の伝送でも信号強度が減衰しにくい、多量の情報を送信できる、電磁波などの雑音（ノイズ）の影響を受けにくいことが特長です。中心に光が通るコアがあり、コアのまわりをクラッドとさらに保護層で囲んでいます。光信号は屈折率の高いコアに閉じ込められて伝送されます。光ファイバーには、コアの太いマルチモードファイバーとコアの細いシングルモードファイバーがあります。用いられる素材にはガラス系とプラスチック系があります。

■光ファイバーの種類

マルチモードファイバー	・光を伝播するファイバー内の経路（モード）が複数あり、コア径が太い。 ・ケーブル同士の融着が容易であり、安価。 ・伝送損失が大きいため、長距離伝送には向かない。
シングルモードファイバー	・光を伝播するファイバー内の経路が1つだけで、コア径が細い。 ・ケーブル同士の融着が難しく、高価。 ・光の分散が小さく、大容量で、長距離の通信が可能。

■光ファイバーの素材

素材の違い	ガラス系	・大容量で、長距離の通信に向いている。 ・専用線やバックボーン回線に用いられる。 ・破損しやすい。
	プラスチック系	・伝送損失が大きく、伝送性能はやや劣る。 ・ガラス系に比べて折れにくく扱いやすい。 ・エンドユーザーの建物内の配線で用いられることが多い。

　光コネクタは光ファイバーの接続に利用される端子で、主な光コネクタにはSCコネクタとLCコネクタがあります。SCコネクタは、ネットワーク機器だけではなく、光パッチパネルにも広く採用されています。パッチパネルは、LANケーブルや光ファイバーの配線を管理しやすくするための中継装置（基盤）で、集合住宅の共用部などで用いられます。LCコネクタは、ネットワーク機器に広く採用されており、SCコネクタと比較して形状が小さく、高ポート密度（1装置あたりのポートの数が多い）を実現できます。

5Gの周波数帯

　日本国内で利用可能な5Gの周波数は、3.7GHz帯（3.6GHz以上4.1GHz未満）の500MHz帯域幅、4.5GHz帯（4.4GHz以上4.9GHz未満）の500MHz帯域幅、そして28GHz帯（27.0GHz以上29.5GHz未満）の2.5GHz帯域幅です。3.7GHz帯および4.5GHz帯は1移動通信事業者当たり100MHz帯域幅単位、28GHz帯は1移動通信事業者当たり400MHz帯域幅単位で割り当てられています。6GHz以下の周波数帯はSub6帯、28GHz帯はミリ波帯と呼ばれ、ともに無線局免許が必要なライセンスバンドです。

プライベートLTEとローカル5G

　プライベートLTEは、LTE技術をプライベート網で利用する通信システムです。利用周波数帯は各国で異なり、日本ではsXGP (Shared eXtended Global Platform) と自営BWA (Broadband Wireless Access) が利用されています。

■国内のプライベートLTE

sXGP	1.9GHz帯を利用（2020年から従来の周波数帯に加え、公衆PHSで使用する周波数帯が共用帯域となり帯域が拡張された。公衆PHSは2023年3月末に全サービス終了予定）。2017年10月に制度化。無線局免許は不要で構築の制限はない（干渉は要考慮）。TD-LTE（時分割複信技術をLTEに組み合わせたもの）に準拠。通信範囲は最長数百mまで、最大通信速度および通信帯域幅は14.7Mbps、5MHz幅。
自営BWA	2.5GHz帯を利用。2019年12月に制度化。無線局免許が必要で、地域BWA未提供地域か自己の土地敷地・建物に構築する必要がある。通信方式にAXGPやWiMAXを利用。通信範囲は半径2〜3km、最大通信速度および通信帯域幅は220Mbps、20MHz幅。

　ローカル5Gとは、移動通信事業者以外の地域の企業や自治体などさまざまな主体が、自らの建物や敷地内で柔軟に利用できる5Gのシステムです。割り当て周波数帯は4.5GHz帯の4.6〜4.9GHzの300MHzと28GHz帯の28.2〜29.1GHzの900MHzで、利用には無線局免許が必要です。

無線LAN接続のトラブル

　無線LANでは無線LANアクセスポイントの電波と子機となるホストの電波が相互に届かないと接続できません。無線LANアクセスポイントの設置場所に起因する場合は、無線LANのリピーター機能を持つ**WDS** (Wireless Distribution System) 対応機器を用いて中継したり、漏洩同軸ケーブルを適用したりする方法で対応できることがあります。WDSは無線LANアクセスポイント間を無線で中継する機能のことで、電波の届かないホストのエリアまで通信距離を延長する場合などに利用します。ただし、他の無線LANシステムとのチャネルの競合による通信速度の低下を招くこともあります。**漏洩同軸ケーブル**は、同軸ケーブルの内部を伝搬する電波の一部を外部に放射させることで、ケーブルの周囲近傍での通信を可能にするものです。道路・トンネル・鉄道沿線・地下道に適用されますが、無線LANシステムにおいて、厚いコンクリート壁や金属製のキャビネットのような障害物の多い室内のどこからでも同一の無線LANネットワークを利用可能にするための手段として利用されることもあります。

ICTの設定と使いこなしの関連事項

クラウドで利用されるソフトウェア

　クラウドサービスでは、企業が開発し、ソースコードが非公開（プロプライエタリ）のソフトウェアだけでなく、ソースコードが一般に公開されているOSS（オープンソースソフトウェア）も多く利用されています。OSSは、無償で利用でき、有償で販売されるソフトウェアやライセンスと異なり、改変を加えることやインストールできる端末の数に制約はありませんが、一部のOSSはソースコードの公開義務といったライセンス条件を定めており、利用の際にはこれらを遵守する必要があります。

　OSSのライセンスは、改変後の公開義務の範囲により、コピーレフト型、準コピーレフト型、非コピーレフト型の3つに分類されます。コピーレフト型は改変後のソースコードの公開義務のほかに、OSSの組み込みやリンクにより作成された別のプログラムの配布の際にそのプログラムのソースコードの公開義務が発生します。準コピーレフト型は改変後のソースコードの公開義務のみ発生し、非コピーレフト型はソースコードの公開義務は発生しません。

クラウドの高可用性対策

　クラウドベンダーは通常、稼働率100%を保証することはありません。企業ユーザーは、クラウドが一部停止しても事業が継続できるようにBCP（事業継続計画）を考慮する必要があります。BCPの設計は、高可用性対策とバックアップを組み合わせて行います。高可用性対策にはロードバランサーやクラスタリング、レプリケーションなどが利用されます。

■高可用性対策

ロードバランサー	特定のサーバーに負荷がかからないように、ユーザーやクライアントからの問い合わせを複数のサーバーに振り分ける装置または機能。
クラスタリング	複数台のサーバーをまとめたクラスタというグループを構成する技術。ユーザーやクライアントからは1台のサーバーのように見える。
レプリケーション	元データがある場所とは別の場所に元データを複製し同期させること。異なるデータセンターに同一のシステムを構築したり、障害発生時に即座に立ち上がるような仕組みを用意したりする。

セキュリティの関連事項

暗号危殆化

　暗号化アルゴリズムの問題や、暗号を実装しているハードウェアやソフトウェアの問題によって、安全性が危ぶまれる状態が発生している場合に、**暗号危殆化**という言葉が用いられることがあります。IPA（独立行政法人情報処理推進機構）では、暗号危殆化について次の3つの階層で定義しています。

■IPA（情報処理推進機構）による暗号危殆化の定義

暗号アルゴリズムの危殆化	ある暗号アルゴリズムについて、当初想定したよりも低いコスト（暗号の解読に必要な時間的・金銭的コスト）で、そのセキュリティ上の性質を危うくすることが可能な状況
暗号モジュールの危殆化	ある暗号モジュール（暗号アルゴリズムの実装であるソフトウェア、ハードウェア、あるいはそれらの組み合わせ）について、当初想定したより低い現実的なコストで、権限が与えられていないデータや資源にアクセス可能な状況
暗号を利用するシステムの危殆化	あるシステムにおける暗号が関連する機能について、当初想定したよりも低い現実的なコストで、権限が与えられていないデータやシステム資源にアクセス可能な状況

　IPAでは、暗号危殆化の要因として攻撃技術の進歩、計算機能力の向上、計算機モデルの変化をあげています。近年懸念されているのが量子コンピューターの性能向上による暗号危殆化で、量子コンピューター時代にも安全な暗号（耐量子暗号）の開発が進められています。
　暗号の危殆化については、CRYPTRECが暗号アルゴリズムの安全性の評価を行い、電子政府推奨暗号リスト、推奨候補暗号リスト、運用監視暗号リストを公表しています（リストの内容は随時改定されている）。CRYPTRECは、電子政府推奨暗号の安全性を評価・監視し、暗号技術の適切な実装・運用方法を調査・検討するプロジェクトです。

■CRYPTRECのリスト

電子政府推奨暗号リスト	安全性・実装性能が確認され、市場における利用実績が十分または今後の普及が見込まれることから利用を推奨される暗号技術のリスト。
推奨候補暗号リスト	安全性・実装性能が確認され、今後、電子政府推奨暗号リストに掲載される可能性のある暗号技術のリスト。
運用監視暗号リスト	推奨すべき状態ではなくなった暗号技術のうち、互換性維持のために継続利用を容認する暗号技術のリスト。

安全なハッシュ関数

認証局が証明書を発行する際に使用される暗号学的ハッシュ関数が脆弱だと証明書の偽造が可能となってしまいます。衝突を見つけることが困難な性質のことを衝突耐性といい、安全なハッシュ関数は、少なくとも弱衝突耐性（あるデータおよびそのハッシュ値が与えられたとき、そのハッシュ値を持つ別のデータを見つけ出すことが困難であるという性質）および強衝突耐性（同じハッシュ値を生成する異なる2つのデータを見つけ出すことが困難であるという性質）を持っている必要があります。MD5やSHA-1は強衝突耐性が破られたことにより脆弱であることが確認されているので、SHA-2やSHA-3への移行が進められています。

マルウェアの新たな種類

マルウェアの目的や手法が多様化し、マルウェアの新たな種類が出現しています。

■マルウェアの新たな種類

ファイルレスマルウェア

標的とするコンピューターのハードディスクに実行ファイルを作成することなく感染するマルウェア。ディスクにファイルが存在しないことから、マルウェア対策ソフトによる検知が困難で、感染発見後の解析作業も難しい。ファイルレスマルウェアが攻撃に利用するツールには、Windowsのデフォルトツールである PowerShell などがある。

コインマイナー

コンピューターの処理能力を利用し、仮想通貨を採掘するプログラム。仮想通貨を採掘することが金銭獲得の手段となることから、他人のコンピューターの処理能力を密かに利用するために、Web広告にコインマイナーを埋め込んだり、ファイル感染型のコインマイナーを拡散させたり、Webサイトにコインマイナーを設置したりする。コインマイナーは必ずしもマルウェアとはいえないが、使い方によっては不正とみなされる恐れがある。

マルウェアの亜種

世間では認識済みのマルウェアであっても、誰かがそのプログラムを改良することで亜種として再び世の中に出回ることがある。オンラインバンキングサービスを狙ったトロイの木馬「Zeus」は欧米で甚大な被害をもたらし、日本でも大手銀行利用者を標的とした亜種が登場した。Zeusの亜種に感染した状態で登録されている大手銀行のドメインにアクセスすると、HTMLコードを書き換えて、登録済みのユーザー情報を再度入力することを求める画面を表示させる。ここで情報を入力すると、キーロガーにより入力情報が攻撃者に送られる。

MITB (Man-in-the-Browser)

Webブラウザー上で動作するマルウェアが、やりとりされる情報の窃取や通信内容の改ざんを行う攻撃の総称。たとえば、オンラインバンキングの取引で、利用者が正規に認証を通過した後で、振込取引などに介入し、振込額や振込先口座の情報を改ざんする。MITBはWebブラウザー上でやりとりされる情報を狙う攻撃であり、ソフトウェアキーボードやワンタイムパスワード、SSL/TLSでは防ぐことはできない。基本的なマルウェア対策を講じることが重要であり、サービス提供側が対応している場合はトランザクション署名と呼ばれる技術も有効である。トランザクション署名は、利用者が入力する振込額や振込先口座の情報（トランザクション）に電子署名を適用して、トランザクション内容の改ざんの有無を確認できる仕組みである。

VPN

VPN(Virtual Private Network:仮想プライベートネットワーク)は、インターネットのようなオープンなネットワーク上で、セキュアな通信経路を確保することで、端末あるいはネットワークを異なる拠点にあるLANに接続する技術です。限られたユーザーや機器だけがLANへアクセスすることを許可することで安全な通信を実現します。

VPN接続で利用されるプロトコルには、リモートアクセス用のPPPを拡張したPPTP(Point-to-Point Tunneling Protocol)、IPsecとL2TP(Layer Two Tunneling Protocol)を組み合わせて使うL2TP/IPsec、SSL/TLSを利用するSSL-VPNがあります。

■VPNで利用されるプロトコル

PPTP	1対1のノード間通信を扱うためのプロトコルPPPを拡張してVPNを実現するプロトコル。すでにセキュリティ上の脆弱性があり、他のプロトコルでの置き換えが推奨されている。
L2TP/IPsec	レイヤー2レベルでパケットをカプセル化するL2TPに、IPsec(151、174、247ページ参照)による暗号化機能を組み合わせて使用する。
SSL-VPN	SSL/TLSを用いてVPNを実現する技術の総称。ファイアウォールの多くは開いているHTTPS用のTCP443番ポートを使ったVPNアクセスを可能としているので、他のVPNプロトコルで使用するESPなどのプロトコルがファイアウォールで遮断されているようなネットワークでも、既存のHTTPSのアクセス経路を使用して通信することができる。

IEEE 802.1X

IEEE 802.1Xは、無線LAN接続時の認証において広く利用される規格です。IEEE 802.1Xで用いられる認証プロトコルには、サーバー側の認証に電子証明書を用い、クライアント側の認証はユーザー名・パスワードによって行うPEAP(Protected EAP)、サーバー側の認証、クライアント側の認証の両方で電子証明書を用いるEAP-TLSなどがあります。PEAPにはさまざまなバリエーションがあり、一般にはEAP-MSCHAPv2が用いられています。なお、認証プロトコルであるMSCHAPv2はすでに脆弱性が発見されており、これを利用するEAP-MSCHAPv2には潜在的な危険性があるといえます。EAP-TLSはより強力な認証方式ですが、クライアントごとに電子証明書を発行する必要があるため運用が複雑になります。

Amplification攻撃

Amplification攻撃は、問い合わせがあると誰に対しても回答を行うような設定が不適切なサーバーからの応答を悪用した攻撃で、DDoS攻撃の一種です。送信元アドレスを攻撃対象のアドレスに偽装することで、問い合わせを受けたサーバーは攻撃対象のアドレスへ応答パケットを送ります。比較的少ない通信量の問い合わせに対して「何倍にもなる」のでamplification（増幅）と名付けられています。Amplification攻撃においては、DNSのように、問い合わせに対して回答が何倍もの量になるようなプロトコルが利用されます。DNSサーバーに対して送信元を偽造した問い合わせを行い、その応答トラフィック（反射）で攻撃対象の処理能力や帯域を枯渇させるDDoS攻撃を**DNSアンプ攻撃**（DNSリフレクション攻撃）といいます。DNSアンプ攻撃には不特定のクライアントの問い合わせを受け付けるオープンリゾルバーがよく利用されます。

DNSと同様、UDPを利用してサーバーへの問い合わせを行うNTPやSNMPなどもAmplification攻撃に利用されます。

Spamメールを防止する仕組み

メールはもともとメールサーバー間を次々と中継することで宛先まで届けられ、多くのメールサーバーは認証機能を搭載していませんでした。認証機能を持たないメールサーバーが中継を許可する設定のままであることを利用し、このサーバーを踏み台にしてSpamメールなどが送信されることがあります。このような不正中継を**第三者中継**といいます。

悪意のある第三者によるSpamメールの送信元として利用されると、該当メールサーバーは不正中継を許すサーバーとして公開のデータベースに報告、登録される可能性があります。データベースに登録されると、データベースを参照する他のメールサーバーにより、該当メールサーバーからのメールの受け取りが拒否されて、正常なメールの送受信に支障をきたすことになります。

Spamメールの送信を防止するために、メールを受信するサーバー側では、メールの送信元が正規のものかどうかを検証する仕組みとして**送信ドメイン認証**を利用しています。送信ドメイン認証には、送信元メールサーバーのIPアドレスで検証するSPF (Sender Policy Framework) やSender ID、メール送信時に電子署名を付加し、これを検証するDKIM (DomainKeys Identified Mail) などの技術が利用されています。

このように、Spamメールを防止する仕組みが多く採用されていますが、**バックスキャッター攻撃**というSpamメールの送信方法が出現しています。バックスキャッター攻撃は、存在しないユーザー宛のメールは不達メッセージとして送信元に送り返されるという仕組みを利用し、送信元のメールアドレスを攻撃対象のもの、宛先のメールアドレスを存在しないものに設定してメールを送信し、不達メッセージを攻撃対象のメールサーバーに送ります。

S/MIMEとPGP

POP3SやSMTPS、STARTTLSでは、クライアントやサーバーがその仕組みに対応している必要があります。たとえばSTARTTLSは、送信側と受信側の両方が対応していないと暗号化通信は行われないので、経路上で暗号化が行われない区間が生じる可能性があります。メールの送信元から宛先まですべての通信を確実に暗号化するには、**S/MIME**（Secure/Multipurpose Internet Mail Extension）や**PGP**（Pretty Good Privacy）を利用する必要があります。S/MIMEやPGPは、公開鍵暗号方式などを利用して、メール本文の暗号化と送信元を証明する電子署名の付加を行う仕組みです。

S/MIMEは、公開鍵の正当性を証明するためにPKIの仕組みを利用します。送信者と受信者双方が信頼する認証局によって署名された公開鍵を含んだ電子証明書を検証することで正当性を判断します。メール本文の暗号化には共通鍵を利用し、共通鍵を公開鍵を使って暗号化し、自分の電子署名を付加して受信者に送信します。

一方、PGPは、公開鍵の正当性を保証するために信頼の輪という、ユーザー同士が互いに署名を付け合う方式を採用しています。

■各暗号化方式で暗号化される区間

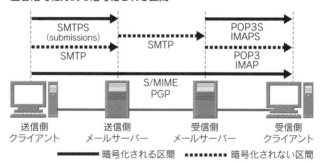

ICTの活用と法律の関連事項

API

あるデータやサービスなどを、他のプログラムで利用するための手順やデータ形式など
を定めたものを、**API**（Application Programming Interface）といいます。Web上では、
Google マップ、Amazon、Twitterなど多くのWebサービスが、その機能を利用できるよ
うにAPIを公開しています。複数のAPIで提供されるデータやサービスを組み合わせること
で新たなサービスが作られることもあります。複数のAPIを組み合わせて新しいサービスを
作ることをマッシュアップといいます。マッシュアップなどによるAPIの活用により、ビジ
ネスが広がっていった経済圏を示すバズワード（一種の流行語として使われているが、明確な定
義があいまいな用語のこと）としてAPIエコノミーがあります。

なお、APIを利用せずに、既存のWebサイトでやりとりされるデータの中から目的とする
情報だけを抽出・加工するプログラム技術もあります。これをWebスクレイピングといいま
す。

GDPR

GDPR（General Data Protection Regulation：一般データ保護規則）は、EU（European
Union：欧州連合）域内の個人データ保護を規定する法として、2018年5月から施行されてい
ます。日本企業も、EU市場に事業展開する場合、欧州支社から日本支社への情報の提供など
でGDPRへの対応が必要となります。

模擬問題と解説

シングルスターレベル

ダブルスターレベル

第1問 サブネットマスクが255.255.255.0であるIPv4アドレスとして、ホストに付与できるものをすべて選びなさい。

a 192.0.0.255

b 192.0.256.16

c 192.168.0.0

d 192.168.0.128

e 192.253.0.128

第2問 リンクローカルアドレスに該当するものを1つ選びなさい。

a 127.0.0.1

b 169.254.0.1

c 192.168.0.1

d 255.255.255.255

第3問 IPv6アドレスに関する説明として、適当なものを1つ選びなさい。

a IPv6アドレスの総数は、IPv4アドレスの総数の4倍となっている。

b IPv6アドレスにおいては、IPv4アドレスのネットワーク部に当たる部分をインターフェイスID、ホスト部に当たる部分をプレフィックスと呼ぶ。

c IPv6アドレスでは、ホストに割り当てられないネットワークアドレスは規定されていない。

d IPv6リンクローカルアドレスは、IPv4のプライベートIPアドレスに相当するアドレスであり、fc00::/7の範囲がアドレス帯として指定されている。

第4問 図はIPv6ネットワークにおけるリンク層アドレス解決の例である。①、②に当てはまるメッセージの組み合わせの中から、適当なものを下の選択肢から1つ選びなさい。

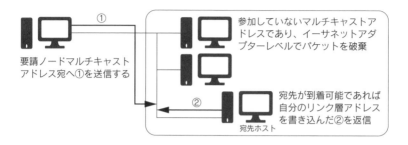

要請ノードマルチキャストアドレス宛へ①を送信する

参加していないマルチキャストアドレスであり、イーサネットアダプターレベルでパケットを破棄

宛先が到着可能であれば自分のリンク層アドレスを書き込んだ②を返信

宛先ホスト

a ①NS (Neighbor Solicitation)、②NA (Neighbor Advertisement)

b ①RS (Router Solicitation)、②RA (Router Advertisement)

c ①RS (Router Solicitation)、②NA (Neighbor Advertisement)

d ①ARPリクエスト、②ARP応答

e ①DHCPリクエスト、②DHCPオファー

第5問 TCP、UDPに関する説明として、不適当なものを1つ選びなさい。

a TCPとUDPは、トランスポート層のプロトコルである。

b TCPは、再送付き肯定確認応答機能を備えている。

c UDPでは、通信の信頼性を高めるために、受信側からの受信報告が必須である。

d TCPとUDPでは、通信で使用すべきプログラムを選択するためにポート番号を利用する。

第6問 リピーターハブとスイッチングハブに関する説明として、<u>適当なもの</u>を2つ選びなさい。

a リピーターハブでは、カスケード接続できる段数は100BASE-TXの場合4段までである。

b イーサネットの規格上、スイッチングハブではカスケード接続できる段数に制限がない。

c スイッチングハブでは、内部に保持するIPアドレスベースのルーティングテーブルを用いることで、イーサネット上の宛先となるホストが接続されたポートへのみフレームを送出できる。

d インテリジェントスイッチングハブとは、SNMPエージェント機能を持つスイッチングハブのことである。

第7問 Wi-Fi 5にはなくWi-Fi 6にはある機能として、<u>適当なものを1つ</u>選びなさい。

a MU-MIMO

b QAM

c TWT

d チャネルボンディング

第8問 以下の図は、クライアントがサーバーに対してIPで通信をする際のルーターのNAT機能によるアドレスの変換を表している。空欄に当てはまるIPアドレスの適切な組み合わせを<u>次の選択肢から1つ</u>選びなさい。

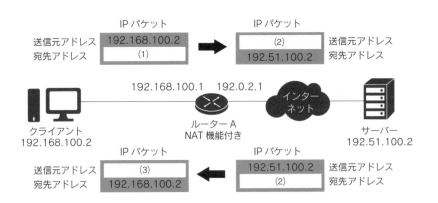

a (1)192.168.100.1 - (2)192.168.100.2 - (3)192.168.100.1
b (1)192.168.100.1 - (2)192.0.2.1 - (3)192.51.100.2
c (1)192.168.100.1 - (2)192.0.2.1 - (3)192.168.100.1
d (1)192.51.100.2 - (2)192.168.100.2 - (3)192.168.100.1
e (1)192.51.100.2 - (2)192.0.2.1 - (3)192.51.100.2
f (1)192.51.100.2 - (2)192.168.100.2 - (3)192.51.100.2

第9問 JPRSによる各JPドメイン名の説明として、<u>不適当なものを2つ選び</u>なさい。

a ac.jpに属するドメイン名は、高等教育機関や学校法人であれば使用できる。
b ad.jpに属するドメイン名は、APNICの会員となっている組織であれば登録できる。
c co.jpに属するドメイン名は、国内で登記していない会社では登録できない。
d ed.jpに属するドメイン名は、幼稚園から高等学校までが登録できるが保育園では登録できない。
e 都道府県型JPドメイン名は、日本に住所のある個人でも組織でも登録できる数に制限はない。

第10問 あるホストが「www.example.co.jp」のIPアドレスを調べるため、DNSキャッシュサーバーAに問い合わせた。しかし、DNSサーバーAには、このドメインネームに関する情報がなかった。この後の動作を述べたものとして<u>適当なものを1つ選び</u>なさい。

a ホストは、ルートDNSへ問い合わせることで名前解決を試みる。
b ホストは、時間をおいて再度DNSサーバーAに問い合わせることで名前解決を試みる。
c DNSサーバーAは、ルートDNSへ問い合わせ、続いてTLDを管理するDNSサーバー、さらにその下の階層のDNSサーバーへと問い合わせを連続して行うことで名前解決を試みる。
d DNSサーバーAは、SLDを管理するDNSサーバーに問い合わせ、それでも解決しない場合にルートDNSへ問い合わせることで、名前解決を試みる。

第11問 メール関連のプロトコルについての説明として、**不適当なものを1つ**選びなさい。

a　クライアントからIMAPでメールサーバーに接続し、サーバー上にメールフォルダーを作成できる。

b　クライアントからPOPでメールサーバーに接続し、受信したメールをダウンロードできる。

c　クライアントからPOPでメールサーバーに接続し、サーバー上にある受信メール本文の文字を検索できる。

d　メールサーバーから他のメールサーバーへ、SMTPでメールを転送できる。

第12問 Webコンテンツの記述にCSSの利用が推奨されている理由として、適当なものを1つ選びなさい。

a　Webサーバーソフトウェアが処理した結果をWebページ中に反映させることができる。

b　デザイン部分をCSSに分離して記述することで、HTMLの文書構造を明確化できる。

c　クロスサイトスクリプティング対策として効果が期待できる。

d　Webコンテンツの不正コピーを防止できる。

第13問 JavaScriptに関する説明として、適当なものを2つ選びなさい。

a　Javaのコードを埋め込んだHTMLをサーバー側で処理し、動的にWebページを生成してクライアントに返す技術である。

b　Ajaxを用いたWebアプリケーションを利用する際には、Webブラウザー側ではJavaScriptのコードが実行される。

c　JavaScriptのソースコードを別ファイルに記述し、HTML文書からそれを呼び出して使うことはできない。

d　Webブラウザーの種別によって表示などの実行結果が異なる場合がある。

第14問 FTPの説明として、適当なものを2つ選びなさい。

a 制御用としてTCP21番ポートで待ち受けが行われる。

b ASCIIモードは、ファイルに一切の変更を加えずに転送を行うモードである。

c パッシブモードはデータ転送用ポートの接続を、FTPサーバー側から要求する。

d FTPアカウントのユーザー名とパスワードは平文で転送される。

第15問 ファイルの圧縮技術、アーカイブ技術についての説明として、不適当なものを1つ選びなさい。

a 複数のファイルをまとめて1つの圧縮ファイルにする機能を書庫機能という。

b 不可逆圧縮はテキストファイルやプログラムファイルには使用すべきでない。

c 圧縮したデータを元に戻すことを符号化という。

d 圧縮されたファイルと、それを元に戻すためのプログラムを1つのファイルに格納し、そのファイルを実行することで元のファイルに戻るようにできる。

第16問 ファイル共有プロトコルとして、NASなどで用いられるものを3つ選びなさい。

a AFP

b NDP

c NFS

d NTP

e SMB

第17問 USBの説明として、**不適当な**ものを1つ選びなさい。

a USB機器はプラグアンドプレイに対応している。

b シリーズCあるいはType-Cと呼ばれるコネクタはリバーシブル仕様になっている。

c USB 3.2の最大データ転送速度は理論値で20Gbpsである。

d USB AVは、映像信号や音声信号の転送に関する規格である。

e 各規格（2.0、2.1、3.0、3.1、3.2）には後方互換性がないため、コネクタの形状が同一であってもUSB 3.1対応のPCにUSB 2.0対応機器を接続して使用できない。

第18問 下図で示すような集合住宅におけるFTTHの接続方式に当てはまるものを1つ選びなさい。

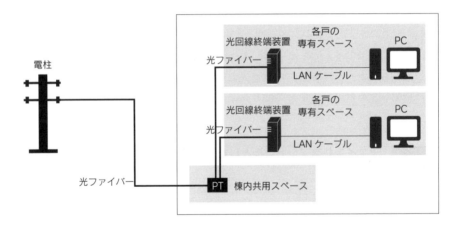

a LAN配線方式

b VDSL方式

c 同軸ケーブル配線方式

d 光配線方式

第19問 NTT東西が提供するNGNのネイティブ方式によるIPv6接続に関する説明として、適当なものを1つ選びなさい。

a NGN内での接続とNGN外のインターネットへの接続とでは、異なるIPv6プレフィックスを使い分ける必要がある。

b ネイティブ方式でNGNに接続するユーザー同士はNGN網内で折り返し通信ができる。

c エンドユーザーはVNEと接続契約を結ぶ必要がある。

d IPoEを用いることなくPPPoEを用いている。

第20問 自営の移動通信設備を持たずに移動通信サービスを提供する事業者に対し、設備を貸す事業者を2つ選びなさい。

a MNO

b MVNE

c MVNO

d VNE

第21問 移動通信サービスで使われている、接続認証などに関わる番号やSIMに関する説明として、不適当なものを1つ選びなさい。

a IMEIは携帯電話端末やデータ通信端末が持つ国際的な識別番号で、製造メーカーやシリアル番号、チェックデジットを含む15桁の数字から構成される。

b IMSIは加入者の契約内容に紐付けられる識別番号で、移動通信ネットワークコードと加入者情報で構成され、IMEIとセットで携帯基地局に送信される。

c MSISDNはいわゆる携帯電話番号のことで、国コード＋国内宛先コード＋加入者番号で構成され、一意に加入者を特定可能である。

d APNとDNNは、接続先の事業者設備を指定、識別するための文字列であり、データ通信を行う際に必要となる。

e リモートSIMプロビジョニングという機能を使って、eSIMではないSIMに書き込まれている情報を遠隔で書き換えることができる。

第22問 ISPと接続する家庭用ルーターに関する記述のうち、**不適当なものを1つ選びなさい。**

a　LANからインターネットに接続するためには、ルーターのインターネット側（WAN側）とLAN側の双方にそれぞれ異なるグローバルIPアドレスを設定しなければならない。

b　DHCPサーバー機能を利用して、ルーターに接続したPCにはIPアドレス、サブネットマスク、DNSサーバー、デフォルトゲートウェイなどの設定情報を自動的に取得させることができる。

c　ポートフォワーディング機能を利用して、WAN側からLAN内にあるPCにアクセスさせることができる

d　HB46PPは、ルーターにおけるIPv4 over IPv6などの仕様の統一を図った国内標準方式である。

第23問 インターネットサービスプロバイダー（ISP）の特徴として、**適当なものを1つ選びなさい。**

a　インターネットに接続するISPのネットワーク自身は、インターネットには含まれない。

b　水平分離型ISPは、アクセス回線からインターネット接続までを提供するISPである。

c　ISPであれば最大速度、提供エリア、帯域制限などの回線品質は共通である。

d　ISPがネットワークサービスの説明で示す「速度」は、規格上で最低限保証される速度である。

e　異なるISPのネットワークは、直接あるいはインターネット経由で接続されている。

第24問 無線LANアクセスポイントにスマートフォンが接続できない原因として**考えにくいものを1つ選びなさい。**

a　無線LANアクセスポイントとスマートフォンの距離が長い。

b　無線LANアクセスポイントとスマートフォンの間に壁がある。

c　無線LANアクセスポイントに多数のホストが接続されている。

d　スマートフォンにおいて、移動体通信網のAPNを設定していない。

e　無線LANアクセスポイントで、MACアドレスフィルタリングが使われている。

第25問 以下の図においてPC AからWebブラウザーでhttp://www.example.comに接続できない不具合が発生したため、トラブルシュートを行い次のことがわかった。このとき、トラブルが発生している恐れがある機器はどれか。**下の選択肢から2つ選びなさい。**

・PC Aでping 192.168.0.1コマンドを実行し、応答が返ってこなかった。

・PC Aでping 192.168.0.201コマンドを実行し、応答が返ってこなかった。

・PC AからWebブラウザーでhttp://www.example.jpに接続できなかった。

・PC Bでping 192.168.0.1コマンドを実行し、応答が返ってきた。

・PC BからWebブラウザーでhttp://www.example.comに接続できた。

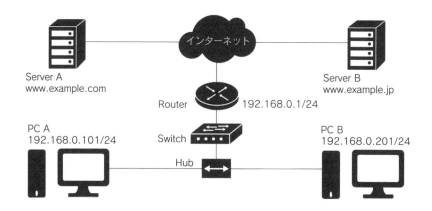

- **a** PC A
- **b** Hub
- **c** Switch
- **d** Router
- **e** Server A

第26問 ポート番号（8080）を指定したURLとして、**適当なものを1つ選び**なさい。

- **a** http://www.example.com/:8080/
- **b** http:8080//www.example.com/
- **c** http://www.example.com/8080/
- **d** http://www.example.com:8080/

第27問 インターネット上のWebページを閲覧するためにユーザーが利用するDNSサーバーが、<u>停止することで起こる事象を1つ</u>選びなさい。

a WebブラウザーのURL欄にFQDNを指定してアクセスしようとしても目的のWebページが表示されないが、IPアドレスを直接指定すると表示される。

b 更新されたWebページにアクセスしようとしても、古いページが表示される。

c Webブラウザーで任意のWebページにアクセスしようとすると、「Forbidden」のエラーページが表示される。

d Webブラウザーで任意のWebページにアクセスしようとすると、「Bad Request」のエラーページが表示される。

e Webブラウザーで任意のWebページにアクセスしようとすると、「Internal Server Error」のエラーページが表示される。

第28問 メールヘッダーに記載される事項の説明として、<u>適当なものを2つ</u>選びなさい。

a メールの形式はContent-Type:に記載される。

b メールの受信日時はDate:に記載される。

c 受信者のメールクライアントが決定したメールを識別するための固有の文字列は、Message-ID:に記載される。

d メールが経由したメールサーバーの情報は、Received:に記載される。

第29問 メール送信後に送信者が英語のエラーメッセージを受け取る場合がある。英語のエラーメッセージとそのエラーメッセージに対する解釈として、<u>不適当なものを2つ</u>選びなさい。

a User unknownは、メールアドレスのドメイン部が存在しない。

b Mail box fullは、送信者が使っているメールサーバーの容量に十分な空きがない。

c Message is too largeは、送信したメールの容量が受信側メールサーバーの容量制限を超えている。

d Name server timeoutは、DNSサーバーが応答しない。

第30問 過去2回の人工知能ブームにはなかった第三次人工知能ブーム固有の背景として、不適当なものを1つ選びなさい。

a GPUの能力向上

b エキスパートシステムの実現

c 深層学習の実現

d ビッグデータ分析ニーズの高まり

第31問 公開鍵認証方式に関する説明として、適当なものを2つ選びなさい。

a 認証に用いる公開鍵は、第三者に公開してはいけない。

b SSHプロトコルで利用できる。

c サーバー認証およびクライアント認証のどちらにも利用できる。

d 対応する秘密鍵は、通信相手にのみ共有して使用する。

第32問 暗号学的ハッシュ関数に関する説明として、不適当なものを1つ選びなさい。

a あるハッシュ関数への異なる入力に対し、同じハッシュ値が出力されることをハッシュ値の衝突と呼ぶ。

b 暗号学的ハッシュ関数で生成したハッシュ値から、秘密鍵を用いて平文を復元できる。

c 暗号学的ハッシュ関数として使用されているものには、MD5、SHA-1などがある。

d 暗号学的ハッシュ関数は、改ざんの検知に用いられる。

第33問 電子証明書に関する説明として、**不適当なもの**を1つ選びなさい。

a　電子証明書とは、秘密鍵に信頼できる組織の電子署名を付けた証明書のことである。

b　電子証明書を発行する機関をCA（Certificate Authority）と呼ぶ。

c　証明書の発行を受ける組織とは関連のない第三者機関が証明書を発行する場合、その認証局をパブリック認証局と呼ぶ。

d　企業や団体が自身を証明する証明書を発行する場合、その認証局をプライベート認証局と呼ぶ。

e　電子証明書には、ITU-Tが定めたX.509という規格が存在する。

第34問　インターネットを利用する際の通信に関する説明として、**適当なもの**を1つ選びなさい。

a　ホストに届くパケットの宛先は、必ずそのホストのユニキャストIPアドレスとなっている。

b　DHCPクライアントは、IPアドレスを取得する前に使用するDHCPサーバーを認証する。

c　ホストは受信したRAでIPv6プレフィックスを取得する前に、RAを送信したルーターを認証する。

d　無線LANのWPA3で暗号化された送信されたデータは、届いた宛先で復号される。

e　HTTPSでは、WebブラウザーとWebサーバー間の通信がSSL/TLSで暗号化される。

第35問　2要素認証の説明として、**不適当なもの**を1つ選びなさい。

a　パスワードのように本人のみが記憶している情報と生体情報のように本人の身体に固有の情報を組み合わせた認証は2要素認証の一種である。

b　2段階認証は、2要素認証に含まれる概念である。

c　2要素認証は認証時の手間を若干増やすことでセキュリティを大きく向上させる認証方法である。

d　2要素以上による認証を多要素認証と呼ぶことがある。

第36問 感染すると図のような画面が表示されるマルウェアの種類として、該当するものを1つ選びなさい。

出典：ASCII.jp
http://ascii.jp/elem/000/001/486/1486112/

a アドウェア

b スパイウェア

c トロイの木馬

d ボット

e ランサムウェア

第37問 OSやアプリケーション、ネットワーク機器のファームウェアなどへのセキュリティ更新プログラムの適用に関する説明として、適当なものを1つ選びなさい。

a Windows 11ではWindows Updateの実行により、導入されているすべてのアプリケーションソフトを一括でアップデートできる。

b セキュリティ更新プログラムを即時適用することにより、ゼロデイ攻撃を防ぐことができる。

c 更新プログラムのダウンロードサイトに記載されているハッシュ値は、そのサイトからダウンロードしたファイルの正常性確認のためユーザー側で使用するためのものである。

d iOSのアップデートにはmacOSが必要である。

第38問 無線LANのセキュリティに関する説明として、**適当なものを1つ選び**なさい。

a　ESSIDステルス機能を利用することで、ESSIDが暗号化される。

b　WPA3により、無線LANで通信されるフレーム全体が暗号化される。

c　WPA-PSKを利用するには、事前に鍵を共有する必要がある。

d　無線LANアクセスポイントを屋内に設置し、子機も屋内で利用すれば、通信経路は屋内のみとなり屋外からの盗聴を防ぐことができる。

第39問 メール送信時、OP25Bによる制限を回避するための策として、**効果が期待できるものを1つ選び**なさい。

a　25番ポートの利用

b　POP before SMTPの利用

c　S/MIMEの利用

d　サブミッションポートの利用

第40問 スマートフォンに関するセキュリティの説明として、**不適当なものを1つ選び**なさい。

a　個人情報漏洩対策の1つとして、インストールされているアプリケーションに対するパーミッション設定がある。

b　ランサムウェア対策の1つとして、日常的なデータのバックアップがある。

c　盗難・紛失後の被害抑止策の1つとして、利用しているクラウドサービスの認証情報変更がある。

d　ウイルス感染対策の1つとして、SMS受信拒否設定がある。

e　不正ログイン対策の1つとして、多要素認証の不使用がある。

第41問 デジタルコンテンツに関するDRMの説明として、<u>適当なものを1つ選びなさい</u>。

a デジタルコンテンツの複製を制御・制限し、著作権を保護するための技術

b デジタルコンテンツを、ユーザーが見たいときに見られるようにするサービス

c インターネット上でデジタルコンテンツを配信するために最適化されたネットワーク

d 中継サーバーを経由せず、端末同士を直接接続して、デジタルコンテンツを送受信する通信方式

e 半導体メモリの一種で、デジタルコンテンツ用の記憶媒体

模擬問題

第42問 ユニバーサル検索の説明として、<u>適当なものを1つ選びなさい</u>。

a 複数の単語で構成される句（フレーズ）がスペースや助詞で分割されずにそのまま含まれる文書を検索すること。

b 検索結果に、検索者の位置情報や嗜好が反映されること。

c 検索結果を、1つの画面上で、テキスト、写真、動画などのさまざまな種類で分類表示させること。

d 大項目のカテゴリから徐々に細目のカテゴリへとたどることによって、目的のWebページを検索すること。

e OR、NOTなどの論理演算子を利用して検索すること。

シングルスターレベル

第43問 Google Chromeのシークレットモードに関連する説明として、<u>適当なものを2つ選びなさい</u>。

a サーバー側からクライアントに、クライアント端末の位置を考慮した情報が提供されることはない。

b Chromeに事前に登録してあったブックマークは使えない。

c Chromeを終了すると、取得したCookieがすべて削除される。

d このモードでのWebページの閲覧をプライベートブラウジングと呼ぶ。

第44問 EdTechに関連する用語の説明として、<u>不適当なものを1つ選びなさ</u><u>い。</u>

a LTIは、教育に関する処理を統合的に管理するさまざまなシステムを接続するための標準仕様である。

b LMSは、教材・成績管理など教育に関するさまざまな処理を行うシステムである。

c MOOCsは、幅広い受講者を対象に提供される大規模オンライン教育コースである。

d OCWは、大学の講義映像やその教材を、インターネットを介して有償で提供する活動である。

第45問 日本の著作権法における著作権についての説明として、<u>適当なものを</u><u>2つ選びなさい。</u>

a 著作者人格権は第三者に譲渡することができる。

b 著作財産権は第三者に譲渡することができる。

c 著作権で認められる引用は、少なくとも自分の著作部分が主で引用部分が従という関係が明確でなければならない。

d 地理データ、気象データ、個人情報などの人の創作によらない客観的情報も著作権で保護される。

第46問 肖像権についての説明として、<u>不適当なものを2つ選びなさい。</u>

a 肖像などの経済的な価値を排他的に利用する権利である。

b 一般人ではなく、タレントなどの著名人のみに与えられる権利である。

c 政治家などの公人であっても、認められる権利である。

d 第三者が本人に無断で似顔絵を公開する行為は、肖像権の侵害に当たる恐れがある。

第47問 商標の説明として、適当なものを1つ選びなさい。

a 日本で商標権を取得すれば、海外のどの国でも利用できる。

b ある名称についてドメイン名を取得できれば、その名称の商標権を認められる。

c 商標権を得るためには、JPNICへ申請が必要である。

d 商標登録を受けるためには、その商標に他の商品やサービスと識別できるような自他識別能力が必要である。

e 商標登録ができる文字、図形、記号などは、静止したものでなければならない。

第48問 電子消費者契約法において、オンラインショッピング取引で契約が成立する時点を2つ選びなさい。

a 消費者の注文を受け付けたオンラインショップが承諾の電子メールを発信し、その電子メールが消費者の受信メールサーバーに到着した時点

b 消費者の注文を受け付けたオンラインショップが承諾の電子メールを発信し、その電子メールを消費者が確認した時点

c 申込者のモニター画面上にオンラインショップの承諾通知が表示された時点

d 申込者のモニター画面上にオンラインショップの承諾通知が表示され、申込者が確認した時点

第49問 インターネット上のWebサイトにアクセスする際に、不正アクセス禁止法における禁止事項に抵触する恐れが最も低い行為を1つ選びなさい。

a 他者のアカウントでパスワードはわからなかったが、適当に入力したらログインできたのでサービスを利用する。

b 他者のアカウントを無断利用してログインしたが、ログインしただけでサービスは一切利用しない。

c ログインすることなく他者の詳しい個人情報が掲載されたWebページにアクセスできたので、掲載されている個人情報を閲覧する。

d 他者が秘密にしているID、パスワードを盗み、第三者にその内容を教える。

e 掲示板に公開されている他者のID、パスワードを使いログインしてサービスを利用する。

第50問　マイナンバーの説明として、<u>適当なもの</u>を1つ選びなさい。

a　マイナンバーは成人すると付与される。

b　マイナンバーにより、行政手続きが一部簡素化される。

c　マイナンバーカードに記録されるのは氏名、個人番号などのほか、住所、所得などの情報も含まれる。

d　マイナンバーは、改姓・改名に伴い、都度変更される。

.com Master ADVANCE

模擬問題 ダブルスターレベル

第1問　表はIPアドレス203.0.113.1が割り当てられたWindows PCにおいてパケットキャプチャーを行い、ICMPパケットのみを抽出したものである。表から推測できる内容として、適当なものを1つ選びなさい。

No	プロトコル	送信元IPアドレス	送信先アドレス
1	ICMP(TYPE=8) Echo request	203.0.113.1	192.0.2.1
2	ICMP(TYPE=11) Time-to-live exceed	203.0.113.254	203.0.113.1
3	ICMP(TYPE=8) Echo request	203.0.113.1	192.0.2.1
4	ICMP(TYPE=11) Time-to-live exceed	203.0.113.254	203.0.113.1
5	ICMP(TYPE=8) Echo request	203.0.113.1	192.0.2.1
6	ICMP(TYPE=11) Time-to-live exceed	203.0.113.254	203.0.113.1
7	ICMP(TYPE=8) Echo request	203.0.113.1	192.0.2.1
8	ICMP(TYPE=11) Time-to-live exceed	198.51.100.1	203.0.113.1
9	ICMP(TYPE=8) Echo request	203.0.113.1	192.0.2.1
10	ICMP(TYPE=11) Time-to-live exceed	198.51.100.1	203.0.113.1
11	ICMP(TYPE=8) Echo request	203.0.113.1	192.0.2.1
12	ICMP(TYPE=11) Time-to-live exceed	198.51.100.1	203.0.113.1
13	ICMP(TYPE=8) Echo request	203.0.113.1	192.0.2.1
14	ICMP(TYPE=11) Time-to-live exceed	198.51.100.254	203.0.113.1
15	ICMP(TYPE=8) Echo request	203.0.113.1	192.0.2.1
16	ICMP(TYPE=11) Time-to-live exceed	198.51.100.254	203.0.113.1
17	ICMP(TYPE=8) Echo request	203.0.113.1	192.0.2.1
18	ICMP(TYPE=11) Time-to-live exceed	198.51.100.254	203.0.113.1
･･･	･･･	･･･	･･･

a　ホスト192.0.2.1に対してPath MTU Discoveryが実行された。

b　ホスト192.0.2.1を宛先とするパケットがループしており、到達不能である。

c　ホスト192.0.2.1を宛先とするパケットの経路が、ICMPリダイレクトによって変更された。

d　Windows PCからホスト192.0.2.1に対してpingを実行した。

e　Windows PCからホスト192.0.2.1に対してtracertを実行した。

第2問 IPv4ヘッダーにおけるTTLを使用する目的として、**適当なものを1つ**選びなさい。

a 通信経路を暗号化する。

b 優先度、遅延、信頼性、スループット、金銭的コストからなるサービス品質を要求する。

c ネットワーク上でのパケットの最大生存時間を指定する。

d 一連のパケットを同じように取り扱うようルーターに指示する。

第3問 VLANの説明として、**不適当なものを1つ選びなさい。**

a 1つのスイッチでタグVLANとポートVLANは併用できない。

b 1つのスイッチ配下のネットワークをVLANにより複数のネットワークに分けることで、ブロードキャストドメインを分割できる。

c IEEE 802.1Qでは12ビットのVLAN IDで各VLANを識別する。

d スイッチの1つの物理ポートにおいてタグVLANを用いることで、複数のVLANが利用できる。

第4問 BGPに関する説明として、**適当なものを1つ選びなさい。**

a 目的ネットワークへ至る経路中に含まれるルーター数が最小となる経路を選択してパケットが配送される。

b ネットワーク構成を表すトポロジーデータベースをもとにルーティングテーブルが作成される。

c ASのポリシーに従い、IPアドレスとそれに付随するパス属性によるAS間の経路制御が行われる。

d 「ラベル」と呼ばれる短い固定長の識別情報を利用して、経路が決定される。

第5問 DNSSECに関する説明として、<u>不適当なものを1つ</u>選びなさい。

a JPドメインで導入されている。

b DNSのセキュリティ拡張である。

c DNS応答に共通鍵暗号による電子署名を使用する。

d DNS応答のパケットサイズが大きくなる。

e 応答されたデータの出自の認証とデータの正当性を検証できる。

第6問 レスポンシブデザインに関連する説明として、<u>適当なものを2つ</u>選びなさい。

a レスポンシブデザインで作られたWebページは、Webアクセシビリティの観点からPCなどの大きな画面とスマートフォンなどの小さな画面とで見栄えが変わる。

b Viewportは、コンテンツの大きさを画面に対する相対サイズで指定し、画面の大きさによる見え方の差を吸収する方法である。

c リキッドレイアウトはWebページ表示の横幅を指定する属性で、HTMLの<meta>タグを使って設定できる。

d Media Queriesにより、コンテンツの表示・非表示を指定できる。

第7問 SNMPの説明として、<u>不適当なものを1つ</u>選びなさい。

a SNMPエージェントが監視している機器でイベントが発生した場合、SNMPエージェントからSNMPマネージャーへ通知できる。

b SNMPエージェントから得られる情報は規格で決められており、それ以外の情報を得ることができない。

c OIDはツリー構造をとり、ピリオドで区切った形式で表現する。

d ルーターなどのネットワーク中継機器だけでなく、サーバーの監視にも使われる。

第8問 ミドルウェアの説明として、**適当なものを1つ**選びなさい。

a コンピューターに接続した装置や機器を制御するソフトウェア

b OSとハードウェアの間で動き、ハードウェアを制御するソフトウェア

c たとえばシステムの動作や運用監視に役立つ機能を提供するなど、OSとアプリケーションの間で動くソフトウェア

d 組み込み機器でよく用いられる、最悪応答時間が保証され、リアルタイム処理を実行可能なOS

第9問 ウォーターフォールでの開発に関する説明として、**適当なものを1つ**選びなさい。

a 設計・開発・テストの工程を短期間に反復する。

b 設計段階の各工程では前工程のアウトプット（成果物）がインプットとなる。

c 外部設計ではプログラム内部の実装を検討し、プログラムで実施すべき処理を整理する。

d プログラムのモジュール単位でのテストをシステムテストと呼ぶ。

第10問 日本における5Gおよびローカル5Gの利用周波数帯の説明として、**適当なものを2つ**選びなさい。

a ローカル5Gは、移動通信事業者以外でも運用が可能で無線局免許は不要である。

b Sub6帯はライセンスバンドであり、ミリ波帯はアンライセンスバンドである。

c 5Gでは、3.7GHz帯および4.5GHz帯は1移動通信事業者当たり100MHz帯域幅単位で割り当てられている。

d 5Gでは、28GHz帯は1移動通信事業者当たり400MHz帯域幅単位で割り当てられている。

第11問 Webに関する説明として、適当なものをすべて選びなさい。

a 名前解決で利用するDNSキャッシュサーバーは、IPアドレスではなくFQDNで指定しなければならない。

b 名前解決のために、利用するNTPサーバーを指定する必要がある。

c Webメールを送信する場合は、Webブラウザーの設定でメールサーバーを指定する必要がある。

d WebサーバーとWebブラウザー間において1対1で同時に張れるTCPコネクション数を制限するものの1つとして、使用できるポート数の上限がある。

第12問 オンプレミスシステムをクラウドサービスへ移行する場合の説明として、適当なものをすべて選びなさい。

a SaaSは設計の自由度が高いため、社内固有の独自機能の移行は容易である。

b IaaSでは、クラウドベンダーがアプリケーションを管理する。

c IaaSを選択すれば、100%の稼働率が得られる。

d PaaSではOSやミドルウェアのアップデートはクラウドベンダーが行う。

第13問 OSS (Open Source Software) の説明として、適当なものをすべて選びなさい。

a ライセンス条件を遵守すれば、ユーザーの環境に合わせてソースコードを改変できる。

b OSSは無償で入手できるが、商用システムでの利用は禁止されている。

c OSSは利用者が一定数以上になるとライセンス料が発生する。

d GNU GPLを採用するソフトウェアを改変して再配布する場合、改変したソフトウェアにもGNU GPLを適用することが求められる。

第14問 IPAが定義する暗号危殆化に関する説明として、**最も不適当なものを1つ選びなさい。**

a 攻撃技術の進歩は暗号危殆化の要因の1つである。

b 計算機能力の向上は暗号危殆化の要因ではない。

c ある暗号アルゴリズムについて、当初想定していたよりも低いコストで、そのセキュリティ上の性質を危うくする恐れがあることは暗号危殆化の1つである。

d ある暗号モジュールについて、当初想定していたよりも低いコストで、権限が与えられていないデータや資源にアクセスできるようになることは暗号危殆化の1つである。

第15問 Active Directoryが提供する機能の説明として、**適当なものを1つ選びなさい。**

a Directory Listing機能を用いてWeb経由でディレクトリ内のファイル一覧を表示できる。

b 遠隔地からターミナルでログインしコマンドにてディレクトリを操作できる。

c Kerberosを利用することで複数機器にシングルサインオンできる。

d ネットワークのゲートウェイ部分で動作させることで外部からのネットワーク攻撃を遮断できる。

e SMBプロトコルでファイルやディレクトリをネットワーク経由で共有できる。

第16問 仮想デスクトップ基盤（VDI）の説明として、**適当なものを2つ選びなさい。**

a ユーザーはユーザーごとに構築された仮想マシン上のクライアントOSに接続する。

b 仮想マシン（VM）はクライアントOSの子プロセスとして実行される。

c セキュリティパッチはサーバーOSのみに適用すればよい。

d VDIを利用するシンクライアントは、サーバーでデータの保持や処理を行い、その結果を受け取って表示する。

第17問 Amplification攻撃に関する説明として、<u>不適当なもの</u>を1つ選びなさい。

a 攻撃者から送られるパケットの送信元アドレスは偽装されている。

b 攻撃者から送られるデータが起因となり、より多量のデータがサーバーから送信される。

c DNSやNTPの脆弱な設定のサーバーを利用する。

d プロトコル上の状態遷移の不整合を検出することで、攻撃トラフィックを遮断できる。

第18問 クロスサイトリクエストフォージェリーの脆弱性対策として、<u>適当なもの</u>を2つ選びなさい。

a セッション管理に用いるCookieにはsecure属性を指定する。

b サーバー上のアプリケーションから脆弱性を排除する。

c 処理実行の前に、ユーザーに有効なパスワードを入力させる。

d 通信路を暗号化する。

第19問 既存のWebページをクロールし取得したうえで、任意のデータを加工抽出する<u>技術を1つ</u>選びなさい。

a API

b JSON

c Webスクレイピング

d ジオロケーション

e マッシュアップ

第20問 パブリシティ権に関する説明として、<u>適当なもの</u>を2つ選びなさい。

a　タレントの顔写真をプリントしたTシャツを無断で販売することは、パブリシティ権の侵害に該当する。

b　無断でスポーツ選手の顔写真をWebページに掲載して公開することは、パブリシティ権の侵害に該当する。

c　パブリシティ権はすべての人に与えられている。

d　競走馬や物など、人物以外にもパブリシティ権は適用される。

| 第1問 | 解説 | IPv4アドレスのホストへの割り当て | 解答　d　e |

IPv4アドレスは、

00000000 00000000 00000000 00000000

〜

11111111 11111111 11111111 11111111

の範囲の32ビットの数値で、通常はこれを見やすくするために、4つのブロックに分けて、

　0.0.0.0〜255.255.255.255

のように10進法で表記します。

　IPv4アドレスは、上位のネットワーク部と下位のホスト部の2つの部分に区切られます。サブネットマスクは、32ビットのIPv4アドレスのうち、どの部分までがネットワーク部かを識別するために使われます。問題では、255.255.255.0（2進法表記では11111111 11111111 11111111 00000000）をサブネットマスクとしており、ネットワーク部は上位24ビット、ホスト部は下位8ビットであることがわかります。

　ホストのIPv4アドレスとして付与できる・できないは、ホスト部である下位8ビットに注目して判断します。ホスト部が2進法表記ですべて0となるネットワークアドレス、すべて1となるブロードキャストアドレスは、ホストに割り当てることはできません。なお、ネットワークアドレスはサブネットワーク全体を表すためのアドレス、ブロードキャストアドレスはネットワーク内の全ホストに送信（ブロードキャスト）するためのアドレスです。

a　192.0.0.255は、ホスト部がすべて1のアドレスです。つまり、このネットワークのブロードキャストアドレスであり、ホストに付与することはできません。

b　192.0.256.16というIPv4アドレスでは、ネットワーク部に10進法表記の256という数値があり、これはIPアドレスで表す範囲を超えています。このIPv4アドレス自体が成立しません。

c　192.168.0.0は、ホスト部がすべて0のアドレスです。つまり、このネットワークのネットワークアドレスであり、ホストに付与することはできません。

d　192.168.0.128は、ホスト部が10000000のIPv4アドレスです。ホストに付与することができます（正解）。

e 192.253.0.128は、ホスト部が10000000のIPv4アドレスです。ホストに付与することができます（正解）。

第2問 **解説** **IPv4リンクローカルアドレス**　　　　　　　　　　　　　　　　解答　**b**

　選択肢はIPv4アドレスです。IPv4アドレスには複数の種類があり、インターネット上の「住所」に当たるのがグローバルIPv4アドレス、LAN（同一リンク）内の「住所」に当たるのがプライベートIPv4アドレスです。このほかに、ブロードキャストアドレス、ネットワークアドレス、ループバックアドレス、リンクローカルアドレスなど、用途別に利用されるアドレスがあります。

a　127.0.0.1はループバックアドレスです。ループバックアドレスは127.0.0.0〜127.255.255.255の範囲のアドレス（ただしネットワークアドレス127.0.0.0とブロードキャストアドレス127.255.255.255を除く）で、ホスト自身を表す、つまり自分自身を指定するために使用されます。一般に127.0.0.1が使用されます。

b　169.254.0.1は、DHCPサーバーなどからIPアドレスを取得できなかった場合に、自動的に設定されるリンクローカルアドレスです（正解）。リンクローカルアドレスを用いると、ルーターを越えない範囲（同一リンク内）のホストと通信を行うことができます。リンクローカルアドレスの範囲は169.254.0.0〜169.254.255.255で、一般に169.254.0.1が使用されます。

c　192.168.0.1はプライベートIPv4アドレスです。プライベートIPv4アドレスとして、10.0.0.0〜10.255.255.255、172.16.0.0〜172.31.255.255、192.168.0.0〜192.168.255.255の範囲が予約されています。家庭用の小規模LANなどではしばしば192.168.0.1がデフォルトゲートウェイ用に使われます。

d　255.255.255.255はブロードキャストアドレスの1つであるリミテッド・ブロードキャストアドレスです。リミテッド・ブロードキャストアドレスが宛先の対象とするのは、ルーターを越えない範囲（同一リンク内）のすべてのホストです。

第3問 **解説** **IPv6アドレス**　　　　　　　　　　　　　　　　　　　　　　解答　**c**

　IPv6では128ビットのIPアドレスを用います。これを読み取りやすくするために、16ビットごとにブロック化して各ブロックを16進法の4桁の数値とし、これをコロンで区切って記述します。

a　IPv4アドレスは32ビットなので総数は2^{32}個、IPv6アドレスは128ビットなので総数は2^{128}個です。したがって、IPv6アドレスの総数はIPv4アドレスの総数の（$2^{128} \div 2^{32} = 2^{(128-32)} =$）$2^{96}$倍です。4倍ではありません。

b　記述が逆で、IPv4アドレスのネットワーク部に当たる部分をプレフィックス、

ホスト部に当たる部分をインターフェイスIDといいます。

c IPv4ではホスト部の全ビットが0であるアドレスをネットワークアドレスといい、ネットワーク全体を指します。IPv4とは異なり、IPv6にはネットワークアドレスは存在しません。選択肢は、IPv6に関する説明として適当です（正解）。

d ルーターを越えない範囲（同一リンク内）で直接通信を行うためのアドレスをリンクローカルアドレスといいます。リンクローカルアドレスは、fe80::/10の範囲がアドレス帯として指定されています。IPv4のプライベートIPアドレスに相当し、fc00::/7の範囲がアドレス帯として指定されているのは、リンクローカルアドレスではなくユニークローカルアドレスです。

第4問 | **解説** **IPv6ネットワークのリンク層アドレス解決** 解答 **a**

IPv6ネットワークにおけるリンク層アドレス（MACアドレス）の解決には、ICMPv6の近隣探索（ND：Neighbor Discovery）という機能を使用します。ICMPv6メッセージのNS(Neighbor Solicitation：近隣要請)とNA(Neighbor Advertisement：近隣広告)を利用します。

a リンク層アドレス解決の場合、はじめにホストがNSを要請ノードマルチキャストアドレス宛へ送信します。宛先ホストは自分のリンク層アドレスを書き込んだNAを返信します。選択肢は、問題の①、②に当てはまるメッセージの組み合わせとして適当です（正解）。

b RS (Router Solicitation：ルーター要請)とRA (Router Advertisement：ルーター広告)は、SLAAC(ステートレスアドレス自動設定)などで利用されるICMPv6のメッセージです。

c RSに応答するのはRA、NSに応答するのはNAです。

d ARPは、IPv4におけるリンク層アドレスの解決に利用されるプロトコルです。

e DHCPは、IPv4でIPアドレスなどのネットワーク設定情報を自動的に設定するための仕組みです。

第5問 | **解説** **TCPとUDP** 解答 **c**

TCPはエラー訂正や再送のための確認応答機能を持つプロトコル、UDPはこの機能を持たないプロトコルです。

a トランスポート層はOSI参照モデルの第4層に位置し、エラー訂正、データ圧縮、再送などの処理を行います。この層の通信手順（プロトコル）として、TCPやUDPがあります。選択肢は、TCP、UDPに関する説明として適当です。

b TCPは、正しくデータが送られたことを確認し、結果を送信元に通知する再送付き肯定確認応答機能を備えています。選択肢は、TCPに関する説明として適当で

す。UDPは再送付き肯定確認応答機能を持ちません。

c UDPは、通信の遅延を避けるために、通信エラーがあってもそのままにします（受信報告を行わない）。音声や動画のストリーミング配信など遅延を避けたい場合にはUDPが使用されます。選択肢は、UDPに関する説明として不適当です（正解）。

d TCPとUDPでは、アプリケーションを指定するためのポート番号を利用します。選択肢は、TCP、UDPに関する説明として適当です。

第6問 | **解説** リピーターハブとスイッチングハブ　　　　　　　　**解答　b　d**

ハブは、複数のPCなどを接続してLANを形成するための機器です。

a ハブのポートに別のハブを接続することをカスケード接続といいます。リピーターハブをカスケード接続する場合、LANの規格によって接続できる段数（台数）に制限があり、10BASE-Tでは4段、100BASE-TXでは2段です。

b スイッチングハブの場合はイーサネットの規格上、カスケード接続の段数は無制限です。選択肢の説明は適当です（正解）。

c スイッチングハブは、接続されたホストのMACアドレスを記録して、この情報をもとに宛先のポートにフレームを送出します。IPアドレスは用いません。

d SNMP（Simple Network Management Protocol）は、ネットワークの機器の状態を監視・制御するための管理プロトコルです。スイッチングハブに、SNMPエージェント（SNMPで管理される対象）機能を追加したのがインテリジェントスイッチングハブ（インテリジェントハブともいう）です。選択肢の説明は適当です（正解）。

第7問 | **解説** Wi-Fi 6　　　　　　　　　　　　　　　　　　**解答　c**

Wi-Fi 6は無線LANの通信規格Wi-Fi 5の上位規格で、通信速度がより速いなどの特徴があります。

a MIMO（Multiple Input Multiple Output）は、複数のアンテナを用いてアクセスポイントとホストが1対1でデータの送受信を行い、通信のストリーム（通信経路）数を増やすことで高速化を図る方法です。MIMOは端末が増えると速度が低下しますが、MU-MIMO（Multi User MIMO）はMIMOを高度化し、アンテナの指向性を制御するビームフォーミング技術を用いて、1台の端末から複数の端末に異なるデータを並行して送ることを可能にしています。Wi-Fi 5の下り通信に採用され、Wi-Fi 6では上り通信にも採用されました。MU-MIMOはWi-Fi 5、Wi-Fi 6ともにある機能です。

b QAM（Quadrature Amplitude Modulation）は、データを電波で送れるよう電気信号に変換する変調方式です。Wi-Fi 5では256QAM（一度に8ビット単位の信号を電波に載せることができる）、Wi-Fi 6では1024QAM（一度に10ビット単位の信号を

電波に載せることができる）が採用されています。QAMはWi-Fi 5、Wi-Fi 6とも
にある機能です。

c　TWT（Target Wake Time）は、接続端末のバッテリー消費を抑える機能です。
Wi-Fi 6には備わっていますが、Wi-Fi 5では未装備です（正解）。

d　チャネルボンディングは複数のチャネルを結合して帯域幅を広げることで高速化
を図る方法です。Wi-Fi 5、Wi-Fi 6では最大160MHz帯域幅のチャネルボンディ
ングが採用されています。チャネルボンディングはWi-Fi 5、Wi-Fi 6ともにある
機能です。

第8問　解説　NATによるアドレス変換　　　　　　　　　　　　解答　e

　NATは、外部のインターネットでは使用できないプライベートIPアドレスをグ
ローバルIPアドレスに1対1で変換する機能です。問題の図のルーターAから左側
（クライアント側）にあるアドレスがプライベートIPアドレス、ルーターAから右側（イ
ンターネット側）にあるアドレスがグローバルIPアドレスです。

　問題の図に示されているIPパケット（クライアントからサーバー、サーバーからクラ
イアントの順に①〜④とする）のIPアドレスについて検討します。

①　クライアントからサーバーに対してパケットを送る（問題の図の➡の方向）ので、
　送信元アドレスは自身のアドレス192.168.100.2、宛先アドレスはサーバーの
　192.51.100.2（空欄 (1)）です。

②　ルーターAはNAT機能により送信元アドレスをルーターのグローバルIPアドレ
　ス192.0.2.1（空欄 (2)）に書き換え、このパケットがサーバーに届きます。

③　サーバーはクライアントからの通信に対して応答パケットを送る（問題の図の⬅
　の方向）ので、送信元と宛先のアドレスを逆にします。送信元アドレス
　192.51.100.2、宛先アドレス192.0.2.1（空欄 (2)）です。

④　ルーターAは、上記②で記録しておいた変換前と変換後のアドレス対応をもと
　に、宛先アドレスをクライアントのプライベートIPアドレス192.168.100.2に
　書き換えます。送信元アドレスは192.51.100.2（空欄 (3)）のままです。
　したがって、選択肢 **e** が正解です。

第9問　解説　JPRSによるJPドメイン名　　　　　　　　　　　解答　b　d

　日本のccTLDである「.jp」が付くJPドメイン名は、JPRS（JaPan Registry
Service）が管理を行っています。JPドメイン名には、汎用JPドメイン名、属性型JPド
メイン名、都道府県型JPドメイン名、地域型JPドメイン名の4種類があります。

a　ac.jpは属性型JPドメイン名の1つで、高等教育機関や学校法人などが登録でき
ます。選択肢は、JPRSによるJPドメイン名の説明として適当です。

b ad.jpは属性型JPドメイン名の1つで、JPNIC会員となっている組織が登録できます。APNIC (Asia Pacific Network Information Centre) は、アジア・太平洋地域のIPアドレスを管理する組織で、APNICの下位に位置するJPNIC (Japan Network Information Center) は日本のIPアドレスを管理します。選択肢は、JPRSによるJPドメイン名の説明として不適当です（正解）。

c co.jpは属性型ドメイン名の1つで、日本国内で登記を行っている会社組織などが登録できます。選択肢は、JPRSによるJPドメイン名の説明として適当です。

d ed.jpは属性型ドメイン名の1つで、初等中等教育機関および18歳未満を対象とした教育機関が登録できます。初等中等教育機関には保育所や幼稚園も含まれます。選択肢は、JPRSによるJPドメイン名の説明として不適当です（正解）。

e 都道府県型JPドメイン名は、都道府県の名称を含むドメイン名で、日本国内に住所を持つ個人・団体・組織であれば誰でもいくつでも登録できます。選択肢は、JPRSによるJPドメイン名の説明として適当です。

第10問 **解説** 名前解決   **解答** **c**

ホスト（クライアント）は自身がIPアドレス情報を持たないドメイン名について、あらかじめ設定されているDNSサーバー（DNSキャッシュサーバー）に問い合わせを行います。DNSサーバーは、情報を持つ場合はこれを回答します。ない場合は、DNSサーバーがルートDNSサーバーを起点に外部の権威DNSサーバーに対して問い合わせを行い、目的のIPアドレスを得て、ホストに返します。このように、ドメイン名からIPアドレスを得る処理を名前解決といいます。

a ルートDNS（サーバー）に問い合わせるのはDNSサーバーAです。ホストではありません。

b 回線接続上の問題などがありDNSキャッシュサーバーが応答しない場合に、ホストが時間をおいて再度問い合わせることはありますが、問題に「DNSサーバーAには、このドメインネームに関する情報がなかった」とあるので、選択肢の動作は不適当です。

c 問題で問われる動作として適当です（正解）。

d SLDはセカンドレベルドメインの略で、最上位となるルートドメインの下にあるTLD（トップレベルドメイン）の下にあるドメインです。JPドメイン名を例にするとco.jpのjpがTLD、coがSLDです。DNSサーバーAは、最初にルートDNSに問い合わせて、以降は選択肢**c**にあるように順に下の階層のDNSサーバーに問い合わせて名前解決を試みます。選択肢の動作は不適当です。

第11問 解説 メール配信のプロトコル 解答 c

電子メールを送受信するための通信プロトコルには、SMTP、POP、IMAPがあります。SMTPはクライアント⇒メールサーバー間およびメールサーバー⇒メールサーバー間のメール転送、POPとIMAPはメールサーバー⇒クライアント間のメール転送の手順を定めたものです。POPはメールをすべてクライアント側にダウンロードしてから閲覧などを行います。IMAPはPOP同様にメールをダウンロードすることもできますが、サーバー上に保存されているメールをクライアントが操作できる機能（検索する、階層的にメールを管理するなど）を持っていることがPOPと大きく異なる特徴です。

a IMAPについての正しい説明です。

b POPについての正しい説明です。

c POPではなくIMAPでできることです。選択肢は、メール関連のプロトコルについて不適当な説明です（正解）。

d SMTPについての正しい説明です。

第12問 解説 CSS 解答 b

Webコンテンツの制作において、文書構造はHTMLで記述し、デザインの指定はCSS（Cascading Style Sheets）を利用することが推奨されています。デザインの指定をCSSに分離することで、CSSの変更だけで容易にデザイン変更ができるといった利点が得られます。

a CGIなどの利用で実現できることです。選択肢は、CSSの利用が推奨される理由として不適当です。

b CSSの利用が推奨される理由として適当です（正解）。

c クロスサイトスクリプティングは、ユーザーの入力内容で動的にWebページの内容を生成するサイトの脆弱性を利用して、不正なJavaScriptプログラムを入力し、攻撃を加える手法のことです。CSSの利用とは無関係です。

d CSSはWebページのデザインを指定する書式であり、Webコンテンツの不正コピー防止とは無関係です。

第13問 解説 JavaScript 解答 b d

JavaScriptは主にクライアントのWebブラウザー上で実行されるプログラムで、これによってWebサーバーの処理を軽減することができます。

a JavaScriptはプログラミング言語であるJavaとは無関係です。選択肢の説明は不適当です。

b JavaScriptに関する説明として適当です（正解）。Ajaxは、サーバーからの応答を待たずに、Webブラウザーのバックグラウンドで非同期通信を行い、Webページの更新を行う技術の総称です。AjaxではJavaScriptのXMLHttpRequestオブジェクトを使って通信を行います。

c JavaScriptをHTML文書内に記述すると、ソースコードが見えてしまうので、そのような事態を避けるために、JavaScriptファイルをWebサーバー上に置き、HTML文書からこれを呼び出して実行する方法がとられます。選択肢の説明は不適当です。

d JavaScriptに関する説明として適当です（正解）。JavaScriptは基本的にプラットフォームに依存しません（どのWebブラウザーでも実行できる）が、Webブラウザーがサポートしない命令（構文）を使用した場合に実行エラーが表示されることがあります。

第14問 | **解説** FTP　　　　　　　　　　　　　　　　　　　　　　　　　　解答　**a**　**d**

FTPは、FTPクライアント－FTPサーバー間で、ファイルのアップロード・ダウンロードを行うプロトコルです。

a FTPの説明として適当です（正解）。FTPでは、転送用ポートとしてTCP20番ポート、制御用ポートとしてTCP21番ポートを使用します。

b FTPの転送モードには、ASCIIモードとバイナリモードがあります。ファイルに一切の変更を加えずに転送するのはバイナリモードです。ASCIIモードは、ファイルをテキストファイルとして転送します。

c データ転送用ポートの接続方式には、アクティブモードとパッシブモードがあります。データ転送用ポートの接続をFTPサーバー側から要求するのは、アクティブモードです。パッシブモードでは、クライアント側からFTPサーバーに対して、データ転送用ポートの接続を要求します。

d FTPの説明として適当です（正解）。

第15問 | **解説** ファイルの圧縮技術・アーカイブ技術　　　　　　　　　　　　　解答　**c**

複数のファイルをまとめて1つのファイルにしたものをアーカイブ（書庫）といいます。アーカイブを作成する際は、多くの場合、圧縮が行われます。圧縮ファイルにはZipやGZIPなどさまざまな形式があります。

a 書庫機能の正しい説明です。選択肢は、ファイルの圧縮技術、アーカイブ技術についての説明として適当です。

b 圧縮したファイルを元に戻すときに完全に元のファイルのとおりに戻せる方法を可逆圧縮といいます。これに対し、圧縮のときに元のデータの一部が損なわれる方

法を不可逆圧縮といいます。一部が失われると不完全になる文書やプログラムには不可逆圧縮は用いません。選択肢は、ファイルの圧縮技術、アーカイブ技術についての説明として適当です。

c 圧縮したデータを元に戻すことを、伸長といいます。符号化ではありません（正解）。なお、符号化とは、データを一定の規則に則ってデジタルデータに変換することです。

d 自己伸長形式と呼ばれる圧縮ファイルの説明です。選択肢は、ファイルの圧縮技術、アーカイブ技術についての説明として適当です。

第16問 解説 NASなどで用いられるファイル共有プロトコル　　解答 **a　c　e**

NAS(Network Attached Storage)は、ネットワークに接続して利用するハードディスクで、ネットワーク経由でファイルを読み書きします。NASなどでファイル共有を行うために用いられるプロトコルには、AFP（**a**）、NFS（**c**）、SMB（**e**）などがあります。

a AFP (Apple Filing Protocol) は、Mac用OSにおけるファイル共有プロトコルです（正解）。

b NDP (Neighbor Discovery Protocol) は、IPv6における近隣探索に使用されるプロトコルです。

c NFS (Network File System) は、主にUNIX系OSで使われるファイル共有プロトコルです（正解）。

d NTP (Network Time Protocol) は、ネットワーク上で時刻情報を共有し、時刻の同期を行うためのプロトコルです。

e SMB (Server Message Block) は、LAN内でのファイル共有、プリンター共有のための事実上の標準プロトコルであり、Windows、macOS、Linuxなど多くのOSで使われています（正解）。

第17問 解説 USB　　　　　　　　　　　　　　　　　　　　　　　解答 **e**

USB(Universal Serial Bus)は、さまざまな機器同士の接続に使用される規格です。マウスやキーボード、プリンター、スキャナーなどの周辺機器とPCとの接続、スマートフォン、携帯音楽プレーヤーなどのデジタル機器とPCとの接続など、幅広く使われています。USBの規格は、普及が進んだUSB 1.1から、USB 2.0、USB 3.0、USB 3.1、USB 3.2、USB4のように進化しています。

a プラグアンドプレイとは「つないですぐに使える」といった意味で、特別な設定をすることなく接続するだけで機器を使えるようになる機能です。USBの特長の1つがプラグアンドプレイに対応していることです。選択肢は、USBの説明とし

て適当です。

b USBのコネクタには、シリーズA (Type-A)、シリーズB (Type-B)、シリーズC (Type-C) のように複数の種類があります。シリーズAやシリーズBは表裏を正しく差し込む必要がありましたが、シリーズCは表裏に関係なく差し込めるリバーシブル仕様となっています。選択肢は、USBの説明として適当です。

c 規格が新しくなるにつれてUSBの規格上の転送速度は高速化しています。2017年に策定されたUSB 3.2では、最大データ転送速度が20Gbpsとなりました。選択肢は、USBの説明として適当です。

d 2013年に策定されたUSB 3.1の最大データ転送速度は10Gbpsで、映像・音声の転送が可能となったため、HDCP (映像再生機器と表示装置間を暗号化して不正コピーを防止する技術) に対応したUSB AVという仕様が盛り込まれました。選択肢は、USBの説明として適当です。

e USBでは後方互換性 (より新しい製品に以前の製品の仕様や機能を持たせること) が確保されているので、コネクタの形状が同一であれば接続して使用できます。選択肢は、USBの説明として不適当です (正解)。

第18問 | 解説 | **集合住宅におけるFTTHの接続方式** 解答 **d**

　戸建て住宅でFTTHを利用する場合は、文字どおりFiber To The Homeで、家庭内まで光ファイバーが配線されます。問題の図はマンションなどの集合住宅におけるFTTH接続の1形態です。棟内共用スペースに配置された装置はPT (Premises Termination) で、屋外から引き込んだ光ファイバーと屋内の光ファイバーを接続する配線盤です。

a マンションなどの集合住宅では、建物の構造や工事費用の関係で各戸内まで光ファイバーを引き込めないことがあり、その場合はLAN配線方式やVDSL方式という配線方式を用います。LAN配線方式は、共用スペースに集合型回線終端装置を配置して光ファイバーを引き込み、その先の各戸内まではLANケーブルを配線します。選択肢は問題の図の接続方式に当てはまりません。

b VDSL方式は、LAN配線方式と同じように共用スペースの集合型回線終端装置まで光ファイバーを引き込み、共用スペースのVDSL集合装置を経由して主配線盤 (MDF) に接続し、各戸内までは電話回線用のメタルケーブルを利用します。選択肢は問題の図の接続方式に当てはまりません。

c 同軸ケーブル配線方式は、一般にCATV回線を利用したインターネット接続で使用し、FTTHによる接続では用いません。選択肢は問題の図の接続方式に当てはまりません。

d 光配線方式は、集合住宅の各戸内まで光ファイバーを引き込む方式です。問題の図の接続方式に当てはまります (正解)。

第19問 解説 NGNのネイティブ方式によるIPv6接続　　　　　　解答　b

　　NTT東西が提供する次世代ネットワーク（NGN）はインターネットとは別のネットワークであり、NGNを利用するユーザーがIPv6でインターネット接続するには、トンネル方式またはネイティブ方式を利用する必要があります。トンネル方式ではPPP（PPPoE方式）によるトンネル接続を用います。ネイティブ方式ではトンネル接続を用いず、イーサネット上で直接IPを利用（IPoE方式）して接続します。

a　　トンネル方式によるIPv6接続に関する説明です。ネイティブ方式では、インターネットおよびNGN内部でも使用できる共通のIPv6プレフィックスを用いて通信を行います。

b　　ネイティブ方式によるIPv6接続に関する説明です（正解）。ネイティブ方式でNGNに接続するユーザー同士、つまりIPoE方式で接続するホスト同士は、インターネットを介さずNGN内で折り返し通信を行うことができます。

c　　エンドユーザーはVNE（Virtual Network Enabler）のサービスを利用するISPと契約を結びます。VNEと直接接続契約を結ぶことはありません。

d　　PPPoEを用いるのはトンネル方式です。

第20問 解説 移動通信サービスを提供する事業者　　　　　　解答　a　b

　　固定電話や携帯電話などの電気通信サービスを提供する会社のことを電気通信事業者といいます。電気通信事業者は自前で電気通信に必要な伝送路設備を用意するか、他社からサービスの提供を受ける（設備を借り受ける）かして、事業を展開します。

a　　MNO（Mobile Network Operator：移動通信事業者）は、NTTドコモのような、無線通信サービス提供に必要な設備を自社で開設・運用し、自社のサービスとして通信サービスを提供する事業者です。MNOは一般利用者に対して直接サービスを提供するほかに、他の電気通信事業者にサービスを提供、つまり移動通信設備を貸し出します。選択肢は、問題に示される事業者に該当します（正解）。

b　　MNOから移動通信設備を借り受けて無線通信サービスを提供する事業者をMVNO（Mobile Virtual Network Operator：仮想移動通信事業者）といいます。MVNOの中には、MNOから借り受けた移動通信設備と通信サービスの提供に必要な機能を合わせて、MVNOを行う他の事業者に卸し販売する事業者もあります。これを、MVNE（Mobile Virtual Network Enabler）といいます。選択肢は、問題に示される事業者に該当します（正解）。

c　　選択肢**b**の解説のとおり、移動通信サービス提供に必要な設備を自社で持たず、MNOから借りてサービスを提供する事業者をMVNOといいます。

d　　NTT東西が提供するNGN（次世代ネットワーク）からIPv6インターネットに接続する方式にはトンネル方式とネイティブ方式があり、ネイティブ方式ではNGNと

IPv6インターネット間の接続をVNEと呼ばれる接続事業者が中継します。

第21問 解説 移動通信サービスで使われる接続認証などに関わる番号やSIM　　解答　e

　移動通信サービスでは、接続認証などのためにさまざまな番号が使用されています。また、SIM (Subscriber Identity Module) は小型のICチップで、移動通信サービスを利用するために必要な情報が格納されています。カード型の形をしていることからSIMカードとも呼ばれます。

a　携帯電話端末やデータ通信端末を識別するIMEI(International Mobile Equipment Identifier：国際移動体装置識別番号、端末識別番号ともいう) の説明として適当です。IMEIは、事業者のネットワークに接続する際の端末の識別に用いられます。

b　IMSI (International Mobile Subscriber Identity：加入者識別番号) の説明として適当です。IMSIは、SIMカードに記録されます。

c　事業者が加入者に割り当てるMSISDN (Mobile Subscriber ISDN Number：携帯電話番号) の説明として適当です。

d　APN (Access Point Name) とDNN (Data Network Name) の説明として適当です。ネットワークサービスやインターネット接続サービスを提供する事業者ごとに固有の識別名で、4GではAPN、5GではDNNといいます。

e　eSIM (embedded SIM) は、ICカードを用いない組み込み型のSIMです。リモートSIMプロビジョニングは、eSIMの情報を遠隔で書き換える機能です。選択肢は、SIMに関する説明として不適当です (正解)。

第22問 解説 家庭用ルーターの設定　　解答　a

　家庭内でFTTHなどを利用してインターネット接続を行う環境において、インターネットへのゲートウェイとなるのが家庭用ルーターです。家庭用ルーターには、IPアドレス、DHCPサーバー、DNSサーバーなどさまざまな情報を設定します。

a　インターネットに接続するためには、ルーターのWAN側 (インターネット側)、LAN側にIPアドレスを割り当てる必要がありますが、双方に異なるグローバルIPアドレスを設定する必要はありません。たとえば、WAN側はISPから自動的に割り当てられたグローバルIPアドレス、LAN側は家庭用ルーターのDHCPサーバーから自動的に割り当てられたプライベートIPアドレスが一例としてあげられます。選択肢の記述は不適当です (正解)。

b　選択肢の記述は適当です。

c　選択肢の記述は適当です。ポートフォワーディングは、WAN側からルーターの特定のポートへのアクセスを内部のホストの特定ポートに転送することで、外部ネットワークからLAN内部のPCへのアクセスを可能にします。

d IPoE方式によるIPv6インターネット接続を利用する環境で、IPv4のみに対応しているWebサイトやWebサービスへはそのままアクセスすることができません。このような場合にIPv4通信を可能にするため、IPoE方式においてインターネットへの接続を中継するVNE事業者は、家庭用ルーターでIPv4パケットをIPv6に変換するIPv4 over IPv6サービスを提供しています。VNE事業者が採用するIPv4 over IPv6の仕様はそれぞれ異なり、乱立する傾向にありましたが、これらの仕様の統一を図った国内標準方式がHB46PP (HTTP-Based IPv4 over IPv6 Provisioning Protocol) です。選択肢の記述は適当です。

第23問 解説 ISP　　　　　　　　　　　　　　　　　　　　　　解答　e

　インターネットサービスプロバイダー (ISP) は、ユーザーの端末をインターネットに接続するサービスを提供します。

a インターネットは、さまざまなネットワークの相互接続により構成されています。ISPのネットワークもインターネットの一部です。

b ISPは、サービスの提供形態により2つのタイプに分類できます。アクセス回線からインターネット接続までを一体で提供するISPを垂直統合型ISPといい、インターネット接続サービスのみを提供するISPを水平分離型ISPといいます。水平分離型ISPの場合、ユーザーは、通信事業者の提供するアクセス回線と、そのアクセス回線で使用できるISPのインターネット接続サービスを組み合わせて利用します。

c ISPによって、あるいはISPの設定する契約プランによって、提供する接続サービスの回線品質は異なります。

d ISPがネットワークサービスの説明で示す「速度」は、規格上の最大速度です。実際には、設備を複数のユーザーで共用するので、「速度」以下となります。

e 選択肢は、ISPの特徴として適当です（正解）。

第24問 解説 無線LANアクセスポイントへの接続　　　　　　　　　解答　d

　無線LAN接続では、無線LANアクセスポイント（親機）とPCやスマートフォンなどの子機の間で無線通信を行います。

a 親機と子機の間の距離が長くなると通信速度が下がったり、接続できなくなったりすることがあります。選択肢は、接続できない原因となり得ます。

b 親機と子機の間に壁があると、通信速度が下がったり、接続できなくなったりすることがあります。選択肢は、接続できない原因となり得ます。

c 親機へ接続できる子機の台数に制限があることがあります。制限を超えた数の子機は接続できません。選択肢は、接続できない原因となり得ます。

d APNは、スマートフォンなどの移動体通信機器の接続先の移動体通信事業者設備を指定する文字列です。無線LAN接続とは無関係です。選択肢は、原因として考えにくい内容です（正解）。

e 親機にMACアドレスフィルタリングが設定されていると、登録したMACアドレスを持つ子機しか接続できません。選択肢は、接続できない原因となり得ます。

第25問 **解説** ネットワークの故障診断　　　　　　　　　　　　　　　　**解答　a　b**

pingは、目的とする端末のIPアドレスやホスト名を指定してテスト用のパケットを送り、そのレスポンスにより接続の状態を確認するコマンドです。問題文にはトラブルシュートのために行った5つの操作とその結果が示されています。それぞれからわかることは以下の表のとおりです。ア～オは説明のために付与したものです。

	トラブルシュート	結果	トラブル箇所の検証
ア	PC Aでping 192.168.0.1コマンドの実行	応答なし	PC A、Hub、Switch、Routerのいずれかに問題がある
イ	PC Aでping 192.168.0.201コマンドの実行	応答なし	PC A、Hub、PC Bのいずれかに問題がある
ウ	PC AからWebブラウザーでhttp://www.example.jpに接続	接続できない	PC A、Hub、Switch、Router、Server Bのいずれかに問題がある
エ	PC Bでping 192.168.0.1コマンドの実行	応答あり	PC BからRouterまで正常に通信できる
オ	PC BからWebブラウザーでhttp://www.example.comに接続	接続できる	PC BからServer Aまで正常に通信できる

それぞれの機器の動作を検証します。

エよりRouterは正常に動作していること、オよりServer Aはリクエストを正常に受け付けていること、Routerはインターネットへの通信を正常に中継していることがわかります。また、Switchは、HubとRouterの通信を中継する役割を果たすもので、エ、オより正常に動作していると考えられます。以上より、Switch（**c**）、Router（**d**）、Server A（**e**）はトラブル発生箇所ではないと考えられます。

Hubには3つの機器が接続されており、Hub⇔Switch間、PC B⇔Hub間はこれまでの検討により問題がないと考えられますが、ア、イ、ウよりPC Aからの通信が正常に処理されていないのでPC Aを接続したポートにトラブルがあることが考えられます。Hubにまったくトラブルがない場合はPC Aの通信機能にトラブルがあることが考えられます。

以上より、トラブルが発生していると考えられる機器はPC AとHub（**a**と**b**が正解）です。

第26問 解説 URL 解答 d

URLは、スキーム（資源を取得する手段。問題の場合はhttp://）、ホスト（資源を提供するサーバー。問題の場合はwww.example.com）の順に指定し、ポート番号を指定する場合は、ホストを指定するドメイン名やIPアドレスの後にコロン（：）を付けて、その後にポート番号（問題の場合は8080）の数値を指定します（**d**が正解）。

第27問 解説 DNSサーバーの停止によるWebサイト閲覧のエラー 解答 a

DNS（Domain Name System）サーバーは、ドメイン名に対応するIPアドレスを探す機能（名前解決）を持つサーバーです。DNSサーバーが停止していると名前解決が正常に行えなくなります。

a FQDN（Fully Qualified Domain Name）は、ホスト名とドメイン名を合わせて記述したURLです。FQDNを指定して目的のWebページが表示されなくても、IPアドレスを直接指定すると表示される場合は、DNSサーバーの停止で名前解決が行われないことで起きたと考えられます（正解）。

b 更新されたはずのWebページが表示されないのは、Webブラウザーなどのキャッシュデータが表示されていることが原因として考えられます。この場合は再読み込み（リロード）を行うと最新のWebページが表示されます。

c 「Forbidden」は、指定したコンテンツへのアクセスが禁止されている場合に表示されるエラーメッセージです。選択肢は、問題で示される事象ではありません。

d 「Bad Request」は、クライアントからのリクエストの構文に不備がある場合に表示されるエラーメッセージです。選択肢は、問題で示される事象ではありません。

e 「Internal Server Error」は、CGIのようにクライアントのリクエストに応じてWebサーバー側で処理を行う際にWebサーバー側に問題があることで表示されるエラーメッセージです。選択肢は、問題で示される事象ではありません。

第28問 解説 メールヘッダー 解答 a d

メールヘッダーには、メールのタイトル、宛先、差出人、メールのID番号、メールのたどった経路、送信日時など、そのメールに関するさまざまな情報が書き込まれます。

a テキスト形式、HTML形式といったメールの形式は、メールヘッダーのContent-Type:に記載されます。選択肢は、メールヘッダーに記載される事項の説明として適当です（正解）。

b メールヘッダーのDate:に記載される情報は、メールの送信日時です。受信日時はメールヘッダーには記載されません。

c Message-ID:は、送信時に個々のメールを識別するための固有の文字列として

メールクライアントまたはメールサーバーにて付加されます。受信者のメールクライアントが付加するものではありません。

d Received:には、メールがどのメールサーバーを経由して届いたか、その経路が記載されます。選択肢は、メールヘッダーに記載される事項の説明として適当です（正解）。

第29問	**解説**	メール送信時のエラーメッセージ	解答 **a** **b**

　メールを送信した後に、メールの不達を知らせるエラーメッセージが返されることがあります。エラーメッセージは英語であることが多く、不達の原因によりメッセージの内容は異なります。選択肢のエラーメッセージはいずれも、不達の場合のエラーメッセージです。

a User unknownは、宛先のメールアドレスのアカウント（@マークの左側）が存在しない場合に返されるメッセージです。メールアドレスのドメイン部（@マークの右側）が存在しない場合は、Host unknownが返されます（正解）。

b Mail box fullは、送信側ではなく受信側のメールサーバーに十分な空き容量がない場合に返されるメッセージです（正解）。

c Message is too largeは、選択肢に示されたとおり、送信したメールの容量が受信側メールサーバーの容量制限を超えている場合に返されるメッセージです。

d Name server timeoutは、選択肢に示されたとおり、DNSサーバーに接続できない（応答がない）場合に返されるメッセージです。

第30問	**解説**	第三次人工知能ブーム固有の背景	解答 **b**

　2000年代に入り、IT技術が高度化してインターネットを源泉とするデータが爆発的に増大しました。また、そうしたデータを有効活用するための社会的、技術的な基盤が揃い、第三次人工知能（AI）ブームが発出しました。

a GPUは、並行処理を行って高速に画像を描画するために開発された、3Dグラフィックス処理に特化したプロセッサーのことです。GPUの高い演算性能を活用して3Dグラフィックス以外の一般の演算も行わせるGPGPU（General-Purpose computing on Graphics Processing Units）という技術が発展し、高い計算能力を必要とする深層学習の実用化が進み、第三次人工知能ブームを支える大きな要素となりました。

b エキスパートシステムは、人間の専門家の脳の働きをコンピュータープログラムで実現するという考え方で、「もし……ならば……」という自然言語による知識ベースを定義し、推論を行うという仕組みです。1980年代の第二次人工知能ブームにおいて広く利用されました。エキスパートシステムの実現は第三次人工知能ブーム

固有の背景として不適当です（正解）。

c 深層学習（ディープラーニング）は、人間の脳の仕組みを真似たニューラルネットワークを複層的に使用し、人間が定義しなくても、コンピューターがデータの特徴を自ら発見していく手法や技術のことです。深層学習の実現は、第三次人工知能ブームを支える背景の1つです。

d IT技術の普及や発達に伴い、さまざまな種類、形式、性格を持つ、膨大な量のデジタルデータがネットワーク上で生成され、流通し、蓄積されていきます。従来のデータベース管理システムでは処理できなかったこれらのデータから、ルールを自動的に獲得し、発見する機械学習が実用化され、ビッグデータの分析が可能になりました。ビッグデータの分析から新しいサービスやビジネスモデルの創出、業務の効率化、経営判断の支援など、さまざまな価値の創出に役立てようというニーズが高まり人工知能の利用が活発に行われています。ビッグデータ分析ニーズの高まりは、第三次人工知能ブーム固有の背景として適当です。

第31問 | 解説 | 公開鍵認証方式　　　　　　　　　　　　解答 **b** **c**

　暗号化に公開鍵、復号に秘密鍵を用いることで、鍵交換による盗聴の危険性を防止する技術を公開鍵暗号方式といいます。公開鍵暗号方式を認証の際に利用することもあり、この場合は、認証を受ける側が公開鍵と秘密鍵を生成して公開鍵を相手に渡し、認証の際には秘密鍵で暗号化したデータを公開鍵で検証します。

a 公開鍵認証方式は、公開鍵を第三者に公開することで認証を可能とする方式です。第三者に公開せず秘匿する必要があるのは秘密鍵です。選択肢は、公開鍵認証方式に関する説明として不適当です。

b SSHは、安全なリモートログインやファイル転送を可能にするプロトコルです。SSHではユーザーを認証するための方式にパスワードを用いるパスワード認証または公開鍵認証のいずれかを選択できます。公開鍵認証を利用する場合は、クライアント側で秘密鍵と公開鍵を生成して公開鍵をSSHサーバーの管理者に送り、サーバーに登録しておきます。選択肢は、公開鍵認証方式に関する説明として適当です（正解）。

c サーバー認証にはサーバー側で生成した公開鍵と秘密鍵を使用、クライアント認証ではクライアント側で生成した公開鍵と秘密鍵を使用することで認証を行います。選択肢は、公開鍵認証方式に関する説明として適当です（正解）。

d 公開鍵認証方式は、秘密鍵が誰にも知られないようにすることを前提にして成立します。選択肢は、公開鍵認証方式に関する説明として不適当です。

　ハッシュ関数は、入力された値から一定のルールで変換したハッシュ値を出力します。メッセージ本文をハッシュ関数に入力してハッシュ値を得て、これを通信経路での改ざんを検知するためのメッセージダイジェストとして使用します。

　ハッシュ値から元の入力データが復元できないことを一方向性といいます。また、異なる入力データから同一のハッシュ値が発生することをハッシュ値の衝突といいます。一方向性を備え、衝突が発生しにくいハッシュ関数を暗号学的ハッシュ関数といいます。

a　選択肢は、暗号学的ハッシュ関数に関する説明として適当です。

b　暗号学的ハッシュ関数で生成したハッシュ値から、秘密鍵を用いて平文を復元することはできません。選択肢は、暗号学的ハッシュ関数に関する説明として不適当です（正解）。

c　選択肢は、暗号学的ハッシュ関数に関する説明として適当です。なお、現在、MD5、SHA-1に弱点が見つかっていることからSHA-2やSHA-3への移行が進められています。

d　選択肢は、暗号学的ハッシュ関数に関する説明として適当です。異なる入力データから得られるハッシュ値は同一には極めてなりにくいという性質を利用して、暗号学的ハッシュ関数は改ざんの検知に用いられます。

　公開鍵暗号方式を使用した電子署名において、公開鍵が確かに本人のものであることを証明するために、送信者と受信者がともに信頼する組織の発行する電子証明書を使用します。受信者は電子証明書を検証し、信頼できる組織が発行した証明書であれば、正当な公開鍵であると判断します。

a　認証局（CA）は、秘密鍵ではなく公開鍵に対して、電子署名を付けた電子証明書を発行します。選択肢は、電子証明書に関する説明として不適当です（正解）。

b　電子証明書を管理、発行する機関は認証局やCA（Certificate Authority、Certification Authority）と呼ばれます。選択肢は、電子証明書に関する説明として適当です。

c　証明書の発行を受ける組織が自ら運営する認証局をプライベート認証局、第三者が運営する認証局をパブリック認証局といいます。選択肢は、電子証明書に関する説明として適当です。

d　選択肢**c**の解説のとおり、選択肢は、電子証明書に関する説明として適当です。

e　ITU-Tは、国際電気通信連合で通信分野の標準規格を策定する担当部署です。X.509はITU-Tが定めた電子証明書規格です。選択肢は、電子証明書に関する説明として適当です。

第34問 解説 インターネット通信の技術　　　　　　　　　　　解答　e

　インターネットによる通信を安全かつ確実に実現するために、転送技術、認証、暗号化などさまざまな技術が使われています。

a　ユニキャストとは、1つのホストに対してデータを送信する方式です。データの送信方式にはユニキャストのほかに、マルチキャスト、エニーキャスト、ブロードキャスト（IPv4のみ）があります。ホストに届くパケットの宛先は、必ずしもユニキャストIPアドレスとは限りません。

b　DHCP（Dynamic Host Configuration Protocol）は、IPアドレスをホストのネットワークインターフェイスに動的に割り当てる仕組みです。DHCPクライアントがDHCPサーバーに割り当てを要求し、DHCPがこれに応答します。DHCPクライアントがIPアドレスの割り当てを要求する際にDHCPサーバーの認証は行いません。

c　IPv6アドレスの自動設定を行う方法の1つであるSLAAC（Stateless Address Autoconfiguration：ステートレスアドレス自動設定）では、ホストはRS（Router Solicitation：ルーター要請）をネットワーク上に送出し、RSを受信したルーターはプレフィックスを含むRA（Router Advertisement：ルーター広告）をホストに返信するといった方法でプレフィックスを取得します。プレフィックスを取得する際に、ルーターの認証は行いません。

d　WPA3は、無線LANにおける通信の盗聴を防ぐためにデータを暗号化する方式の1つです。WPA3は無線区間を暗号化するもので、データを送信したホストから宛先ホストまでの全区間は暗号化されません。

e　HTTPは、WebブラウザーとWebサーバー間の通信プロトコルです。これを暗号化通信に拡張したプロトコルがHTTPSです。暗号化技術としてSSL/TLSが使用されています。選択肢は、インターネットを利用する際の通信に関する説明として適当です（正解）。

第35問 解説 2要素認証　　　　　　　　　　　　　　　　　解答　b

　認証の3要素には、本人だけの記憶（パスワードなど）、本人だけ所持（USBキーなど）、本人の身体に固有の情報（生体情報）があり、このうちの2つを組み合わせて認証することを2要素認証といいます。1つの要素だけで認証を行うのに比べてセキュリティを強固にすることができます。また、2段階認証は、認証を進めていく過程で2段階の認証を行う方法です。

a　選択肢は、2要素認証の説明として適当です。

b　2段階認証で、1度目の認証ではIDとパスワード（本人だけの記憶）、2度目の認証では手持ちのスマートフォンに送られるパスコード（本人だけ所持）を利用する

といったように、1度目と2度目の要素の種類が異なれば、2要素認証とみなされます。しかし、1度目と2度目で同じ種類の要素（たとえば、1度目は第1パスワード、2度目は第2パスワードなど）を用いる場合は2要素認証とはなりません。つまり、2段階認証は2要素認証に含まれる概念ではありません（正解）。

c 2要素認証は認証を複雑にすることで、セキュリティを向上させる認証方法であるといえます。選択肢は、2要素認証の説明として適当です。

d 2要素以上による認証を多要素認証と呼ぶことがあります。選択肢は、2要素認証の説明として適当です。

第36問 **解説** マルウェアの種類　　　　　　　　　　　　　　　　　　**解答** **e**

　マルウェア（不正プログラム）は、コンピューターに何らかの障害を引き起こすことを目的として作られたプログラムです。コンピューター内のデータの破壊活動などを行います。

a アドウェアは、広告を表示することを目的としたソフトウェアで、フリーソフトとともにインストールされ、ポップアップ広告などを表示します。中には、煩わしいほどにポップアップを表示したり、情報を無断で外部に送信するスパイウェアとして活動したりするアドウェアも存在します。その場合は、マルウェアとみなされます。

b スパイウェアは、コンピューター内に潜んで、ユーザー情報を盗み取るプログラムです。

c トロイの木馬は、問題のないプログラムに見せかけて、データ消去、パスワードなどの外部への送信、攻撃者からの遠隔操作を密かに行うプログラムです。

d マルウェアとしてのボットは、攻撃者が用意した司令サーバーからの指令を受けて不正行為を働くプログラムです。

e 問題の画面には「ファイルを回復できますか？」や「私はどのように支払うのですか？」とあります。ランサムウェアは、コンピューターの操作やデータへのアクセスを不可能にし、復旧するために金銭を要求するタイプのマルウェアです。問題の画面はランサムウェアの感染により表示されたと考えることができます（正解）。

第37問 **解説** OSやアプリケーションなどのアップデート　　　　　　**解答** **c**

　セキュリティホールは、プログラムの不具合や設計上のミスが原因となって発生する情報セキュリティ上の欠陥のことで、マルウェアの感染経路や不正アクセスの入り口になります。OSやアプリケーション、ネットワーク機器のファームウェアなどのセキュリティホールを悪用する攻撃への対策として、アップデートを速やかに適用して最新の状態を保つようにすることが大切です。

a Windows Updateを実行すると、Windows OSをアップデートすることができます。ただし、OSとOSに含まれるアプリケーションソフトは一括してアップデートできても、それ以外のアプリケーションソフトまで同時にアップデートすることはできません。

b ゼロデイ攻撃は、セキュリティ更新プログラムが提供される前にセキュリティホールを悪用した攻撃を仕掛けることです。セキュリティ更新プログラムの即時適用ではゼロデイ攻撃を完全に防ぐことはできません。なお、できるだけ速やかに適用することにより、ゼロデイ攻撃による被害の可能性を減らすことはできます。

c 不正アクセスによりWebサイトが改ざんされ、プログラムが不正な動作を行うものに差し替えられることがあります。Webサイトで本来提供するはずだったプログラムかどうかを確認できるように、Webサイトでは更新プログラムのハッシュ値を公開しています。ユーザーは、このハッシュ値と、ダウンロードしたプログラムのハッシュ値を比べてプログラムの正常性を確認することができます。選択肢は、問題で問われる説明として適当です（正解）。

d iOSのアップデートはiOSの操作によって行うことができます。macOSが必要になるというわけではありません。

無線LANにおけるセキュリティを確保するためにさまざまな技術が活用されています。

a ESSIDは、無線LAN環境においてネットワークを区分するために用いられる識別子です。通常、無線LANアクセスポイントはESSIDを通知し、ホストは接続するESSIDを選んで接続します。ESSIDステルス機能はESSIDの通知を抑制する機能で、ESSIDを知っている人のみが接続できるようにする仕組みです。ESSIDステルス機能によって、ESSIDが暗号化されるわけではありません。選択肢は、無線LANのセキュリティに関する説明として不適当です。

b WPA3などで暗号化されるのはフレーム（データリンク層における通信データの単位）全体ではなく、データ部分とデータ部分の整合性をチェックするためのCRC符号だけです。宛先アドレス、送信元アドレスといったその他の部分は暗号化されません。選択肢は、無線LANのセキュリティに関する説明として不適当です。

c WPAやWPA2は、クライアントを個別に認証する仕組みを持ちます。2つの動作モードがあり、EnterpriseモードはIEEE 802.1X認証サーバーが認証を行い、企業や公衆無線LAN事業者向けです。Personalモードは事前に鍵を共有して認証を行い、SOHO（小規模事業所）や一般家庭向けです。WPA PersonalをWPA-PSKと表記することもあります。選択肢は、無線LANのセキュリティに関する説明として適当です（正解）。

d 無線LANアクセスポイントとホストとの間でやりとりされる電波は、部屋や建

物の状況によって、隣の部屋、階上や階下、ときには屋外でも受信することができます。親機、子機ともに屋内で利用しても盗聴を防ぐことはできません。選択肢は、無線LANのセキュリティに関する説明として不適当です。

第39問 解説 OP25Bによる制限の回避 　　　　　　　　　解答　d

　OP25B (Outbound Port 25 Blocking) は、ISPネットワーク内のメールサーバーを介さずに、外部のメールサーバーのTCP25番ポートに送信しようとするメール（主に迷惑メール）をブロックします。これによって、ISPネットワーク内に存在するメールクライアント機能を持つマルウェアが送信する迷惑メールをブロックする仕組みですが、ISP外のメールサーバーや自身で構築したメールサーバーを利用しているユーザーはOP25Bによってメールサービスを利用できなくなることがあります。これを回避してメールを送信するために、サブミッションポート（通常はTCP587番）が用意されています。

a　25番ポートは通常のSMTP通信用のポートです。25番ポートの利用では、OP25Bによる制限を回避できません。

b　SMTPはもともとユーザー認証機能を持たず、一方POPには認証機能があります。POP before SMTPは、POPによるユーザー認証を行ってから一定時間のSMTPでのメール送信を許可する仕組みで、現在は利用されていません。POP before SMTPの利用では、OP25Bによる制限を回避できません。

c　S/MIMEはメール本文を暗号化する仕組みでメールの盗聴防止には有効ですが、迷惑メールなどの不正送信を防止することはできません。S/MIMEの利用では、OP25Bによる制限を回避できません。

d　OP25Bは迷惑メールを防ぐための仕組みですが、正常なメールをブロックする可能性もあります。この場合に備えて、多くのメールサーバーでは、25番ポート以外でメールを受信できるサブミッションポート（通常は587番ポート）を用意しています。サブミッションポートの利用は、OP25Bによる制限を回避するための策として効果が期待できます（正解）。

第40問 解説 スマートフォンのセキュリティ対策 　　　　　　　　　解答　e

　スマートフォンでインターネットを利用する場合も、PCの場合と同様にセキュリティ対策が大切です。

a　アプリケーションに対するパーミッション設定とは、アプリケーションがアクセスできる範囲を設定することです。アプリケーションの中には端末内のデータにアクセスして外部へ自動送信するものもあります。パーミッションを適切に設定することは個人情報漏洩対策として有効です。

b ランサムウェアは、端末の操作やデータへのアクセスを不可能にし、復旧するために金銭を要求する攻撃です。定期的にデータのバックアップを別の媒体などに保存しておくと、被害を軽減することができるのでランサムウェア対策として有効です。

c 盗難または紛失したスマートフォンからクラウドサービスを不正に利用されないように、盗難や紛失後に利用しているクラウドサービスの認証情報を速やかに変更することは、被害抑止策として適切です。

d 宅配便の不在通知や注意喚起などを装ったSMSを送り、URLから不正サイトに誘導し、不正アプリをインストールさせてウイルスに感染させるという手口の攻撃があります。不審なSMS自体を受け取らないようにSMS受信拒否設定を行うことはウイルス感染対策として有効です。

e 認証の3要素である「記憶」(パスワードなど)、「所持」(ワンタイムパスワードなど)、「生体情報」(指紋など) のうち複数を組み合わせて認証することを多要素認証といいます。不正ログインの手口の1つとしてIDとパスワードの流出があります。IDとパスワードの流出があっても、多要素認証を使用していると他の要素の認証によって不正ログインを防ぐことができます。選択肢は、スマートフォンに関するセキュリティの説明として不適当です (正解)。

第41問 解説 DRM　　　　　　　　　　　　　　　　　　　　　　　解答 **a**

DRM (Digital Rights Management) は、データの暗号化や電子透かし技術などを用いて、デジタルコンテンツに著作権保護の処理を施す技術です。

a DRMの説明として適当です (正解)。

b 選択肢の説明に該当するサービスとして、VOD (Video On Demand) が考えられます。VODは、映像コンテンツをユーザーが視聴したいときに配信するサービスです。

c CDN (Content Delivery Network) の説明です。コンテンツデータを蓄積・再配信するキャッシュサーバーをネットワーク上に分散配置することでコンテンツ配信を最適化します。

d 選択肢の説明に該当する通信方式として、P2P (Peer to Peer) が考えられます。P2Pは、PCなどのホスト同士が直接通信経路を確立してデータをやりとりする通信方式です。

e 記憶媒体として使われる半導体メモリとして、フラッシュメモリを使ったSSDやフラッシュメモリなどがあり、これらの記憶媒体がデジタルコンテンツを記録するために使われることがあります。

インターネット上に蓄積されている膨大な量の情報は、適切な検索を行うことによって効率的に利用することができます。

a 句（フレーズ）とはひと続きの言葉のことです。「WWWの起源」のようにひと続きの言葉を検索語に指定すると、検索エンジンは「WWW」「起源」と単語に分解してAND検索を行います。単語に分解せず、ひと続きの言葉のままで検索することをフレーズ検索といいます。Googleでフレーズ検索を行うには、句をダブルクォーテーション（ " ）で囲みます。

b 検索サービスのGoogleやBingでは、ユーザーの位置情報や閲覧の履歴などからそのユーザーの嗜好や関心を解析し、生活圏や現在地に適切と思われる検索結果を優先的に表示します。これをパーソナライズド検索といいます。

c 検索語にヒットした情報を、文字情報・画像・動画といったフォーマット、ニュース・ブログといったジャンルなど、さまざまな角度で検索結果を表示してユーザーの便に供するのがユニバーサル検索です（正解）。

d 大項目のカテゴリから徐々に細目のカテゴリへとたどることによって、目的のWebページを検索するのはディレクトリ（カテゴリ）型の検索サービスです。ディレクトリ型は検索サービスが登場した当初、さまざまなポータルサイトで提供されていました。

e 主要な検索エンジンでは、検索語をOR、NOTなどの論理演算子やダブルクォーテーション（ " ）などの検索演算子を利用した検索を提供しています。適切に検索語を組み合わせることによって効率的な検索が期待できます。

Google Chromeのシークレットモードのことを、一般にプライバシーモードともいい、このモードでWebブラウザーを利用することをプライベートブラウジングといいます。シークレットモードのWebブラウザーを終了すると、閲覧履歴や取得したCookieはすべて削除されます。

a シークレットモードを利用すると、それ以前のWebページ閲覧履歴などをもとにしたパーソナライズド検索を回避することはできますが、閲覧に使用する端末から得られた位置情報が検索結果に反映される可能性はあります。選択肢は、Google Chromeのシークレットモードに関連する説明として不適当です。

b シークレットモードを利用していても、ブックマークは使用できます。選択肢は、Google Chromeのシークレットモードに関連する説明として不適当です。

c シークレットモードで取得したCookieは、Webブラウザーの終了時に削除されます。選択肢は、Google Chromeのシークレットモードに関連する説明とし

て適当です（正解）。

d シークレットモードやプライバシーモードによるWebページの閲覧をプライベートブラウジングといいます。選択肢は、Google Chromeのシークレットモードに関連する説明として適当です（正解）。

第44問 解説 EdTech　　　　　　　　　　　　　　　　　　　解答　**d**

教育分野においてインターネットを活用する技法や技術のことをEdTechといいます。

a LTI (Learning Tools Interoperability) は、異なるLMS（選択肢**b**の解説参照）を接続するための標準仕様です。選択肢は、EdTechに関連する用語の説明として適当です。

b 教育に関して生じる処理に、教材管理、成績管理、テスト問題管理・テスト実施、eラーニング授業の提供、学生とのコミュニケーションなどがあります。LMS (Learning Management System) は、これらの教育に関する処理を統合的に管理するシステムです。選択肢は、EdTechに関連する用語の説明として適当です。

c MOOCs (Massive Open Online Courses) は、幅広い受講者を対象に提供される大規模オンライン教育コースで、講義内で行われるテストの支援、受講生間のコミュニケーション、履修認定証の授与などの機能を持ちます。選択肢は、EdTechに関連する用語の説明として適当です。

d OCW (Open Course Ware) は、大学や大学院などの講義映像やその教材を、インターネットを介して提供する活動で、Openとあるとおり無償です。OCWは世界各地の大学で実施されています。選択肢は、EdTechに関連する用語の説明として不適当です（正解）。

第45問 解説 著作権　　　　　　　　　　　　　　　　　　　解答　**b　c**

著作権法における著作物とは思想または感情を創作的に表現したもので、著作物については著作権が発生します。著作物を創作する者を著作者といい、著作者の権利は著作財産権と著作者人格権に分けられます。

a 著作者人格権とは、著作者のみに専属する権利で、著作物を公表する権利、著作者名とその表示を決める権利、意に反する改変をされない権利があります。著作者人格権は第三者に譲渡することができません。

b 著作財産権とは、著作物から発生する財産的な側面に関する権利で、著作物を複製する権利、著作物を公に上演、演奏、上映する権利、著作物を公衆送信する権利などがあります。著作財産権は第三者に譲渡することができます（正解）。

c 著作物は著作権法によって引用が認められています。引用により著作物を利用す

る場合、いくつかの条件があり、そのうちの1つとして、自分の著作部分が主で引用部分が従という関係があることを明確にする必要があります。選択肢は、日本の著作権法における著作権についての説明として適当です（正解）。このほかに、引用範囲が引用の目的上正当である、自分の創作部分と引用箇所を明瞭に区別する、出所を明示する、といった条件を守る必要があります。

d 著作権法で保護される著作物は思想または感情を創作的に表現したものに限られ、地理データ、気象データ、個人情報などの人の創作によらない客観的情報は保護の対象外です。

第46問 解説 **肖像権**　　　　　　　　　　　　　　　　　　　　　　解答 **a b**

肖像権とは、個人の容姿や容貌などをみだりに写真やビデオに撮られたり、撮影された肖像をみだりに公開されたりしないという権利です。

a 著名人の肖像などが有する経済的な価値を排他的に利用する権利はパブリシティ権といいます。パブリシティ権は、著名人が獲得した名声などから生じる財産的な権利として保護されます。選択肢は、肖像権についての説明として不適当です（正解）。

b 肖像権は、一般人でも、タレントなどの著名人でも主張できる権利です。タレントなどの著名人のみが主張できる権利はパブリシティ権です。選択肢は、肖像権についての説明として不適当です（正解）。

c 政治家などの公人であっても肖像権は保護されます。選択肢は、肖像権についての説明として適当です。なお、公人は公益的な目的や表現の自由のために撮影や公表を受忍すべき場合があり、一般的な国民に比べて肖像権の保護は制限されることになります。

d 似顔絵については、写真と同様に考えられます。つまり、みだりに似顔絵を描かれたり公開されたりしないという権利です。似顔絵についても本人に無断で公開すると肖像権の侵害に当たる恐れがあります。選択肢は、肖像権についての説明として適当です。

第47問 解説 **商標**　　　　　　　　　　　　　　　　　　　　　　　解答 **d**

商標とは商品やサービスに付けられたマークのことで、商標権は商標を独占的に使用できる権利です。

a 商標権は国ごとに認められる権利です。したがって、日本で取得した商標権は日本国内でのみ有効で、海外で商標権を行使するためには対象となる国ごとの取得が必要です。選択肢は、商標の説明として不適当です。

b ドメイン名は、IPアドレスの代わりに文字列で表現して利用しやすくしたものであり、商標とは異なります。ドメイン名を取得したからといって、その名称の商

標権を取得したことにはなりません。したがって、選択肢は商標の説明として不適当です。なお、人間が覚えやすい形式であるドメイン名は、商標のように商品サービスを識別する機能を持つようになりました。その結果、商標と同じ名称で第三者がドメイン名を取得し、消費者に誤解を与えたり、商標の権利者に高い値段でドメイン名を売り付けたり、といった問題がしばしば生じています。

c 商標権は特許庁に商標登録出願して、登録査定、設定登録のうえ取得できます。JPNIC (Japan Network Information Center) は日本のIPアドレスを管理する組織です。選択肢は、商標の説明として不適当です。

d 商標登録を受けるためには、その商標に他の商品やサービスと識別できるような自他識別能力が必要です。つまり、普通名称やありふれた名称の商標は登録できません。選択肢は、商標の説明として適当です（正解）。

e 商標法の改正によって、図形、記号など静止したものに加えて、2015年から動き商標（文字や図形が変化するもの）、音商標（音楽や音声など聴覚で認識されるもの）など新しいタイプの商標（新商標）が登録できるようになりました。選択肢は、商標の説明として不適当です。

第48問 **解説** 電子消費者契約法　　　　　　　　　　　　　　　解答　**a　c**

電子消費者契約法は、一般の商取引とは異なる面を持つオンラインショッピングの利用者を保護するために、オンラインショップの事業者と消費者の間の取引において民法の特例を定めた法律です。電子消費者契約法では、オンラインショッピング取引で契約が成立する時点を、電子メールを送信する場合、モニター画面に表示する場合とで明確に定めています。

a 電子消費者契約法において定められた、オンラインショッピング取引で契約が成立する時点です（正解）。

b 到着した承諾通知のメールを消費者が確認したかどうかは契約の成立には関係しません。

c 電子消費者契約法において定められた、オンラインショッピング取引で契約が成立する時点です（正解）。

d 申込者のモニター画面上に表示されたオンラインショップの承諾通知を申込者が確認したかどうかは契約の成立には関係しません。

第49問 **解説** 不正アクセス禁止法　　　　　　　　　　　　　　　　解答　**c**

不正アクセス禁止法は、アクセス権限を持たずにインターネットなどを介してネットワークシステムにアクセスする行為や、それを助長する行為を禁止する法律です。他人のIDやパスワードを無断で使用する、推測して利用する、不正に入手する行為や、他

人になりすましてログインするといった行為が不正アクセスに該当します。

a パスワードを推測して利用する行為に該当します。不正アクセス禁止法における禁止事項に抵触する恐れがあります。

b サービスを利用しなくても、アカウントを無断で利用してログインしたことが不正行為に該当します。不正アクセス禁止法における禁止事項に抵触する恐れがあります。

c ログインを行わずにアクセスしているので、不正アクセスには該当しません。不正アクセス禁止法における禁止事項に抵触する恐れが最も低い行為です（正解）。

d 秘密にしているIDやパスワードを盗んで第三者に教えると、不正アクセスを助長する行為となります。不正アクセス禁止法における禁止事項に抵触する恐れがあります。

e IDとパスワードが公開されていたとしても、他人のIDやパスワードを無断で利用することは不正行為となります。不正アクセス禁止法における禁止事項に抵触する恐れがあります。

第50問	解説	マイナンバー制度	解答　**b**

マイナンバー法は、①行政の効率化、②国民の利便性の向上、③公平、公正な社会の実現を目的として、国民全員にマイナンバー（個人番号）を付与し、社会保障、税、災害対策の行政手続きなど、法律で定められた目的に限り利用するとしています。

a マイナンバーは住民票を持つすべての人、つまり出生届が出されたばかりの赤ちゃんにも付与されます。選択肢は、マイナンバーの説明として不適当です。

b マイナンバー制度の目的の1つが国民の利便性の向上であり、マイナンバーの利用により公的機関に各種申請・手続きを行う際の添付書類が削減できるなど、行政手続きの一部が簡素化され、国民の負担が軽減されます。選択肢は、マイナンバーの説明として適当です（正解）。

c マイナンバーカードには、氏名・住所・個人番号などが記録されますが、所得などプライバシー性の高い個人情報は記録されません。選択肢は、マイナンバーの説明として不適当です。

d マイナンバーは、一生使うものであり、番号が漏洩し、不正に使われる恐れがある場合を除き、変更されることはありません。婚姻などで改姓・改名があっても、マイナンバーは変わりません。記録されている氏名が変更されます。

第1問	解説	ICMPパケットの解析	解答 e

ICMPは、IPv4におけるエラー通知や信頼性確保に使われるプロトコルです。

問題の表のプロトコルの欄を見ると、ICMPのEcho request（No1、3、5、…、17の奇数行）に対してICMPのTime-to-live exceed（No2、4、6、…、18の偶数行）が返されていることがわかります。Echo requestは宛先のホストに応答を要求するエコー要求、Time-to-live exceedはTTL（パケットの生存時間）の超過によるパケットの廃棄を報告するエラー通知です。

送信元IPアドレスと送信先アドレスの欄を見ると、Echo requestの送信元IPアドレスはすべて203.0.113.1で、送信先アドレスはすべて192.0.2.1です。また、Time-to-live exceedの送信先アドレスはすべて203.0.113.1です。Time-to-live exceedの送信元IPアドレスは、No2・4・6が203.0.113.254、No8・10・12が198.51.100.1、No14・16・18が198.51.100.254と規則性があるのがわかります。

以上より推測できる内容を選択肢から選びます。

a Path MTU Discovery（パスMTU探索）は、IPv6のためのプロトコルでIPv4では使用しません。選択肢は、問題の表から推測できる内容として不適当です。

b パケットがループすると同じルーターを行ったり来たりするなどして、宛先までパケットが届かなくなります。Echo request（エコー要求）に対するTime-to-live exceed（エラー通知）の送信元IPアドレスが203.0.113.254、198.51.100.1、198.51.100.254と規則的に変化していることから、パケットがループして到達不能であるとは考えられません。選択肢は、問題の表から推測できる内容として不適当です。

c 問題の表のプロトコルにRedirect（リダイレクト）がないので、ICMPリダイレクトが行われたとは考えられません。選択肢は、表から推測できる内容として不適当です。なお、ICMPリダイレクトは、パケットを受け取ったルーター（送信元ホストのデフォルトゲートウェイ）が、自身をゲートウェイとして経由するより最適な経路がある場合にこれを通知するためのメッセージです。ICMPリダイレクトメッセージを受け取った送信元ホストは、自身のルーティングテーブルにこれを追加し、以降は最適経路でパケットを送信します。

d pingは宛先となるホストとの通信可否を確認するコマンドで、プロトコルに

ICMPを使います。pingで、宛先ホストに到達できない場合、パケットを転送できなかったルーターが応答します。問題の表では複数のホストから規則的に応答があるのでpingの実行によるものとは考えられません。選択肢は、問題の表から推測できる内容として不適当です。

e　tracertは、宛先となるホストまでどのような経路を通って通信しているかを調べるコマンドで、プロトコルにICMPを使います。経路上のルーターから（ホストから近い順に）エコー要求に対する応答を得ることで、経由するルーターを調べます。問題の表では、Time-to-live exceedの送信元IPアドレスが順に203.0.113.254、198.51.100.1、198.51.100.254と入れ替わっていることから、Windows PCの203.0.113.1からホスト192.0.2.1に対してtracertを実行し、経由するルーターから順に応答を得ていると推測できます。選択肢は、問題の表から推測できる内容として適当です（正解）。

第2問　**解説**　IPv4ヘッダーにおけるTTLを使用する目的　　　　　　　解答　**c**

IPv4ヘッダーにおけるTTL(Time To Live)は、目的の相手にたどり着けないパケットが、いつまでもネットワーク上をさまよい続けることがないように使用されます。

a　通信経路を暗号化するプロトコルの1つに、IPパケットを暗号化するIPsecがあります。IPv4でIPsecを利用する場合はオプションヘッダーを利用します。選択肢は、TTLを使用する目的ではありません。

b　優先度、遅延、信頼性、スループット、金銭的コストからなるサービス品質を要求するために使用されるのはIPv4ヘッダーのサービスタイプ（TOS：Type Of Service）です。選択肢は、TTLを使用する目的ではありません。

c　選択肢は、IPv4ヘッダーにおけるTTLを使用する目的として適当です（正解）。TTLは最大生存時間を秒単位で指定します。ルーターを通過したときに1ずつ減り（パケットを処理したプロセスやシステムは、1秒未満の処理でも1を減算）、TTLが0になったパケットは破棄されます。なお、IPv6ヘッダーではホップ制限という名前のフィールドが、TTLに相当します。

d　一連のパケットを同じように取り扱うようルーターに指示するためのヘッダーはIPv4にはありません。IPv6ヘッダーに追加されたフローラベルがこの目的のために使用されます。選択肢は、TTLを使用する目的ではありません。

第3問　**解説**　VLAN　　　　　　　　　　　　　　　　　　　　　　　　解答　**a**

VLANは、スイッチ（スイッチングハブ）内に仮想的なLANセグメントを作る技術です。ポートの設定方法によってポートVLANとタグVLANの2種類に分けられます。ポートVLANはスイッチのポート(物理ポート)ごとにVLANを設定する方法です。

タグVLANは、VLANタグによってVLANを識別する方法です。

a 1つのスイッチの物理ポートごとに設定を変えることでタグVLANとポートVLANを併用することができます。選択肢は、VLANの説明として不適当です（正解）。

b ブロードキャストドメインとは、ブロードキャストによる送信が届くネットワークの範囲です。ネットワークに多くのホストが接続しているとブロードキャスト送信が行われるたびに大量の通信が発生し（たとえばIPアドレスからMACアドレスを調べるARPはブロードキャストを行う）、ネットワークへの負荷が増えることになります。VLANを利用することでブロードキャストドメインを分割することができます。選択肢は、VLANの説明として適当です。

c IEEE 802.1Qは、IEEEが標準化したVLANの規格です。IEEE 802.1Qでは、各VLANを識別するための番号として、12ビットのVLAN IDを定義しています。選択肢は、VLANの説明として適当です。

d タグVLANではVLANタグを使って複数のVLANにパケットを送信します。1つの物理ポートでもタグVLANを利用することで複数のVLANが利用できます。選択肢は、VLANの説明として適当です。

第4問 | **解説** BGP　　　　　　　　　　　　　　　　　　　　　　　　　　　　　**解答** **c**

ルーターが必要な情報を自動的に集め、随時ルーティングテーブルを更新する方法をダイナミックルーティングといいます。ダイナミックルーティングを実現するためのプロトコルがルーティングプロトコルで、ネットワークへの問い合わせや必要な情報の収集を行います。ルーティングプロトコルは大きくEGP（Exterior Gateway Protocol）とIGP（Interior Gateway Protocol）の2つに分かれ、EGPはインターネット上で組織間の経路情報をやりとりするプロトコル、IGPは組織の内部で完結するプロトコルです。BGP（Border Gateway Protocol）はEGPに分類されます。

a IGPに分類されるルーティングプロトコルRIP（Routing Information Protocol）に関する説明です。選択肢は、BGPに関する説明として不適当です。

b IGPに分類されるルーティングプロトコルOSPF（Open Shortest Path First）に関する説明です。選択肢は、BGPに関する説明として不適当です。

c 選択肢は、BGPに関する説明として適当です（正解）。AS（Autonomous System）は、同じルーティングポリシー（ネットワークを管理する考え方）で運用されるネットワークの集合体のことです。IANA（Internet Assigned Numbers Authority）によって管理され、インターネット上で重複することなくそれぞれの組織に割り当てられます。

d 主にIP-VPNで使用されるMPLSというパケット転送技術に関する説明です。選択肢は、BGPに関する説明として不適当です。

DNSSEC (Domain Name System Security Extensions) は、権威DNSサーバーからのDNS応答が正しいことを保証する仕組みです。DNS応答に公開鍵暗号による電子署名を付加することで、情報が本当にその相手が作成したものであること、通信途中で変更が加えられていないことの検証を行うことができます。

a JPRS (日本レジストリサービス) が管理するJPドメインにはDNSSECが導入されています。選択肢は、DNSSECに関する説明として適当です。

b DNSには、応答の正当性を保証する仕組みがありません。DNSSECは、DNSのセキュリティを強化するためのセキュリティ拡張です。選択肢は、DNSSECに関する説明として適当です。

c 共通鍵暗号ではなく、公開鍵暗号による電子署名が含まれています。選択肢は、DNSSECに関する説明として不適当です (正解)。

d 元のパケットに電子署名を含めた分だけサイズは大きくなります。選択肢は、DNSSECに関する説明として適当です。

e 記述のとおり、DNS応答の出自の認証とデータの正当性を検証できます。選択肢は、DNSSECに関する説明として適当です。

第6問 **解説** レスポンシブデザイン 解答 **a** **d**

PC用に作成されたWebページは、スマートフォンでは画面サイズが小さく見づらくなることがあります。Webアクセシビリティの観点から、画面サイズにふさわしい表示ができるようなWebページのデザインが作られています。このような画面デザインをレスポンシブデザインといいます。レスポンシブデザインを実現するために、Viewport、リキッドレイアウト、Media Queriesの3つの技術を適宜組み合わせて使用します。

a レスポンシブデザインで作られたWebページは、Webアクセシビリティの観点から、PCとスマートフォンのように異なるサイズの画面上の見栄えを変えて利用しやすくしています。選択肢は、レスポンシブデザインに関連する説明として適当です (正解)。

b、c 選択肢 **b** はリキッドレイアウト、選択肢 **c** はViewportの説明です。Viewportでは、デバイスの画面サイズを表す「device-width」を指定することにより、端末ごとの画面幅いっぱいにコンテンツが収まり、横にスクロールせずに閲覧できます。また、リキッドレイアウトにより、コンテンツが画面に対して適切に伸縮します。選択肢 **b**、**c** は、レスポンシブデザインに関連する説明として不適当です。

d Media Queriesは、メディアタイプとメディア特性の条件ごとに適用するスタ

イルシートを詳細に変更できる機能です。Media Queriesにより、コンテンツの大きさやレイアウト、表示・非表示などを指定できます。選択肢は、レスポンシブデザインに関連する説明として適当です（正解）。

第7問 | **解説** SNMP   解答 **b**

SNMP (Simple Network Management Protocol) は、ルーターやコンピューターなどネットワーク上の機器の状態をネットワーク経由で監視・制御するためのプロトコルで、管理する側をマネージャー、管理される対象をエージェントといいます。SNMPエージェントはMIB (Management Information Base) というデータベースに自分の持つ管理情報をオブジェクトとして保持します。SNMPマネージャーとSNMPエージェントは、SNMPメッセージの交換でMIBの情報をやりとりし、SNMPマネージャーがSNMPエージェントの管理情報を問い合わせると、SNMPエージェントは共通のフォーマットで自身の情報を返します。

a SNMPエージェントは、SNMPマネージャーからの問い合わせに対する応答を行うほかに、起動や異常発生などのイベント発生時に、トラップという通知をSNMPマネージャーへ送ることができます。選択肢は、SNMPの説明として適当です。

b 異なるメーカーの機器を効率よく管理できるようにMIBは標準化されています。すべてのメーカーが共通で利用する標準MIBの情報は規定され、汎用的に使用できますが、各メーカーが独自に用意するプライベートMIBもあり、装置によって内容は異なります。選択肢は、SNMPの説明として不適当です（正解）。

c MIBに含まれるオブジェクトには、一意のOID (Object Identifier：オブジェクト識別子) が割り当てられます。OIDはピリオド（.）で区切って表現し、ツリー構造で管理されます。選択肢は、SNMPの説明として適当です。

d SNMPの監視対象は、ネットワークに接続されている機器全般です。接続されているPCやルーター、サーバーなどすべてが含まれます。選択肢は、SNMPの説明として適当です。

第8問 | **解説** ミドルウェア   解答 **c**

ソフトウェアには、コンピューターの動作そのものに必要とされるOS、OS 上で動作しユーザーが必要とする特定の機能を提供するアプリケーションなど、さまざまな種類があります。

a コンピューターに接続した装置や機器を制御するソフトウェアは、デバイスドライバー（単にドライバーともいう）です。

b OSとハードウェアの間で動き、ハードウェアを制御するソフトウェアは、

ファームウェアです。

c 選択肢は、ミドルウェアの説明として適当です（正解）。ミドルウェアは、OSとアプリケーションの間で動くソフトウェアで、システムの動作や運用監視に役立つ機能などを提供します。

d 割り込み発生から対応するタスクが処理を開始するまでの最悪応答時間が保証され（応答までの時間を見積もることが可能）、リアルタイム処理を実行可能という特徴を持つOSは、リアルタイムOS（RTOS）です。RTOSは、組み込み機器でよく用いられます。

第9問　解説　ウォーターフォールモデル　　　　　　　　　　　　　解答　b

　ウォーターフォールとは「滝」のことです。システム開発の工程をいくつかに分けて、滝の水が流れ落ちる様子になぞらえて、基本計画（要求定義）→外部設計→内部設計→プログラム設計→プログラミング→テストと、上流工程から下流工程へ順に進めていく開発手法をウォーターフォールモデルと呼びます。

a ウォーターフォールモデルでは、直線的に工程が進行します。基本的に後戻りしたり、反復したりすることはないという前提です。選択肢は、ウォーターフォールでの開発に関する説明として不適当です。

b ウォーターフォールモデルの設計段階では、前工程のアウトプット（成果物）を次工程のインプットとして1つ1つの工程を進めていきます。選択肢は、ウォーターフォールでの開発に関する説明として適当です（正解）。

c 外部設計ではなくプログラム設計の説明です。外部設計では、基本計画でまとめた要求仕様書に基づき、システムのサブシステム展開、システムおよびサブシステムの外部とのインターフェイスなどを検討します。

d プログラムのモジュール単位でのテストは、単体テスト（モジュールテスト）といいます。システムテストは、単体テスト後にモジュール同士の結合をテストする結合テストを行った後で、プログラム全体がシステム要件を満たすか確認するために行います。

第10問　解説　5Gの利用周波数帯　　　　　　　　　　　　　　　　解答　c　d

　第五世代移動通信システム（5G）は、高速大容量、多数同時接続、高信頼低遅延を実現する移動通信のための新しい規格です。

a ローカル5Gは、移動通信事業者以外が一定の制限の中で運用できる通信システムです。日本におけるローカル5Gには、5Gの周波数帯の一部が割り当てられます。利用に際しては、無線局免許が必要です。選択肢は、日本におけるローカル5Gの利用周波数帯の説明として不適当です。

b ライセンスバンドは無線局免許を必要とする周波数帯、アンライセンスバンドは無線局免許を必要としない周波数帯のことです。5Gで利用するSub6帯とは6GHz以下の周波数帯、ミリ波帯とは28GHz帯で、日本におけるこれらの周波数帯はともにライセンスバンドです。選択肢は、日本における5Gの利用周波数帯の説明として不適当です。

c 日本における5Gでは、3.7GHz帯および4.5GHz帯は1移動通信事業者当たり100MHz帯域幅単位で割り当てられます。選択肢は、日本における5Gの利用周波数帯の説明として適当です（正解）。

d 日本における5Gでは、28GHz帯は1移動通信事業者当たり400MHz帯域幅単位で割り当てられます。選択肢は、日本における5Gの利用周波数帯の説明として適当です（正解）。

第11問 **解説** Webの利用 　　　　　　　　　　　　　　　　　　　**解答** **d**

　Webとは、蜘蛛の巣（Web）状に世界中に張り巡らされたハイパーリンクを活用したコンテンツ配信の仕組みです。Web上には、クライアントからの要求に対してサービスや機能を提供する、Webサーバー、DNSサーバー、NTPサーバー、メールサーバーなど多数のサーバーが存在します。

a Webを利用する際、各種サーバーへは正しいIPアドレスを指定しないとアクセスすることができません。名前解決に利用するDNSキャッシュサーバーをFQDNで指定しても名前解決が行われないのでアクセスできません。

b NTPサーバーは、通信における障害が起こらないように、ネットワーク上の機器が正しい時刻で同期するための時刻情報を配信するサーバーです。名前解決のためには、NTPサーバーではなくDNSサーバーを指定する必要があります。

c Webメールは、メールの送受信をWebブラウザー上のサービスとして提供するものです。ユーザーがWebブラウザー上でサービスにログインすると、Webメールサーバーがメールサーバー上のメールをもとにWebページを作成し、Webブラウザー上で閲覧できるようにします。Webブラウザーの設定でメールサーバーを指定する必要はありません。

d TCPコネクション数が増えすぎると通信に支障をきたしたり、端末がメモリ不足になって快適な通信ができなくなったりします。これを防ぐために使用できるポート数に上限を設けて、同時に張れるTCPコネクション数の制限を行います。選択肢は、Webに関する説明として適当です（正解）。

オンプレミスとは、自前でコンピューターシステムを用意し、管理・運用する方法のことです。SaaS、IaaS、PaaSは、クラウドベンダー（事業者）によって提供されるクラウドコンピューティングのサービスモデルです。

a SaaS（Software as a Service）は、アプリケーションの機能を提供するサービスモデルです。ユーザーはアプリケーションを利用するための設定は行いますが、それ以外のネットワーク、サーバー、ストレージ、OS、ミドルウェア、各アプリケーションの機能などはクラウドベンダーが管理します。SaaSはSaaS、IaaS、PaaSの中で設計の自由度が最も低く、社内固有の独自機能の移行は容易であるとはいえません。

b IaaS（Infrastructure as a Service）は、ネットワーク、サーバー、ストレージなどのインフラストラクチャをクラウドベンダーが管理し、OS、ミドルウェア、アプリケーションはユーザー側で用意して管理する方法です。クラウドベンダーはアプリケーションを管理しません。

c クラウドベンダーとユーザーは、サービスやシステムなどで提供されるサービス・レベルの品質についてSLA（Service Level Agreement：サービス品質保証制度）という契約を結んで合意します。ただし、クラウドベンダーがSLAで稼働率100％を保証することはありません。IaaSでも同様です。

d PaaS（Platform as a Service）は、ユーザーはアプリケーションの開発や管理を行い、それ以外のアプリケーションの開発や稼働のためのネットワーク、サーバー、ストレージ、OS、ミドルウェアなどのインフラストラクチャはクラウドベンダーが管理します。OSやミドルウェアのアップデートはクラウドベンダーが行います。選択肢は、問題で問われる説明として適当です（正解）。

ソースコードが公開されているソフトウェアのことをOSS（Open Source Software、オープンソースソフトウェア）といいます。一般に、米国のOSI（Open Source Initiative）という団体が定義した要件を満たすライセンスに基づいて配布され、ほとんどのOSSは無償で利用できます。機能改変や再配布も可能です。

a 一部のOSSがソースコードの公開を義務付けるなどライセンス条件を定めていますが、これを遵守すれば、ユーザーの環境に合わせてソースコードの改変ができます。選択肢は、OSSの説明として適当です（正解）。

b OSSは商用利用が可能です。商用システムでも利用できます。選択肢は、OSSの説明として不適当です。

c OSSは無償で利用でき、インストールできる端末の数にも制約を設けてはいま

せん。選択肢は、OSSの説明として不適当です。

d 米国FSF（Free Software Foundation）が提唱するGNU GPLというライセンスに基づいて配布されるOSSは、改変したOSSにもGPLを適用し、再配布する場合に改変したソースコードを入手できる状態にすることが義務付けられています。選択肢は、OSSの説明として適当です（正解）。

第14問 | **解説** 暗号危殆化　　　　　　　　　　　　　　　　**解答　b**

暗号化のアルゴリズムに問題があったり、暗号を実装しているハードウェアやソフトウェアに問題があったりした場合に、その暗号の安全性が危ぶまれる事態が発生します。暗号の安全性が危ぶまれる状態を表すために情報セキュリティ分野では「危殆化」という言葉がしばしば使われています。IPA（独立行政法人情報処理推進機構）では、暗号危殆化についてその定義や要因について示しています。

a IPAでは、暗号危殆化の要因の1つとして攻撃技術の進歩をあげています。選択肢は、IPAが定義する暗号危殆化に関する説明として適当です。

b IPAでは、暗号危殆化の要因の1つとして計算機能力の向上をあげています。選択肢は、IPAが定義する暗号危殆化に関する説明として不適当です（正解）。

c IPAでは、暗号危殆化について、暗号アルゴリズムの危殆化、暗号モジュールの危殆化、暗号を利用するシステムの危殆化の3つの階層に分けて定義しています。選択肢は、このうちの暗号アルゴリズムの危殆化について説明しています。選択肢は、IPAが定義する暗号危殆化に関する説明として適当です。

d 選択肢 **c** で解説した、暗号モジュールの危殆化についてのIPAの定義です。選択肢は、IPAが定義する暗号危殆化に関する説明として適当です。

第15問 | **解説** Active Directory　　　　　　　　　　　　　**解答　c**

Active Directoryは、ユーザーの認証情報やユーザーの役割に応じた各コンピューターへの操作権限（認可情報）などを一元的に管理する仕組みで、Windows Server（Windows 2000 Server以降）で利用されています。

a Directory ListingはWebサーバーの機能であり、ディレクトリを指定したアクセスに対し、指定されたディレクトリ内を一覧で表示する機能です。「index.html」のようにデフォルトページが指定されていると該当ページが表示されますが、指定されていないとWebサーバーはディレクトリ内のファイル一覧を表示します。この機能を悪用されて非公開の情報が不正に取得される可能性があるので無効化しておくことが望ましいとされています。選択肢は、Active Directoryが提供する機能の説明ではありません。

b ターミナルとはネットワークに接続されたシステムで末端に位置し、他の機器と

通信を行う「主体」となる機器のことです。遠隔地からターミナルでログインしてコマンドにてディレクトリを操作できるプロトコルにTelnetやSSHがあります。選択肢は、Active Directoryが提供する機能の説明ではありません。

c Kerberosは、ネットワーク上の認証プロトコルの1つで、「チケット」というデータを使用して、ユーザーを認証し、通信経路を暗号化します。SSO（シングルサインオン）は、一度の認証処理によって複数のサービスを利用可能とする仕組みです。SSOを提供する認証プロトコルの1つがKerberosで、Kerberosでは複数のサーバーで共通に認証情報を利用することができます。KerberosはActive Directoryで認証方法の1つとして採用されています。選択肢は、Active Directoryが提供する機能の説明として適当です（正解）。

d 選択肢の説明に当てはまるものにファイアウォールがあります。ファイアウォールは、ネットワークのゲートウェイ部分で動作して、外部からのネットワーク攻撃を遮断します。選択肢は、Active Directoryが提供する機能の説明ではありません。

e SMBプロトコルは、ネットワーク上のファイル共有やプリンター共有のためのプロトコルでNAS（Network Attached Storage）において利用されます。選択肢は、Active Directoryが提供する機能の説明ではありません。

第16問 **解説** **仮想デスクトップ基盤**　　　　　　　　　　　　　　　**解答** **a** **d**

　ネットワーク上のサーバーにデータの保持や処理を行わせ、クライアント端末には必要最小限の処理として入力とサーバーの処理結果を受け取って表示する機能のみを持たせる形態をシンクライアントといいます（シンクライアントにおけるクライアント端末のことをシンクライアントともいう）。仮想デスクトップ基盤（VDI：Virtual Desktop Infrastructure）はシンクライアントの実装方法の1つで、サーバーに各ユーザー用の仮想マシンとクライアントOSを用意して、ユーザーはこれをネットワーク経由であたかも自身のコンピューターのように利用するという形態です。

a VDIでは、ユーザーごとにサーバーに仮想マシンを作成し、その上にクライアントOSを実行します。各ユーザーはそれぞれの仮想マシン上のクライアントOSに接続します。選択肢は、VDIの説明として適当です（正解）。

b 子プロセスとは他のプロセス（親プロセス。プロセスはプログラムの実行単位のこと）から起動されたプロセスのことです。シンクライアントの実装方法の1つであるリモートデスクトップ（RDS：Remote Desktop System）は、サーバー上の1つのOSを複数のユーザーがそれぞれのアカウントから共有する形態で、RDSでは各ユーザーが利用するアプリケーションは子プロセスとして実行されます。一方で、VDIの仮想マシンは、クライアントOSの子プロセスとして実行されるわけではありません。選択肢は、VDIの説明として不適当です。

c VDIでは通常、セキュリティパッチは仮想化環境とそれぞれのクライアントOS

に適用する必要があります。サーバーOSのみにセキュリティパッチを適用すれば
よいのはRDSの場合です。選択肢は、VDIの説明として不適当です。

d VDIで利用されるシンクライアントの仕組みの正しい説明です。選択肢は、VDI
の説明として適当です（正解）。

第17問 | 解説 Amplification攻撃　　　　　　　　　　　　　　解答　d

Amplification攻撃は、コネクションレス型通信を行うUDPを利用して、問い合わ
せがあると誰に対しても回答を行うように設定されているDNS、NTP、SNMPなど
のサーバーからの応答を悪用した攻撃です。

a Amplification攻撃では、送信元アドレスを攻撃対象のアドレスに偽装して、大
量の応答パケットが攻撃対象のアドレスへ送られるように仕向けています。選択肢
は、Amplification攻撃に関する説明として適当です。

b Amplification攻撃は、比較的少ない通信量の問い合わせに対してサーバーから
何倍もの大きさの応答が返されるという仕組みを悪用して行われます。攻撃者が送
るデータが起因となり、トラフィックの量を何倍にも「増幅」させることから
amplification（増幅）と名付けられています。選択肢は、Amplification攻撃に関
する説明として適当です。

c Amplification攻撃には、不特定のクライアントの問い合わせを受け付けるDNS
のオープンリゾルバーや、送信元について確認を行わないNTPサーバーなど、脆
弱な設定のサーバーが利用されます。選択肢は、Amplification攻撃に関する説明
として適当です。

d Amplification攻撃は、正常なプロトコルの範囲内で行われる攻撃です。プロト
コル上の状態遷移の不整合を検出する方式ではAmplification攻撃を防ぐことはで
きません。選択肢は、Amplification攻撃に関する説明として不適当です（正解）。

第18問 | 解説 クロスサイトリクエストフォージェリー　　　　　解答　b　c

クロスサイトリクエストフォージェリー（CSRF）は、セッションの管理方法に問
題のあるWebサイトのサービスを利用中に、悪意あるサイトを閲覧することで攻撃
用のスクリプトを仕込まれ、セッションを偽造されて不正な操作が行われる攻撃で
す。ログインの自動化にCookieを使っている場合は、ブラウザーに保存されている
Cookieの窃取によりCSRFが成立してしまうこともあります。CSRFはサービス提
供側のセッション管理方法に問題があることから成立するので、根本的な対策はサー
ビスを提供するサイトで行う必要があります。具体的には、以下のような方法で対策
します。

　①確認時にhiddenパラメーターをユーザーに渡してPOSTメソッドでサーバーへ

送信させる。

②確認画面表示時に再度ユーザーのパスワードの入力を求める。

③HTTP refererの中身を確認する。

a、d Cookieにsecure属性を指定すると、暗号化された通信路のみでやりとりを行います。しかし、CSRFはユーザーとサーバー間のセッションを偽造します。見かけ上は正常なセッションが行われるので、これらの対策はCSRFには有効ではありません。選択肢は、CSRFの脆弱性対策として不適当です。

b CSRFはサーバー上にあるアプリケーションの脆弱性を悪用する攻撃です。上記①②③のような対策を講じて脆弱性を排除することがCSRF対策として有効です（正解）。

c CSRF対策として有効な対策の1つです（正解）。

第19問　解説　Webスクレイピング　　　　　　　　　　　　　　解答　c

クロールとは、インターネット上を巡回し、公開されているWebサイトから文書に含まれる情報を自動的に収集することで、これを行うプログラムがクローラーです。主にGoogleのようなロボット型の検索サービスで利用されています。

a Web上で提供されているサービスやデータの中には、外部のプログラムからでもこれらを利用できるように手順やデータ形式などが公開されていることがあります。この手順やデータ形式などのことをAPI（Application Programming Interface）といいます。たとえばGoogle マップはAPIを提供しており、他のサービスやサイトにカスタマイズされた地図を表示したい場合に利用できるようにしています。選択肢は、問題で問われる技術ではありません。

b JSON（JavaScript Object Notation）は、異なるプログラミング言語間でデータの受け渡しを行うための形式で、JavaScriptのオブジェクトの記述方法を元にしています。Web上のAPIの多くはJSON形式を利用してデータの送受信を行っています。選択肢は、問題で問われる技術ではありません。

c 問題で問われる技術はWebスクレイピングです（正解）。Webスクレイピングを使うと、大量のWebページからタイトルだけ、写真だけといった特定のデータを抽出し、それらを汎用的なデータ形式に変換するなどしてから結果を保存・表示することができます。人の手で行うと時間がかかるような作業を正確に速く行うことができます。

d ジオロケーションは、ユーザーが地球上のどの位置にいるかといった情報を扱う技術です。スマートフォンで地図上の現在地を割り出す場合は、人工衛星を使って現在地の緯度・経度情報を取得するGNSS（Global Navigation Satellite System：全球測位衛星システム）や電子コンパスを利用します。スマートフォンが接続している携帯電話事業者の基地局や無線LANアクセスポイント、IPアドレスから得ら

れる情報を利用することもあります。選択肢は、問題で問われる技術ではありません。

e マッシュアップは、複数のAPIを組み合わせて新しいサービスを作ることです。選択肢は、問題で問われる技術ではありません。

第20問 │ **解説** パブリシティ権 　　　　　　　　　　　　　　　解答 **a** **b**

　著名人の名前や肖像には、これらを付した商品などの販売を促進する力（顧客吸引力）があります。こうした経済的価値は、著名人の獲得した名声などから生じるものであり、著名人の人格権に由来する財産的権利として保護されます。著名人が自らの肖像などの有する顧客吸引力を排他的に利用する権利をパブリシティ権といいます。自己の肖像や氏名に対する「対価」を得て第三者に利用させる権利、および他人がその財産的価値を無断で使用することを排除する権利です。

a 著名人であるタレントの顔写真には顧客吸引力があり、これを無断でTシャツにプリントして販売することはパブリシティ権の侵害に該当します。選択肢は、パブリシティ権に関する説明として適当です（正解）。

b 著名人であるスポーツ選手の顔写真には顧客吸引力があり、これをWebページに掲載して公開することはパブリシティ権の侵害に該当します。選択肢は、パブリシティ権に関する説明として適当です（正解）。

c パブリシティ権は、すべての人に与えられるものではなく、名声、社会的評価、知名度などを獲得した著名人に認められる権利です。選択肢は、パブリシティ権に関する説明として不適当です。

d 過去の最高裁判決（2004年「ギャロップレーサー事件」）により、現時点では「物」にパブリシティ権は認められていません。選択肢は、パブリシティ権に関する説明として不適当です。

シングルスターレベル			
第 1 問	d	e	
第 2 問	b		
第 3 問	c		
第 4 問	a		
第 5 問	c		
第 6 問	b	d	
第 7 問	c		
第 8 問	e		
第 9 問	b	d	
第10問	c		
第11問	c		
第12問	b		
第13問	b	d	
第14問	a	d	
第15問	c		
第16問	a	c	e
第17問	e		
第18問	d		
第19問	b		
第20問	a	b	
第21問	e		
第22問	a		
第23問	e		
第24問	d		
第25問	a	b	
第26問	d		
第27問	a		
第28問	a	d	
第29問	a	b	
第30問	b		
第31問	b	c	
第32問	b		
第33問	a		
第34問	e		
第35問	b		

第36問	e	
第37問	c	
第38問	c	
第39問	d	
第40問	e	
第41問	a	
第42問	c	
第43問	c	d
第44問	d	
第45問	b	c
第46問	a	b
第47問	d	
第48問	a	c
第49問	c	
第50問	b	

ダブルスターレベル		
第 1 問	e	
第 2 問	c	
第 3 問	a	
第 4 問	c	
第 5 問	c	
第 6 問	a	d
第 7 問	b	
第 8 問	c	
第 9 問	b	
第10問	c	d
第11問	d	
第12問	d	
第13問	a	d
第14問	b	
第15問	c	
第16問	a	d
第17問	d	
第18問	b	c
第19問	c	
第20問	a	b

索引

さ行

索引

ま行

索引

完全対策
NTTコミュニケーションズ インターネット検定
.com Master ADVANCE 問題＋総まとめ
公式テキスト第4版対応

2022年12月27日 初版第1刷発行

発行者　東 明彦

発行所　NTT出版株式会社

〒108-0023 東京都港区芝浦 3-4-1 グランパークタワー
［営業担当］TEL：03-6809-4891　FAX：03-6809-4101
［編集担当］TEL：03-6809-3276　http ://www.nttpub.co.jp

構成　　　　　有限会社ソレカラ社（校正協力　石黒礼子）
デザイン＋組版 有限会社土屋デザイン室
印刷／製本　　株式会社光邦

ISBN978-4-7571-0404-4 C0055

模擬問題解答用紙

シングルスターレベル	
第 1 問	
第 2 問	
第 3 問	
第 4 問	
第 5 問	
第 6 問	
第 7 問	
第 8 問	
第 9 問	
第10問	
第11問	
第12問	
第13問	
第14問	
第15問	
第16問	
第17問	
第18問	
第19問	
第20問	
第21問	
第22問	
第23問	
第24問	
第25問	
第26問	
第27問	
第28問	
第29問	
第30問	
第31問	
第32問	
第33問	
第34問	
第35問	

第36問	
第37問	
第38問	
第39問	
第40問	
第41問	
第42問	
第43問	
第44問	
第45問	
第46問	
第47問	
第48問	
第49問	
第50問	

ダブルスターレベル	
第 1 問	
第 2 問	
第 3 問	
第 4 問	
第 5 問	
第 6 問	
第 7 問	
第 8 問	
第 9 問	
第10問	
第11問	
第12問	
第13問	
第14問	
第15問	
第16問	
第17問	
第18問	
第19問	
第20問	

模擬問題解答用紙

シングルスターレベル

第 1 問	
第 2 問	
第 3 問	
第 4 問	
第 5 問	
第 6 問	
第 7 問	
第 8 問	
第 9 問	
第10問	
第11問	
第12問	
第13問	
第14問	
第15問	
第16問	
第17問	
第18問	
第19問	
第20問	
第21問	
第22問	
第23問	
第24問	
第25問	
第26問	
第27問	
第28問	
第29問	
第30問	
第31問	
第32問	
第33問	
第34問	
第35問	

第36問	
第37問	
第38問	
第39問	
第40問	
第41問	
第42問	
第43問	
第44問	
第45問	
第46問	
第47問	
第48問	
第49問	
第50問	

ダブルスターレベル

第 1 問	
第 2 問	
第 3 問	
第 4 問	
第 5 問	
第 6 問	
第 7 問	
第 8 問	
第 9 問	
第10問	
第11問	
第12問	
第13問	
第14問	
第15問	
第16問	
第17問	
第18問	
第19問	
第20問	